Mathematische Schwingungslehre

Theorie der gewöhnlichen Differentialgleichungen mit konstanten Koeffizienten sowie einiges über partielle Differentialgleichungen und Differenzengleichungen

Von

Dr. Erich Schneider

Mit 49 Textabbildungen

Springer-Verlag Berlin Heidelberg GmbH 1924

ISBN 978-3-662-31966-6 ISBN 978-3-662-32793-7 (eBook)
DOI 10.1007/978-3-662-32793-7

Ursprunglich erschienen bei Julius Springer in Berlin 1924
Softcover reprint of the hardcover 1st edition 1924

Vorwort.

Das Buch behandelt die Theorie der linearen Differentialgleichungen mit konstanten Koeffizienten mit Rücksicht auf ihre Anwendungen in Physik und Technik, ohne jedoch selbst Anwendungen zu geben. Nur Pendel, Doppelpendel und Wage sind etwas naher erörtert, um die Theorie zu illustrieren, im übrigen sei aber bezüglich der Anwendungen verwiesen auf:

Hort: Technische Schwingungslehre. Berlin: Julius Springer,

und auf folgende Lehrbucher:

Abraham: Theorie der Elektrizitat. Leipzig: B. G. Teubner. — Foppl: Vorlesungen uber technische Mechanik. Leipzig: B. G. Teubner. — Hamel: Elementare Mechanik. Leipzig: B. G. Teubner. — Lorenz: Technische Physik. Munchen und Berlin: Oldenbourg. — Love: Lehrbuch der Elastizitat. Leipzig: B. G. Teubner. — Schaefer: Einfuhrung in die theoretische Physik. Leipzig: Veit & Comp.

Diese Bücher werden im Text häufig zitiert werden.

Von den Differentialgleichungen mit nicht konstanten Koeffizienten enthält das Buch im IV. Kapitel nur diejenigen, die sich auf Differentialgleichungen mit konstanten Koeffizienten zuruckfuhren lassen. Bezüglich der Schwingungsprobleme, die auf andere Differentialgleichungen führen, sei verwiesen auf:

Duffing, G.: Erzwungene Schwingungen bei veranderlicher Eigenfrequenz und ihre technische Bedeutung. Braunschweig: Vieweg & Sohn. — Hamel, G.: Über erzwungene Schwingungen bei endlichen Amplituden. Math. Ann. 86, 1922. — Hamel, G.: Über die lineare Differentialgleichung 2. Ordnung mit periodischen Koeffizienten. Math. Ann. 73, 1912,

sowie auch auf die Lehrbucher der Besselschen Funktionen.

Im V. Kapitel sollte bloß gezeigt werden, wie sich die partiellen Differentialgleichungen auf gewöhnliche zurückführen lassen.

Im übrigen sei bezüglich der partiellen Differentialgleichungen verwiesen auf:

Weber: Die partiellen Differentialgleichungen der theoretischen Physik. Braunschweig: Vieweg & Sohn.

Im VI. Kapitel wird gezeigt, daß sich die Differenzengleichungen mit konstanten Koeffizienten in analoger Weise behandeln lassen wie die Differentialgleichungen. Weitere Literatur über Differenzengleichungen findet man in:

Funk: Die linearen Differenzengleichungen und ihre Anwendung in der Theorie der Baukonstruktionen. Berlin: Julius Springer.

Berlin, im Oktober 1923.

E. Schneider.

Inhaltsverzeichnis.

I. Kapitel. Gewöhnliche Differentialgleichungen; Schwingungen bei einem Freiheitsgrade.

A. Homogene Gleichungen; freie Schwingungen.

B. Inhomogene Gleichungen; erzwungene Schwingungen.

II. Kapitel. Systeme von 2 gewöhnlichen Differentialgleichungen; Schwingungen bei 2 Freiheitsgraden.

III. Kapitel. Systeme von mehr als 2 gewöhnlichen Differentialgleichungen; Schwingungen bei mehr als 2 Freiheitsgraden

IV. Kapitel. Differentialgleichungen, die sich auf solche mit konstanten Koeffizienten zurückführen lassen.

V. Kapitel. Partielle Differentialgleichungen; Schwingungen stetig zusammenhängender Systeme.

VI. Kapitel. Differenzengleichungen.

I. Kapitel.
Gewöhnliche Differentialgleichungen[1]).

§ 1. $a\ddot{y} + cy = 0$.

Die Gleichung ist die Differentialgleichung der ungedampften Schwingung. Die Punkte bedeuten Differentiationen nach der Zeit. a und c sollen beide positiv sein. $a\ddot{y}$ ist das Beschleunigungsglied und cy das Kraftglied. Das Integral der Differentialgleichung ist

$$y = K\cos\omega t + L\sin\omega t. \tag{1}$$

Hierbei sind K und L willkurliche Konstanten und ω ist so zu bestimmen, daß die Differentialgleichung erfullt wird. Zu dem Zweck bilde ich

$$\begin{aligned} \dot{y} &= \omega(-K\sin\omega t + L\cos\omega t), \\ \ddot{y} &= -\omega^2 y. \end{aligned} \tag{2}$$

Setze ich (2) in unsere Differentialgleichung ein, so ist

$$-a\omega^2 + c = 0. \tag{3}$$

Daraus folgt

$$\omega = \sqrt{\frac{c}{a}}. \tag{4}$$

Die Konstanten K und L müssen nun aus den Anfangsbedingungen bestimmt werden. Ist zur Zeit $t = 0: y = y_0$ und $\dot{y} = \dot{y}_0$, so ist

$$\begin{aligned} y_0 &= K, \\ \dot{y}_0 &= \omega L. \end{aligned} \tag{5}$$

Daraus ergibt sich

$$y = y_0\cos\omega t + \frac{\dot{y}_0}{\omega}\sin\omega t. \tag{6}$$

---

[1]) Vgl. zu diesem Kapitel das 3. Kapitel im Forsyth, „Lehrbuch der Differentialgleichungen", Braunschweig, Vieweg & Sohn. Die dort benutzte symbolische Methode ist aber wohl nicht nach jedermanns Geschmack.

Führe ich statt der Konstanten K und L neue Konstante k und $\varkappa$ ein durch die Gleichungen:

$$(7)\qquad \begin{aligned} K &= k \sin \varkappa \\ L &= k \cos \varkappa , \end{aligned}$$

$$(8)\qquad \begin{aligned} k &= \sqrt{K^2 + L^2} \\ \operatorname{tg} \varkappa &= \frac{K}{L} , \end{aligned}$$

so kann ich (1) auf die folgende Form bringen:

$$(9)\qquad y = k \sin (\varkappa + \omega t) .$$

Das ist eine sog. Sinusschwingung (Abb. 1). k ist die Amplitude, $\varkappa + \omega t$ die Phase und ω die Frequenz. Für die Schwingungsdauer τ ergibt sich:

$$(10)\qquad \tau = \frac{2\pi}{\omega} = 2\pi \sqrt{\frac{a}{c}} .$$

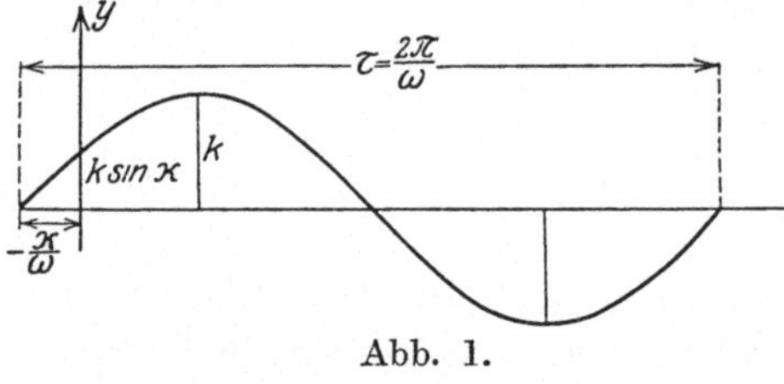

Abb. 1.

Ändere ich in (9) die willkürliche Konstante $\varkappa$ um $\frac{\pi}{2}$, so tritt an Stelle des sin der cos.

Sind x und y 2 Losungen unserer Differentialgleichung, so ist auch $z = x + i y$ eine Losung, weil die Koeffizienten a und c der Differentialgleichung reell sind. Man kann den Vorgang geometrisch übersichtlich darstellen, wenn man sich dieser Lösung z bedient. Ich schreibe:

$$(11)\qquad x = k \cos (\varkappa + \omega t)$$

$$(12)\qquad i y = i k \sin (\varkappa + \omega t)$$

und addiere

$$(13)\qquad x + i y = z = k [\cos (\varkappa + \omega t) + i \sin (\varkappa + \omega t)] = k e^{i(\varkappa + \omega t)} .$$

Jede komplexe Zahl kann man nun als einen Punkt P darstellen oder, wie man auch sagen kann, als einen vom Koordinatenanfangspunkt ausgehenden Vektor OP. Unser Vektor z hat die Lange k und schließt mit der Achse des Reellen den Winkel $(\varkappa + \omega t)$ ein. Mit der Zeit t dreht er sich also aus der Anfangslage $k e^{i\varkappa}$ mit der konstanten Geschwindigkeit ω. Die

Punkte Q und R führen dabei einfache Schwingungen aus (Abb. 2). Aus (13) folgt nun:

$$(14) \qquad z = i\omega k e^{i(\alpha + \omega t)} = i\omega z = e^{i\frac{\pi}{2}}\omega z.$$

Durch Differentiation wird also der Vektor z um $90°$ gedreht und mit ω multipliziert. Durch nochmalige Differentiation ergibt sich

$$(15) \qquad \ddot{z} = i\omega z = -\omega^2 z.$$

Durch zweimalige Differentiation wird also der Vektor z um $180°$ gedreht und mit ω^2 multipliziert. Ich hätte also in unserer Differentialgleichung auch den komplexen Ansatz $z = ke^{i(\alpha + \omega t)}$ machen können und wäre dadurch genau so auf die Gl. (3) gekommen.

Analog erhalte ich

$$(16) \qquad \int z\,dt = \frac{z}{i\omega} = -i\frac{z}{\omega} = e^{-i\frac{\pi}{2}}\frac{z}{\omega}.$$

Durch Integration wird also der Vektor z um $90°$ in entgegengesetzter Richtung gedreht und durch ω dividiert.

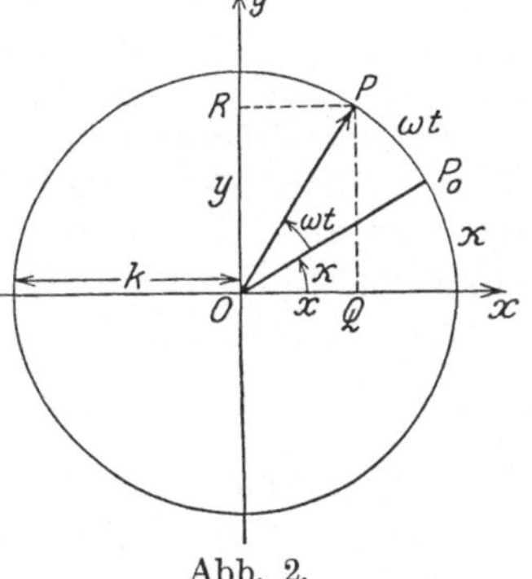

Abb. 2.

Bilde ich 2 Funktionen

$$(17) \qquad \begin{aligned} 2E &= a\dot{y}^2, \\ 2V &= cy^2, \end{aligned}$$

so folgt unsere Differentialgleichung aus der Gleichung

$$(18) \qquad \frac{d}{dt}(E + V) = 0.$$

In der Physik stellt die Gl. (18) den Satz von der Erhaltung der Energie dar.

Beispiele.

I. Bei mechanischen Schwingungen bedeutet E die kinetische Energie und V die potentielle Energie.

1. Hängt an einem elastischen Stabe eine Masse m und führt Schwingungen aus, so gilt unsere Differentialgleichung nach dem Hookschen Gesetz, falls die Masse m gegen die Masse des Stabes vernachlässigt werden kann. Die Zahl a ist gleich der angehängten Masse m und das c ist je nach der Befestigungsart verschieden. Vgl. Hütte, Des Ingenieurs Taschenbuch (Berlin,

Ernst & Sohn) I, 547, wo die Durchbiegung angegeben ist. Die Durchbiegung ist aber $\frac{m}{c}$.

Ähnliche Verhältnisse liegen bei Spiralfedern vor. Vgl. Hutte, I, 597.

2. Bei Drehschwingungen ergibt sich zunächst die Gleichung

$$a\frac{d^2\varphi}{dt^2} + c\sin\varphi = 0,$$

wobei a das Trägheitsmoment und c die Direktionskraft ist. Ist nun aber φ so klein, daß der sin durch den arc ersetzt werden kann, so geht die obige Gleichung in die Gleichung unseres Paragraphen über: Fadenpendel (Hamel: El. M. Nr. 66, Hort: T. Schw. § 1), physisches Pendel (Hamel: El. M. Nr. 195, Hort: T. Schw. § 3), Bifilarpendel (Hort: T. Schw. § 4), Magnetnadel im Magnetfelde (Hort: T. Schw. § 4), Rollpendel (Hamel: El. M. Nr. 241).

3. Bei Torsionsschwingungen eines Drahtes, an dem eine Masse hängt, gilt unsere Differentialgleichung, falls das Tragheitsmoment des Drahtes vernachlässigt werden kann gegen das der angehängten Masse (Schafer: Th. Ph. I, 532).

II. Bei elektrischen Schwingungen ist

$$E = \tfrac{1}{2}L\dot{Q}^2 = \tfrac{1}{2}LJ^2$$

die magnetische Energie, wobei L der Koeffizient der Selbstinduktion, Q die Elektrizitätsmenge und $\dot{Q} = J$ die Stromstarke ist.

$$V = \frac{1}{2K}Q^2$$

ist die elektrische Energie, wobei K die Kapazitat ist (Abraham: Th. d. El. § 40 und 63).

Die Differentialgleichung lautet demnach

$$L\ddot{Q} + \frac{1}{K}Q = 0$$

oder

$$L\ddot{J} + \frac{1}{K}J = 0.$$

Die Formel (10) wird:

$$\tau = 2\pi\sqrt{LK} \text{ (Thomsonsche Formel).}$$

Unsere Differentialgleichung hat wie alle homogenen Differentialgleichungen mit konstanten Koeffizienten die Eigentumlichkeit, daß durch Differentiation eine neue Gleichung derselben Art entsteht: $a y + c \ddot{y} = 0$, in der nur y durch $\ddot{y}$ ersetzt ist. Es gilt also bei mechanischen Schwingungen dieselbe Differentialgleichung für die Elongation, die Geschwindigkeit und die Beschleunigung. Bei elektrischen Schwingungen gilt dieselbe Differentialgleichung fur die Elektrizitätsmenge Q und die Stromstarke $J = \dot{Q}$.

§ 2. Grenzbedingungen.

Die Differentialgleichung des vorigen § tritt auch auf bei Problemen, wo sich zunachst eine partielle Differentialgleichung ergibt, die dann aber auf unsere totale Differentialgleichung zuruckgefuhrt wird. Vgl. V § 1. Die unabhangige Variable ist dann meist nicht die Zeit t, sondern eine raumliche Koordinate x. Ich schreibe daher das Integral § 1 (9)

$$y = k \sin(\varkappa + \omega x)\,. \tag{1}$$

An Stelle der Anfangsbedingungen fur $t = 0$ treten hier Grenzbedingungen fur $x = 0$ und $x = 1$.

Es sind dabei folgende 4 Grenzbedingungen wichtig:

$$(2)\quad \begin{cases} \text{a)} & y\,(0) = 0, \quad & y\,(1) = 0, \\ \text{b)} & y\,(0) = 0, \quad & y'\,(1) = 0, \\ \text{c)} & y'\,(0) = 0, \quad & y\,(1) = 0, \\ \text{d)} & y'\,(0) = 0, \quad & y'\,(1) = 0. \end{cases}$$

Diese Grenzbedingungen treten z. B. auf bei Longitudinalschwingungen von Stäben, je nachdem die Enden frei oder fest sind, bei Luftschwingungen in Röhren, je nachdem die Rohrenenden offen oder geschlossen sind und bei Warmebewegungen in Staben, je nachdem die Stabenden auf der konstanten Temperatur 0 gehalten oder warmeundurchlassig bedeckt sind. Die Bedingungen fur die Integrationskonstanten k und $\varkappa$ werden in den 4 Fallen:

$$(3)\quad \begin{cases} \text{a)} & k \sin \varkappa = 0, \quad & k \sin(\varkappa + \omega) = 0, \\ \text{b)} & k \sin \varkappa = 0, \quad & \omega k \cos(\varkappa + \omega) = 0, \\ \text{c)} & \omega k \cos \varkappa = 0, \quad & k \sin(\varkappa + \omega) = 0, \\ \text{d)} & \omega k \cos \varkappa = 0, \quad & \omega k \cos(\varkappa + \omega) = 0. \end{cases}$$

Diese Gleichungen sind naturlich, wenn ω nicht besondere Werte hat, nur durch $k = 0$ zu erfüllen. Es sind nun zwei Fragen von Wichtigkeit:

I. Welchen Wert muß ω (resp. die Konstanten unserer Differentialgleichung) haben, damit die Grenzbedingungen (2) erfullbar sind?

II. Wenn ω diesen Wert nicht hat, welches sind dann die unstetigen Funktionen, die unsere Differentialgleichungen und die Grenzbedingungen (2) erfüllen?

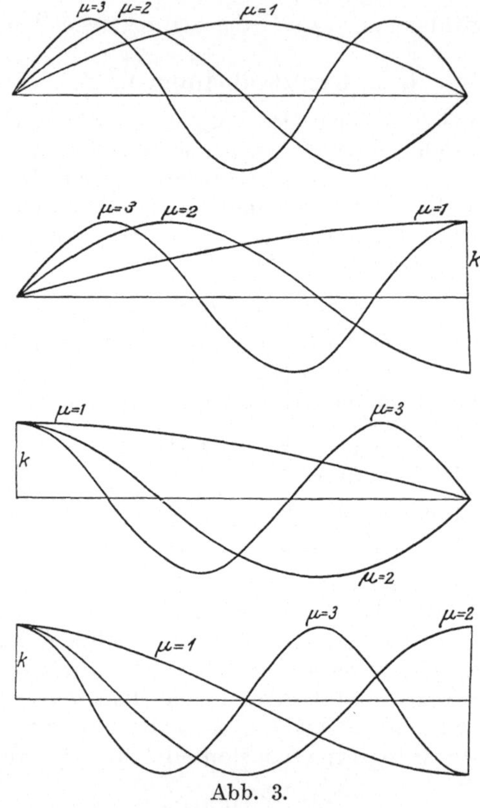

Abb. 3.

I. Aus der Gl. (3) ergibt sich fur $\varkappa$ und ω:

$$(4)\quad \begin{cases} \text{a)}\ \varkappa = 0, & \omega = \mu\pi, \\ \text{b)}\ \varkappa = 0, & \omega = (\mu - \frac{1}{2})\pi, \\ \text{c)}\ \varkappa = \dfrac{\pi}{2}, & \omega = (\mu - \frac{1}{2})\pi, \qquad (\mu = 1, 2, 3\ .\ \ .) \\ \text{d)}\ \varkappa = \dfrac{\pi}{2}, & \omega = \mu\pi, \end{cases}$$

so daß wir folgende Lösungen erhalten (Abb. 3):

$$(5)\quad \left\{\begin{array}{ll} \text{a)} & y = k\sin\mu\pi x, \\ \text{b)} & y = k\sin(\mu-\tfrac{1}{2})\pi x, \\ \text{c)} & y = k\cos(\mu-\tfrac{1}{2})\pi x, \\ \text{d)} & y = k\cos\mu\pi x. \end{array}\right. \qquad (\mu = 1, 2, 3\ldots)$$

II. Um eine unstetige Funktion zu erhalten, die unsere Differentialgleichung und die Grenzbedingungen (2) erfullt, bilde ich 2 Funktionen:

$$y_1 = k_1\sin(\varkappa_1 + \omega x),$$
$$y_2 = k_2\sin(\varkappa_2 + \omega x),$$

von denen y_1 die untere und y_2 die obere Grenzbedingung befriedigt.

$$(6)\quad \left\{\begin{array}{lll} \text{a)} & \varkappa_1 = 0, & \varkappa_2 = -\omega, \\ \text{b)} & \varkappa_1 = 0, & \varkappa_2 = \dfrac{\pi}{2} - \omega, \\ \text{c)} & \varkappa_1 = \dfrac{\pi}{2}, & \varkappa_2 = -\omega, \\ \text{d)} & \varkappa_1 = \dfrac{\pi}{2}, & \varkappa_2 = \dfrac{\pi}{2} - \omega. \end{array}\right.$$

Ich nehme nun im Intervall 0 bis 1 einen beliebigen Punkt α an und bilde die unstetige Funktion y derart, daß im Intervall 0 bis α $y = y_1$ und im Intervall α bis 1 $y = y_2$ sein soll. Die Unstetigkeit liegt dann lediglich im Punkte α. Da die Konstanten k_1 und k_2 noch ganz beliebig bleiben, kann ich die Art der Unstetigkeit im Punkte α noch in ganz bestimmter Weise vorschreiben. Es soll dort etwa y selbst stetig sein.

$$(7)\quad y_1(\alpha) = y_2(\alpha),$$
$$k_1\sin(\varkappa_1 + \omega\alpha) = k_2\sin(\varkappa_2 + \omega\alpha).$$

Ich kann daher k_1 und k_2 durch eine Konstante k ausdrucken.

$$(8)\quad \begin{array}{l} y_1 = k\sin(\varkappa_2 + \omega\alpha)\sin(\varkappa_1 + \omega x), \\ y_2 = k\sin(\varkappa_1 + \omega\alpha)\sin(\varkappa_2 + \omega x). \end{array}$$

Der Sprung, den die 1. Ableitung an der Stelle α macht, ist

$$y_1'(\alpha) - y_2'(\alpha) = \omega k\sin(\varkappa_2 - \varkappa_1).$$

Ich kann nun k so bestimmen, daß dieser Sprung gerade 1 ist.

$$(9)\quad y_1'(\alpha) - y_2'(\alpha) = 1,$$
$$k = \frac{1}{\omega\sin(\varkappa_2 - \varkappa_1)}.$$

Demnach ist nach Gl. (8):

$$y_1 = \frac{\sin(\varkappa_2 + \omega\alpha)\sin(\varkappa_1 + \omega x)}{\omega \sin(\varkappa_2 - \varkappa_1)},$$

$$y_2 = \frac{\sin(\varkappa_1 + \omega\alpha)\sin(\varkappa_2 + \omega x)}{\omega \sin(\varkappa_2 - \varkappa_1)},$$

oder, wenn ich die Konstanten aus Gl. (6) einsetze:

$$(10)\quad \begin{cases} \text{a)}\ y_1 = \dfrac{\sin\omega(1-\alpha)\sin\omega x}{\omega\sin\omega}, & y_2 = \dfrac{\sin\omega\alpha\sin\omega(1-x)}{\omega\sin\omega}, \\ \text{b)}\ y_1 = \dfrac{\cos\omega(1-\alpha)\sin\omega x}{\omega\cos\omega}, & y_2 = \dfrac{\sin\omega\alpha\cos\omega(1-x)}{\omega\cos\omega}, \\ \text{c)}\ y_1 = \dfrac{\sin\omega(1-\alpha)\cos\omega x}{\omega\cos\omega}, & y_2 = \dfrac{\cos\omega\alpha\sin\omega(1-x)}{\omega\cos\omega}, \\ \text{d)}\ y_1 = \dfrac{\cos\omega(1-\alpha)\cos\omega x}{-\omega\sin\omega}, & y_2 = \dfrac{\cos\omega\alpha\cos\omega(1-x)}{-\omega\sin\omega}. \end{cases}$$

Diese Lösungen finden im § 16 Verwendung.

Ist $c = 0$, so daß wir also die Differentialgleichung

$$(11)\qquad y'' = 0$$

haben, so wird $\omega = 0$ und die Gl. (10a), b), c) gehen in die folgenden über:

$$(12)\quad \begin{cases} \text{a)}\ y_1 = (1-\alpha)x, & y_2 = \alpha(1-x), \\ \text{b)}\ y_1 = x, & y_2 = \alpha, \\ \text{c)}\ y_1 = 1-\alpha, & y_2 = 1-x, \end{cases}$$

Diese Lösungen finden im § 15 Verwendung.

Im Falle d) werden y_1 und y_2 unendlich. Entwickle ich y_1 und y_2 nach Potenzen, so erhalte ich:

$$y_1 = \frac{\left(1 - \frac{(1-\alpha)^2\omega^2}{2}\right)\left(1 - \frac{\omega^2 x^2}{2}\right)\left(1 + \frac{\omega^2}{6}\right)}{-\omega^2}$$

$$= -\frac{1}{\omega^2} + \left[\frac{1}{2}(1-\alpha)^2 + \frac{x^2}{2} - \frac{1}{6}\right] + \cdots,$$

$$y_2 = \frac{\left(1 - \frac{\alpha^2\omega^2}{2}\right)\left(1 - \frac{(1-x)^2\omega^2}{2}\right)\left(1 + \frac{\omega^2}{6}\right)}{-\omega^2}$$

$$= -\frac{1}{\omega^2} + \left[\frac{1}{2}(1-x)^2 + \frac{\alpha^2}{2} - \frac{1}{6}\right] + \cdots.$$

Nenne ich die in den eckigen Klammern stehenden Ausdrücke η_1 und η_2, so ist

$$(12\,\mathrm{d})\quad \eta_1 = \frac{1}{2}(1-\alpha)^2 + \frac{x^2}{2} - \frac{1}{6}, \quad \eta_2 = \frac{1}{2}(1-x)^2 + \frac{\alpha^2}{2} - \frac{1}{6}.$$

An Stelle der Gl. (11) tritt hier die Gleichung

$$(11\,\mathrm{d})\qquad \eta'' = 1.$$

Außerdem erfüllt η die Bedingungen (2d), (7), (9)

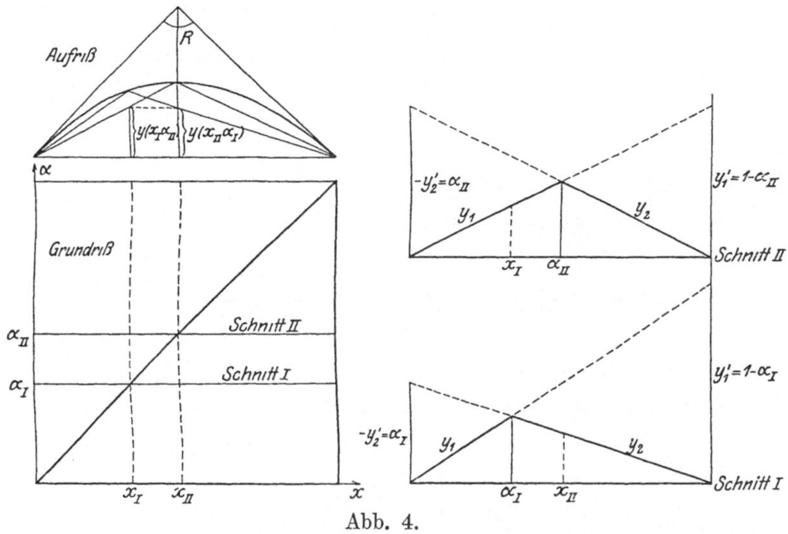

Abb. 4.

Deute ich x und α als rechtwinklige Koordinaten in der Ebene und y als raumliche Koordinate senkrecht dazu, so stellt (12a) 2 hyperbolische Paraboloide dar. Von ihnen kommt nur der im Innern des Quadrates ($x = 0$, $x = 1$, $\alpha = 0$, $\alpha = 1$) liegende Teil in Betracht. Über der Diagonale stoßen die beiden Paraboloide längs einer Parabel in einer scharfen Kante zusammen und sind zu dieser Kante symmetrisch, da y in x und α symmetrisch ist. Die Rander des Quadrats bilden die beiden Scheitelerzeugenden der Paraboloide. Es verschwindet dort y (Abb. 4). Deute ich (12b und c) in ähnlicher Weise, so erhalte ich 2 unter 45° ansteigende Ebenen, die durch die x- und α-Achse hindurchgehen (Abb. 5). Deute ich schließlich (12d), so ergeben sich 2 Rotationsparaboloide. Sie schneiden die x, α-Ebene in 2 Kreisen, deren Mittelpunkte die Ecken ($x = 1$, $\alpha = 0$) und ($x = 0$, $\alpha = 1$)

des Quadrates sind und deren Radius $\frac{1}{3}\sqrt{3}$ ist. Über die Diagonalen des Quadrates schneiden sich die Paraboloide in einer Parabel, die aber im Gegensatz zu (a) ihre konvexe Seite nach unten kehrt (Abb. 6).

Zum Schluß sei noch erwahnt, daß die Bedingungen (2) Spezialfalle folgender allgemeineren Bedingungen sind:

$$(13)\quad \begin{aligned} p_0 y(0) + q_0 y'(0) &= 0, \\ p_1 y(1) + q_1 y'(1) &= 0. \end{aligned}$$

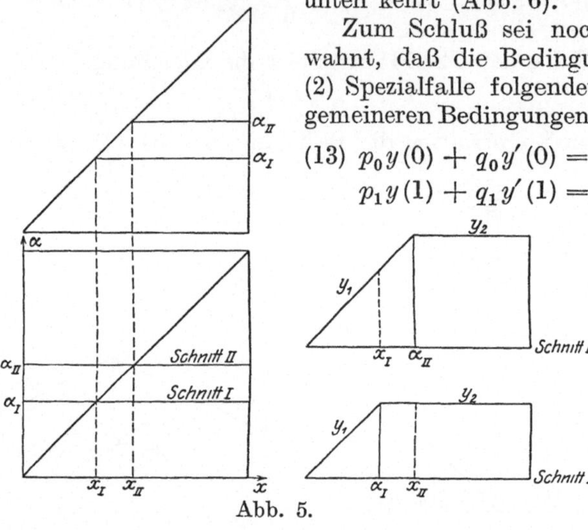

Abb. 5.

Diese Grenzbedingungen treten z. B. bei den Wärmebewegungen in einem Stabe auf, wenn die Stabenden Wärme ausstrahlen. Es

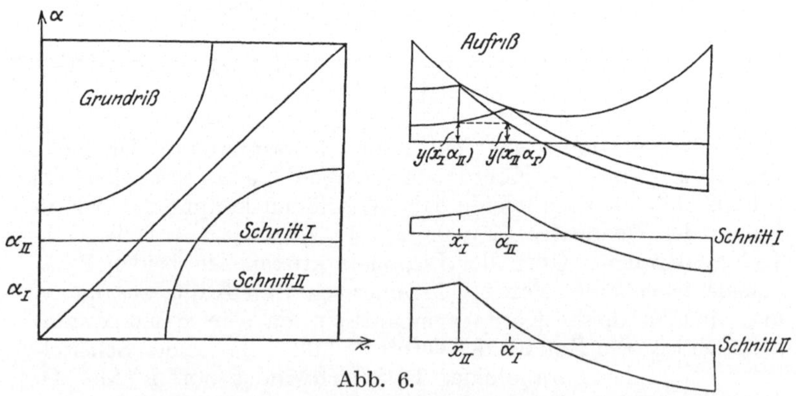

Abb. 6.

ergeben sich bei diesen Grenzbedingungen statt der Gl. (6) fur $\varkappa_1$ und $\varkappa_2$ die transzendenten Gleichungen

$$(14)\qquad \operatorname{tg}\varkappa_1 = -\frac{q_0\,\omega}{p_0}, \qquad \operatorname{tg}(\varkappa_2 + \omega) = -\frac{q_1\,\omega}{p_1}.$$

§ 3. $a\ddot{y} - cy = 0$.

An Stelle der trigonometrischen Funktionen des § 1 treten hier hyperbolische Funktionen. a und c sollen wieder positiv sein. Es ist

$$y = K\,\mathfrak{Cof}\,\omega t + L\,\mathfrak{Sin}\,\omega t, \tag{1}$$
$$\dot{y} = \omega\,(K\,\mathfrak{Sin}\,\omega t + L\,\mathfrak{Cof}\,\omega t),$$

$$\ddot{y} = \omega^2 y, \tag{2}$$

$$a\omega^2 - c = 0, \tag{3}$$

$$\omega = \sqrt{\frac{c}{a}}. \tag{4}$$

Soll zur Zeit $t = 0 : y = y_0$ und $\dot{y} = \dot{y}_0$ sein, so ist:

$$y_0 = K, \tag{5}$$
$$\dot{y}_0 = \omega L,$$

$$y = y_0\,\mathfrak{Cof}\,\omega t + \frac{\dot{y}_0}{\omega}\,\mathfrak{Sin}\,\omega t. \tag{6}$$

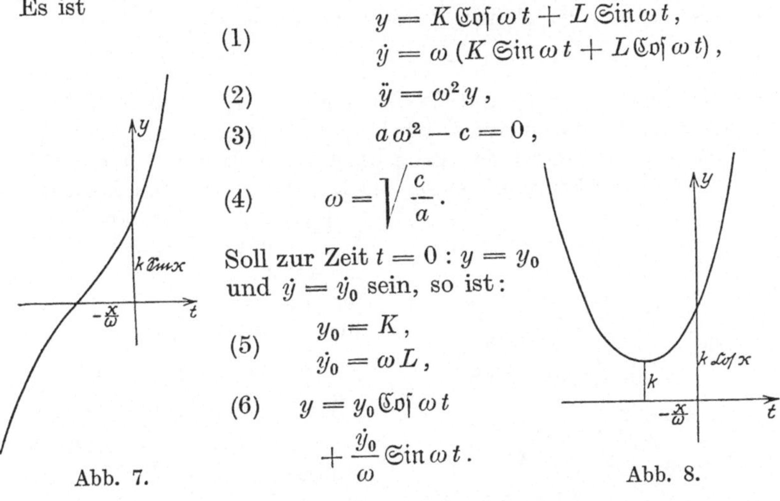

Abb. 7. Abb. 8.

Ich kann nun wieder statt K und L neue Konstanten k und $\varkappa$ einführen. Ich muß dabei jedoch 2 Fälle unterscheiden:

	$\lvert K\rvert < \lvert L\rvert$		$\lvert K\rvert > \lvert L\rvert$
(7)	$K = k\,\mathfrak{Sin}\,\varkappa$ $L = k\,\mathfrak{Cof}\,\varkappa,$	(7′)	$K = k\,\mathfrak{Cof}\,\varkappa$ $L = k\,\mathfrak{Sin}\,\varkappa,$
(8)	$k = \sqrt{L^2 - K^2}$ $\mathfrak{Tg}\,\varkappa = \frac{K}{L}$	(8′)	$k = \sqrt{K^2 - L^2}$ $\mathfrak{Tg}\,\varkappa = \frac{L}{K},$
(9)	$y = k\,\mathfrak{Sin}\,(\varkappa + \omega t)$	(9′)	$y = k\,\mathfrak{Cof}\,(\varkappa + \omega t).$

Bei den trigonometrischen Funktionen kann man es durch Änderung der Konstanten $\varkappa$ um $\frac{\pi}{2}$ erreichen, daß an Stelle des sin der cos tritt. Bei den hyperbolischen Funktionen ist das nicht der Fall; die beiden Lösungen (9) und (9′) sind wesentlich voneinander verschieden (Abb. 7 und 8).

Für die geometrische Deutung der Lösungen (9) und (9′) kann ich entsprechende Überlegungen anstellen wie in § 1. Es ist:

$$x = k\,\mathfrak{Cof}(\varkappa + \omega t)\,, \tag{11}$$

$$y = k\,\mathfrak{Sin}(\varkappa + \omega t)\,. \tag{12}$$

Deute ich auch hier x und y als horizontale und vertikale Koordinate eines Punktes P, so durchläuft, wenn t von $-\infty$ bis $+\infty$ wachst, der Punkt P die gleichseitige Hyperbel

$$x^2 - y^2 = k^2\,, \tag{13}$$

deren Parametergl. (11) und (12) ist, und zwar für positive k den rechten Zweig, für negative k den linken Zweig (Abb. 9). Ich will den Vektor OP dann wieder mit z bezeichnen. Hierbei ist jedoch zu bemerken, daß k nicht etwa die Lange des Vektors ist und $\varkappa + \omega t$ nicht etwa der Winkel, den er mit der horizontalen Achse einschließt. Nenne ich diese beiden Größen l und φ, so ist vielmehr

$$l^2 = k^2\,\mathfrak{Cof}\,2(\varkappa + \omega t)\,,$$

$$\operatorname{tg}\varphi = \mathfrak{Tg}(\varkappa + \omega t)\,.$$

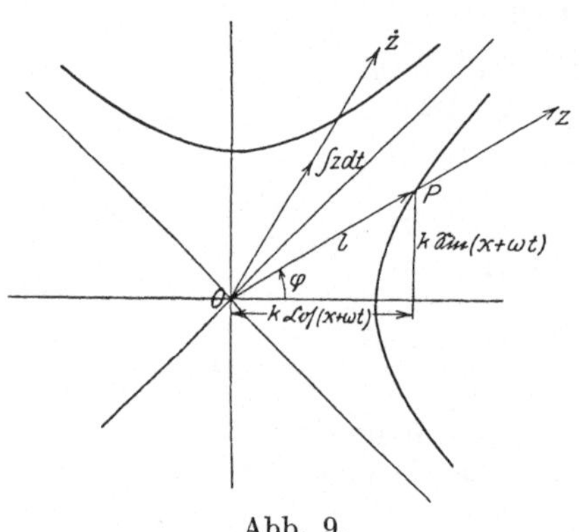

Abb. 9.

Differenziere ich die Gleichungen (11) und (12), so erhalte ich:

$$\begin{aligned} x &= \omega\,k\,\mathfrak{Sin}(\varkappa + \omega t)\,, \\ \dot{y} &= \omega\,k\,\mathfrak{Cof}(\varkappa + \omega t)\,. \end{aligned} \tag{14}$$

Es werden also horizontale und vertikale Komponente miteinander vertauscht und außerdem beide mit ω multipliziert. Den Vektor, dessen Komponenten x und $\dot{y}$ sind, will ich mit z bezeichnen. Eine Differentiation von z entspricht dann also geometrisch eine Spiegelung an der Winkelhalbierenden des 1. Quadranten und eine Multiplikation mit ω. Wächst t von $-\infty$ bis $+\infty$, so durchläuft z die gleichseitige Hyperbel:

$$y^2 - x^2 = \omega^2 k^2\,,$$

und zwar fur positive k den oberen Zweig, fur negative k den unteren Zweig. Aus (1) folgt durch 2malige Differentiation:

$$\begin{aligned} x &= \omega^2 k\,\mathfrak{Cof}(\varkappa + \omega t)\,, \\ \ddot{y} &= \omega^2 k\,\mathfrak{Sin}(\varkappa + \omega t)\,. \end{aligned} \tag{15}$$

Durch eine 2malige Differentiation wird also z in seiner Richtung nicht geandert, sondern nur mit ω^2 multipliziert. Schließlich folgt aus (11) und (12) noch:

$$(16)\qquad \begin{aligned}\int x\,dt &= \frac{k}{\omega}\,\mathfrak{Sin}(\varkappa+\omega t),\\ \int y\,dt &= \frac{k}{\omega}\,\mathfrak{Cof}(\varkappa+\omega t).\end{aligned}$$

Einer Integration entspricht also eine Spiegelung an der Winkelhalbierenden des 1. Quadranten und eine Division durch ω.

§ 4. Die Grenzbedingungen im aperiodischen Fall.

Ich ersetze wieder in den Lösungen (9) des vorigen Paragraphen t durch x:

$$(1)\quad y = k\,\mathfrak{Sin}(\varkappa+\omega x) \qquad \text{oder} \qquad (1')\quad y = k\,\mathfrak{Cof}(\varkappa+\omega x)$$

und betrachte dieselben Grenzbedingungen wie im § 2

$$(2)\qquad \left\{\begin{array}{lll} \text{a)} & y(0)=0, & y(1)=0,\\ \text{b)} & y(0)=0, & y'(1)=0,\\ \text{c)} & y'(0)=0, & y(1)=0,\\ \text{d)} & y'(0)=0, & y'(1)=0. \end{array}\right.$$

Man erkennt, daß diese Grenzbedingungen fur keinen Wert von ω durch den Ansatz (1) oder (1′) zu befriedigen sind. Ich muß vielmehr die Lösung y aus 2 Lösungen, y_1 und y_2, zusammensetzen, von denen y_1 die untere, y_2 die obere Grenzbedingung befriedigt. Ich bezeichne die Gleichungen mit denselben Nummern wie die entsprechenden Gleichungen im § 2. Im Gegensatz zum § 2 muß ich hier fur die 4 Unterfälle von (2) gesonderte Ansatze machen:

$$\begin{array}{lll} \text{a)} & y_1 = k_1\,\mathfrak{Sin}(\varkappa_1+\omega x), & y_2 = k_2\,\mathfrak{Sin}(\varkappa_2+\omega x),\\ \text{b)} & y_1 = k_1\,\mathfrak{Sin}(\varkappa_1+\omega x), & y_2 = k_2\,\mathfrak{Cof}(\varkappa_2+\omega x),\\ \text{c)} & y_1 = k_1\,\mathfrak{Cof}(\varkappa_1+\omega x), & y_2 = k_2\,\mathfrak{Sin}(\varkappa_2+\omega x),\\ \text{d)} & y_1 = k_1\,\mathfrak{Cof}(\varkappa_1+\omega x), & y_2 = k_2\,\mathfrak{Cof}(\varkappa_2+\omega x), \end{array}$$

Aus den Grenzbedingungen (2) folgt in allen 4 Fallen

$$(6)\qquad \varkappa_1 = 0, \qquad \varkappa_2 = -\omega,$$

so daß

$$\begin{array}{lll} \text{a)} & y_1 = k_1\,\mathfrak{Sin}\,\omega x, & y_2 = k_2\,\mathfrak{Sin}\,\omega(x-1),\\ \text{b)} & y_1 = k_1\,\mathfrak{Sin}\,\omega x, & y_2 = k_2\,\mathfrak{Cof}\,\omega(x-1),\\ \text{c)} & y_1 = k_1\,\mathfrak{Cof}\,\omega x, & y_2 = k_2\,\mathfrak{Sin}\,\omega(x-1),\\ \text{d)} & y_1 = k_1\,\mathfrak{Cof}\,\omega x, & y_2 = k_2\,\mathfrak{Cof}\,\omega(x-1). \end{array}$$

Genau wie im § 2 nehme ich nun einen Punkt α an, an dem die beiden Lösungen zusammenstoßen sollen. Soll in diesem Punkte y stetig sein, so kann man, wie im § 1, k_1 und k_2 durch eine Konstante k ersetzen:

$$(7)\quad \begin{cases} \text{a)}\ y_1 = k\,\mathfrak{Sin}\,\omega(\alpha-1)\,\mathfrak{Sin}\,\omega x, & y_2 = k\,\mathfrak{Sin}\,\omega\alpha\,\mathfrak{Sin}\,\omega(x-1),\\ \text{b)}\ y_1 = k\,\mathfrak{Cos}\,\omega(\alpha-1)\,\mathfrak{Sin}\,\omega x, & y_2 = k\,\mathfrak{Sin}\,\omega\alpha\,\mathfrak{Cos}\,\omega(x-1),\\ \text{c)}\ y_1 = k\,\mathfrak{Sin}\,\omega(\alpha-1)\,\mathfrak{Cos}\,\omega x, & y_2 = k\,\mathfrak{Cos}\,\omega\alpha\,\mathfrak{Sin}\,\omega(x-1),\\ \text{d)}\ y_1 = k\,\mathfrak{Cos}\,\omega(\alpha-1)\,\mathfrak{Cos}\,\omega x, & y_2 = k\,\mathfrak{Cos}\,\omega\alpha\,\mathfrak{Cos}\,\omega(x-1). \end{cases}$$

Soll schließlich der Sprung, den y' an der Stelle α macht. gerade 1 sein, so ergeben sich als endgültige Lösungen:

$$(8)\quad \begin{cases} \text{a)}\quad y_1 = \dfrac{\mathfrak{Sin}\,\omega(1-\alpha)\,\mathfrak{Sin}\,\omega x}{\omega\,\mathfrak{Sin}\,\omega}, & y_2 = \dfrac{\mathfrak{Sin}\,\omega\alpha\,\mathfrak{Sin}\,\omega(1-x)}{\omega\,\mathfrak{Sin}\,\omega},\\[2ex] \text{b)}\quad y_1 = \dfrac{\mathfrak{Cos}\,\omega(1-\alpha)\,\mathfrak{Sin}\,\omega \alpha}{\omega\,\mathfrak{Cos}\,\omega}, & y_2 = \dfrac{\mathfrak{Sin}\,\omega\alpha\,\mathfrak{Cos}\,\omega(1-x)}{\omega\,\mathfrak{Cos}\,\omega},\\[2ex] \text{c)}\quad y_1 = \dfrac{\mathfrak{Sin}\,\omega(1-\alpha)\,\mathfrak{Cos}\,\omega x}{\omega\,\mathfrak{Cos}\,\omega}, & y_2 = \dfrac{\mathfrak{Cos}\,\omega\alpha\,\mathfrak{Sin}\,\omega(1-x)}{\omega\,\mathfrak{Cos}\,\omega},\\[2ex] \text{d)}\quad y_1 = \dfrac{\mathfrak{Cos}\,\omega(1-\alpha)\,\mathfrak{Cos}\,\omega x}{-\omega\,\mathfrak{Sin}\,\omega}, & y_2 = \dfrac{\mathfrak{Cos}\,\omega\alpha\,\mathfrak{Cos}\,\omega(1-x)}{-\omega\,\mathfrak{Sin}\,\omega}. \end{cases}$$

Haben wir wieder statt der Bedingungen (2) die allgemeine Bedingung

$$(9)\qquad p_0\,y(0) + q_0\,y'(0) = 0, \qquad p_1\,y(1) + q_1\,y'(1) = 0,$$

so sind die Fälle a), b), c), d) in folgender Weise zu unterscheiden:

$$\begin{array}{lll} \text{a)} & \left|\dfrac{q_0\,\omega}{p_0}\right| < 1, & \left|\dfrac{q_1\,\omega}{p_1}\right| < 1,\\[2ex] \text{b)} & \left|\dfrac{q_0\,\omega}{p_0}\right| < 1, & \left|\dfrac{q_1\,\omega}{p_1}\right| > 1,\\[2ex] \text{c)} & \left|\dfrac{q_0\,\omega}{p_0}\right| > 1, & \left|\dfrac{q_1\,\omega}{p_1}\right| < 1,\\[2ex] \text{d)} & \left|\dfrac{q_0\,\omega}{p_0}\right| > 1, & \left|\dfrac{q_1\,\omega}{p_1}\right| > 1. \end{array}$$

Es ergeben sich dann für $\varkappa_1$ und $\varkappa_2$ statt (6) die folgenden transzendenten Gleichungen

$$(10)\begin{cases} \text{a)} & \mathfrak{Tg}\,\varkappa_1 = -\dfrac{q_0\,\omega}{p_0}, & \mathfrak{Tg}\,(\varkappa_2 + \omega) = -\dfrac{q_1\,\omega}{p_1}, \\[2ex] \text{b)} & \mathfrak{Tg}\,\varkappa_1 = -\dfrac{q_0\,\omega}{p_0}, & \mathfrak{Ctg}\,(\varkappa_2 + \omega) = -\dfrac{q_1\,\omega}{p_1}, \\[2ex] \text{c)} & \mathfrak{Ctg}\,\varkappa_1 = -\dfrac{q_0\,\omega}{p_0}, & \mathfrak{Tg}\,(\varkappa_2 + \omega) = -\dfrac{q_1\,\omega}{p_1}, \\[2ex] \text{d)} & \mathfrak{Ctg}\,\varkappa_1 = -\dfrac{q_0\,\omega}{p_0}, & \mathfrak{Ctg}\,(\varkappa_2 + \omega) = -\dfrac{q_1\,\omega}{p_1}. \end{cases}$$

Von den Gl. [8 a), b), c)] kann man genau so wie im § 2 zu dem Fall $c = 0$ ubergehen.

§ 5. $a\ddot{y} + b\dot{y} + cy = 0$.

Zu der Differentialgleichung des § 1 ist hier das Glied $b\dot{y}$ hinzugetreten, das ich mit Rucksicht auf die Anwendungen als Dampfungsglied bezeichnen will. Es ist hier am praktischsten, einen komplexen Ansatz zu machen

$$y = k\,e^{nt}, \tag{1}$$

wobei n und k komplexe Zahlen sein sollen. Es ist dann

$$\dot{y} = n\,k\,e^{nt}$$

$$\ddot{y} = n^2\,k\,e^{nt}. \tag{2}$$

Dadurch geht die Differentialgleichung über in

$$a n^2 + b n + c = 0, \tag{3}$$

$$n = \frac{1}{2a}\left(-b \pm \sqrt{b^2 - 4ac}\right). \tag{4}$$

Es sind nun 3 Falle zu unterscheiden:

I. $b^2 < 4ac$.

n ist dann komplex. Ich setze

$$n = \beta \pm i\,\omega.$$

Dann ist

$$\beta = -\frac{b}{2a},$$

$$(4_I)$$

$$\omega = \frac{1}{2a}\sqrt{4ac - b^2}.$$

Es ist dann sowohl der reelle als auch der imaginare Bestandteil von (1) ein Integral unserer Differentialgleichung. Der imaginàre Bestandteil ist (Abb. 10)

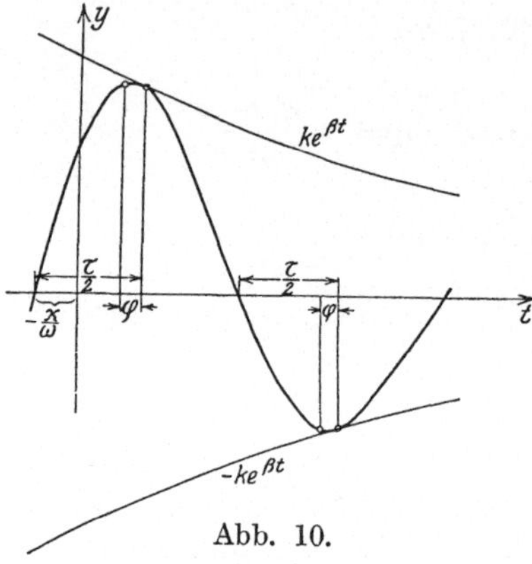

Abb. 10.

$(1_I)\quad y = k\,e^{\beta t}\sin(\varkappa + \omega t),$

wobei an Stelle der komplexen Konstanten k von (1) die beiden reellen Konstanten k und $\varkappa$ getreten sind. (1_I) stellt eine gedampfte Schwingung dar. Betrachte ich y für die Zeiten t, $t + \frac{\tau}{2}$, $t + \tau$, $t + \frac{3\tau}{2} \ldots$, wobei nach § 1 (10) $\tau = \frac{2\pi}{\omega}$ ist, so erhalte ich

$$y_1 = k\,e^{\beta t}\sin(\varkappa + \omega t),$$
$$y_2 = k\,e^{\beta t + \beta\frac{\tau}{2}}\sin(\varkappa + \omega t + \pi) = -\,e^{\beta\frac{\tau}{2}}\,y_1,$$
$$y_3 = k\,e^{\beta t + \beta\tau}\sin(\varkappa + \omega t + 2\pi) = +\,e^{\beta\tau}\,y_1,$$
$$y_4 = k\,e^{\beta t + \frac{3\beta\tau}{2}}\sin(\varkappa + \omega t + 3\pi) = -\,e^{3\beta\frac{\tau}{2}}\,y_1.$$
$$\cdots\cdots\cdots\cdots\cdots\cdots$$

Es ist daher

$$(5)\qquad \frac{|y_1|}{|y_2|} = \frac{|y_2|}{|y_3|} = \frac{|y_3|}{|y_4|} = \ldots = e^{\beta\frac{\tau}{2}}$$

und

$$(6)\qquad \frac{y_1}{y_3} = \frac{y_3}{y_5} = \cdots = e^{\beta\tau}.$$

Für das Zeitintervall $\frac{\tau}{2}$ ist also $|y_\nu|$ die mittlere Proportionale zu $|y_{\nu-1}|$ und $|y_{\nu+1}|$ und für das Zeitintervall τ ist y_ν die mittlere Proportionale zu $y_{\nu-2}$ und $y_{\nu+2}$. $e^{\beta\tau}$ $\left(\text{oder auch } e^{\beta\frac{\tau}{2}}\right)$ heißt das Dämpfungsverhaltnis. Da nach (5) und (6)

$$\ln|y_\nu| - \ln|y_{\nu+1}| = \beta\frac{\tau}{2},$$
$$\ln y_\nu - \ln y_{\nu+2} = \beta\tau,$$

heißt $\beta\tau$ $\left(\text{oder auch } \beta\frac{\tau}{2}\right)$ das logarithmische Dekrement.

Nach (1_I) ist $y = 0$, wenn

(7) $$t = \frac{1}{\omega}(-\varkappa + \mu\pi). \qquad (\mu = 0, 1, 2, 3 \ldots)$$

Fur die Mitten der Nullstellen, d. h. fur

(8) $$t = \frac{1}{\omega}\left(-\varkappa + \mu\pi + \frac{\pi}{2}\right)$$

ist

$$y = + k e^{\beta t} \quad \text{wenn} \quad \mu = 0, 2, 4 \ldots$$
$$y = - k e^{\beta t} \quad \text{wenn} \quad \mu = 1, 3, 5 \ldots$$

Die Kurve y beruhrt also an diesen Stellen die beiden Exponentiallinien $k e^{\beta t}$ und $-k e^{\beta t}$. Diese Beruhrungsstellen sind aber nicht die extremen Werte der Funktion. Um diese aufzusuchen, bilde ich aus (1_I)

(2_I) $$\dot{y} = k e^{\beta t}[\omega \cos(\varkappa + \omega t) + \beta \sin(\varkappa + \omega t)].$$

Es ist also $\dot{y} = 0$, wenn

$$\operatorname{tg}(\varkappa + \omega t) = -\frac{\omega}{\beta}.$$

Setze ich nun $$\varkappa + \omega t = \mu\pi + \frac{\pi}{2} + \varphi.$$

so ist

(9) $$\operatorname{tg}\varphi = \frac{\beta}{\omega}.$$

$\dot{y}$ ist also Null, wenn

(10) $$t = \frac{1}{\omega}\left(-\varkappa + \mu\pi + \frac{\pi}{2} + \varphi\right). \qquad (\mu = 0, 1, 2, 3 \ldots)$$

Vergleiche ich (8) mit (10), so erkenne ich, daß hier die extremen Werte nicht in der Mitte der Nullstellen liegen, sondern um φ von der Mitte entfernt. Ist $b > 0$, so ist nach (4_I) β und nach (9) φ negativ. Die extremen Werte liegen also vor der Mitte.

II. $b^2 > 4ac$.

Es sind dann in (4) beide n reell und die allgemeine Losung der Differentialgleichung ist

(1_{II}) $$y = k_1 e^{n_1 t} + k_2 e^{n_2 t}.$$

Es ist also $y = 0$, wenn

(7_{II}) $$t = \frac{\ln\left(-\frac{k_2}{k_1}\right)}{n_1 - n_2}.$$

Aus (1_{II}) bilde ich

$$(2_{II})\qquad \begin{aligned}\dot y &= n_1 k_1 e^{n_1 t} + n_2 k_2 e^{n_2 t},\\ \ddot y &= n_1^2 k_1 e^{n_1 t} + n_2^2 k_2 e^{n_2 t}.\end{aligned}$$

Es ist also $\dot y = 0$, wenn

$$(10_{II})\qquad t = \frac{\ln\left(-\frac{n_2 k_2}{n_1 k_1}\right)}{n_1 - n_2}$$

und $\ddot y = 0$, wenn

$$(11)\qquad t = \frac{\ln\left(-\frac{n_2^2 k_2}{n_1^2 k_1}\right)}{n_1 - n_2}.$$

Es sind daher 4 Fälle zu unterscheiden:

A. n_1 und n_2 haben gleiches, k_1 und k_2 verschiedenes Vorzeichen. Es sei $|k_1| > |k_2|$. Dann existiert nach (7), (10) und (11)

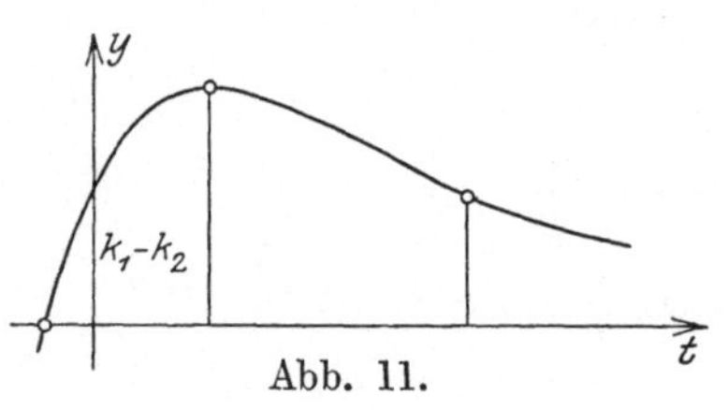

Abb. 11.

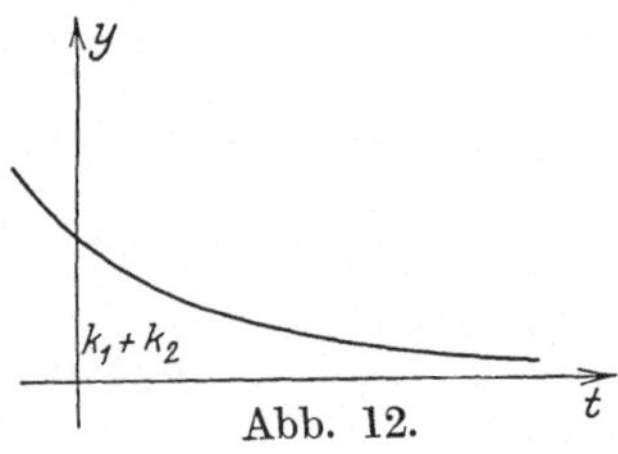

Abb. 12.

eine reelle Nullstelle, ein reelles Extremum und ein reeller Wendepunkt. Wir haben noch folgende Unterfälle:

A. α) $b > 0$, $k_1 > 0$ (Abb. 11), γ) $b < 0$, $k_1 > 0$,
β) $b > 0$, $k_1 < 0$, δ) $b < 0$, $k_1 < 0$.

Die Figuren für die Fälle β, γ, δ erhält man aus Abb. 11 durch Umklappen um die t-Achse, um die y-Achse resp. um beide Achsen.

B. n_1 und n_2 sowie k_1 und k_2 haben gleiches Vorzeichen. Dann existieren weder reelle Nullstellen, noch reelle Extreme, noch reelle Wendepunkte. Es sind dieselben Unterfälle zu unterscheiden wie bei *A* (Abb. 12).

C. n_1 und n_2 sowie k_1 und k_2 haben verschiedenes Vorzeichen (Abb. 7).

D. n_1 und n_2 haben verschiedenes, k_1 und k_2 haben gleiches Vorzeichen (Abb. 8).

III. $b^2 = 4ac$.

Die Gl. (3) hat dann eine Doppelwurzel

$$(4_{III})\qquad n = \beta = -\frac{b}{2a}.$$

Die allgemeine Losung unserer Differentialgleichung ist dann

$$(1_{III}) \qquad y = (k_1 + k_2 t)\, e^{nt}.$$

Aus dieser Gleichung folgt nämlich

$$(2_{III}) \qquad \begin{aligned} \dot{y} &= (n k_1 + n k_2 t + k_2)\, e^{nt}, \\ \ddot{y} &= (n^2 k_1 + n^2 k_2 t + 2 n k_2)\, e^{nt}. \end{aligned}$$

Setze ich diese Werte in unsere Differentialgleichung ein, so ergibt sich die folgende Gleichung:

$$(a n^2 + b n + c)\, k_1 + (a n^2 + b n + c)\, k_2 t + (2 a n + b)\, k_2 = 0.$$

Diese Gleichung ist für beliebige k_1 und k_2 erfullt, wenn folgende beiden Gleichungen bestehen:

$$(3) \qquad f(n) = a n^2 + b n + c = 0,$$

$$(3') \qquad \frac{d f(n)}{d n} = 2 a n + b = 0.$$

Das ist aber gerade die Bedingung dafür, daß n eine Doppelwurzel von (3) ist. Aus (1_{III}) und (2_{III}) folgt nun:

$$(7_{III}) \qquad y = 0, \quad \text{wenn} \quad t = -\frac{k_1}{k_2},$$

$$(10_{III}) \qquad \dot{y} = 0, \quad \text{wenn} \quad t = -\frac{n k_1 + k_2}{n k_2}.$$

Nullstelle und Extremum sind also reell. Der Verlauf von y ist ähnlich wie im Falle *II A* und wir haben die entsprechenden 4 Unterfalle wie dort.

Versucht man hier eine ähnliche geometrische Deutung wie im § 1, so erhalt man den Vektor

$$z = k\, e^{\beta t}\, e^{i(\varkappa + \omega t)}.$$

Diese dreht sich ebenfalls mit der konstanten Geschwindigkeit ω, wird aber bei seiner Drehung vergroßert resp. verkleinert, je nachdem β positiv oder negativ ist. Sein Endpunkt beschreibt dabei eine logarithmische Spirale. Ein wesentlicher Unterschied gegen § 1

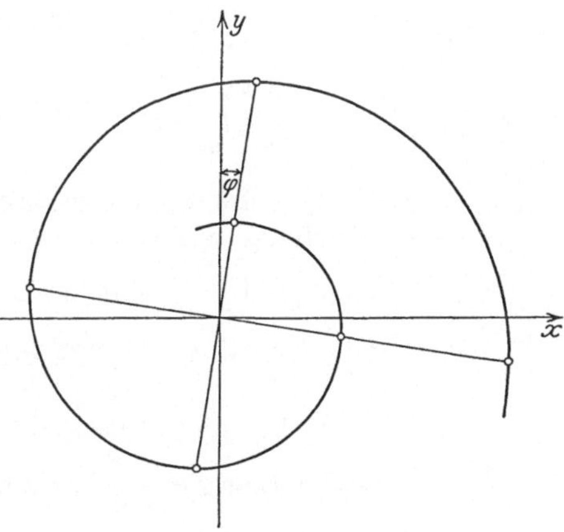

Abb. 13.

besteht z. B. darin, daß y nicht mehr sein Max. oder Min. erreicht, wenn z vertikal ist, sondern um den oben berechneten Winkel φ früher, wenn b resp. β neg. ist und um φ später, wenn b resp. β pos. ist. y wird nämlich ein Extremum, wenn $\dot{y} = 0$, d. h. wenn $\dot{z}$ horizontal ist. z und $\dot{z}$ liegen aber bei der gedämpften Schwingung nicht mehr wie bei der ungedämpften um $\frac{\pi}{2}$, sondern um $\frac{\pi}{2} \pm \varphi$ auseinander (Abb. 13).

§ 6. Die Energie.

Es sei E eine Funktion von $\dot{y}$ und V eine Funktion von y. Ich entwickle beide Funktionen nach Potenzen und breche die Entwicklung nach den quadratischen Gliedern ab.

$$E = E_0 + \left(\frac{\partial E}{\partial \dot{y}}\right)_0 \dot{y} + \tfrac{1}{2}\left(\frac{\partial^2 E}{\partial \dot{y}^2}\right)_0 \dot{y}^2, \tag{1}$$

$$V = V_0 + \left(\frac{\partial V}{\partial y}\right)_0 y + \tfrac{1}{2}\left(\frac{\partial^2 V}{\partial y^2}\right)_0 y^2. \tag{2}$$

Nun bilde ich die Gleichung

$$\frac{d}{dt}\left(\frac{\partial E}{\partial \dot{y}}\right) + \frac{dV}{dy} = 0. \tag{3}$$

Setze ich (1) und (2) ein, so wird

$$\left(\frac{\partial^2 E}{\partial \dot{y}^2}\right)_0 \ddot{y} + \left(\frac{\partial V}{\partial y}\right)_0 + \left(\frac{\partial^2 V}{\partial y^2}\right)_0 y = 0. \tag{4}$$

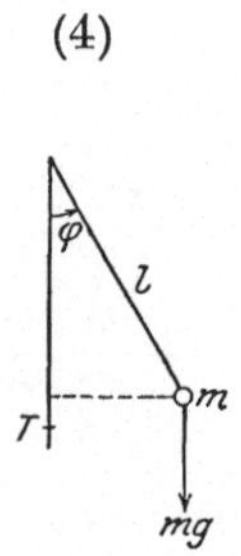

Abb. 14.

Das ist eine sogenannte inhomogene Differentialgleichung, wie wir sie nachher im § 12 betrachten werden. Ist aber $\left(\frac{\partial V}{\partial y}\right)_0 = 0$, so hat (4) die Form der Gleichung § 1. Die Gl. (3) besagt dann dasselbe wie die Gleichung § 1 (18).

I. Bei mechanischen Schwingungen ist E die kinetische Energie, $\frac{\partial E}{\partial \dot{y}}$ der Impuls, V das Potential, $-\frac{\partial V}{\partial y}$ die Kraft und die Gl. (3) besagt, daß die Änderung des Impulses gleich der wirkenden Kraft ist. Bei dem Pendel der Abb. 14 ist z. B. die Energie

$$E = \tfrac{1}{2} m (l \dot{\varphi})^2. \tag{5}$$

Rechne ich die potentielle Energie von der tiefsten Lage T aus, so ist

(6) $$V = mgl(1 - \cos\varphi).$$

Es ist daher

(7) $$\left(\frac{\partial^2 E}{\partial \dot{y}^2}\right) = ml^2,$$

(8) $$\left(\frac{\partial V}{\partial y}\right)_0 = 0,$$

(9) $$\left(\frac{\partial^2 V}{\partial y^2}\right)_0 = mgl.$$

Nach § 1 (5) ist daher

(10) $$\tau = 2\pi\sqrt{\frac{l}{g}}.$$

II. Bei elektrischen Schwingungen ist E die magnetische Energie, $\frac{\partial E}{\partial \dot{Q}} = \frac{\partial E}{\partial J} = L\dot{Q} = LJ$ der Induktionsfluß (vgl. z. B. Orlich: „Kapazität und Induktivität" S. 123), V die elektrische Energie und $-\frac{\partial V}{\partial Q} = -\frac{Q}{K}$ die elektromotorische Kraft. Die Gleichung (3) wird:

(11) $$\frac{d}{dt}(LJ) + \frac{Q}{K} = 0.$$

Sie besagt, daß die Änderung des Induktionsflusses gleich der elektromotorischen Kraft ist.

Ist nun außer der Kraft $-\frac{dV}{dy}$ noch eine Kraft vorhanden, die kein Potential besitzt und die proportional der Geschwindigkeit $\dot{y}$ ist, so gilt statt (3) die Gleichung

(12) $$\frac{d}{dt}\left(\frac{\partial E}{\partial \dot{y}}\right) = -\frac{dV}{dy} - b\dot{y}.$$

Das letzte Glied stellt die Dämpfung dar. Als Dämpfung kommt für ein Pendel der Luftwiderstand in Betracht (Hamel: El. M. Nr. 72), für eine Magnetnadel, die in einem geschlossenen Leiter schwingt, außerdem die Induktion (Hort: T. Schw. § 6).

Bei elektrischen Schwingungen tritt, wenn der Ohmsche Widerstand berücksichtigt wird, an Stelle von (11) die Gleichung:

(13) $$\frac{d}{dt}(LJ) + RJ + \frac{Q}{K} = 0$$

oder

(14) $$L\ddot{Q} + R\dot{Q} + \frac{1}{K}Q = 0$$

oder

(15) $$L\ddot{J} + R\dot{J} + \frac{1}{K}J = 0.$$

§ 7. $ay'''' + cy = 0$.

Die Striche sollen Differentiationen nach x bedeuten. Das allgemeine Integral ist:

(1) $$\begin{aligned} y = {} & K\cos\omega x\,\mathfrak{Cof}\,\omega x + L\cos\omega x\,\mathfrak{Sin}\,\omega x \\ & + M\sin\omega x\,\mathfrak{Cof}\,\omega x + N\sin\omega x\,\mathfrak{Sin}\,\omega x. \end{aligned}$$

Daraus folgt namlich:

(2) $$\begin{cases} y' = \omega\,[(L+M)\cos\omega x\,\mathfrak{Cof}\,\omega x + (K+N)\cos\omega x\,\mathfrak{Sin}\,\omega x \\ \qquad + (N-K)\sin\omega x\,\mathfrak{Cof}\,\omega x + (M-L)\sin\omega x\,\mathfrak{Sin}\,\omega x], \\ y'' = 2\,\omega^2\,[N\cos\omega x\,\mathfrak{Cof}\,\omega x + M\cos\omega x\,\mathfrak{Sin}\,\omega x \\ \qquad - L\sin\omega x\,\mathfrak{Cof}\,\omega x - K\sin\omega x\,\mathfrak{Sin}\,\omega x], \\ y''' = 2\omega^3[(M-L)\cos\omega x\,\mathfrak{Cof}\,\omega x + (N-K)\cos\omega x\,\mathfrak{Sin}\,\omega x \\ \qquad - (N+K)\sin\omega x\,\mathfrak{Cof}\,\omega x - (L+M)\sin\omega x\,\mathfrak{Sin}\,\omega x], \\ y'''' = -4\,\omega^4 y. \end{cases}$$

Setze ich das in unsere Differentialgleichung ein, so ist:

(3) $$-4\,a\,\omega^4 y + c\,y = 0,$$

(4) $$\omega = \frac{1}{\sqrt{2}}\sqrt[4]{\frac{c}{a}}.$$

Die K, L, M, N berechnen sich nun aus den Grenzbedingungen. Diese können z. B. darin bestehen, daß an den Grenzen $x = 0$ und $x = 1$ je 2 der Großen y, y', y'', y''' vorgeschrieben sind. Das gibt im ganzen 36 Moglichkeiten.

Soll z. B. $y(0) = y_0$, $y'(0) = y'_0$, $y''(1) = y''_1$, $y'''(1) = y'''_1$ sein, so ist:

$$K = y_0,$$

$$\begin{aligned} L = \frac{1}{\cos^2\omega + \mathfrak{Cof}^2\,\omega}\Big[& -(\sin\omega\cos\omega + \mathfrak{Sin}\,\omega\,\mathfrak{Cof}\,\omega)\,y_0 + \cos^2\omega\,\frac{y'_0}{\omega} \\ & + (\cos\omega\,\mathfrak{Sin}\,\omega - \sin\omega\,\mathfrak{Cof}\,\omega)\,\frac{y''_1}{2\,\omega^2} \\ & - \cos\omega\,\mathfrak{Cof}\,\omega\,\frac{y'''_1}{2\,\omega^3}\Big], \end{aligned}$$

$$M = \frac{1}{\cos^2\omega + \mathfrak{Cof}^2\omega}\Big[+(\sin\omega\cos\omega + \mathfrak{Sin}\,\omega\,\mathfrak{Cof}\,\omega)\,y_0 + \mathfrak{Cof}^2\omega\,\frac{y_0'}{\omega}$$
$$+ (\sin\omega\,\mathfrak{Cof}\,\omega - \cos\omega\,\mathfrak{Sin}\,\omega)\,\frac{y_1''}{2\,\omega^2}$$
$$+ \cos\omega\,\mathfrak{Cof}\,\omega\,\frac{y_1'''}{2\,\omega^3}\Big],$$

$$N = \frac{1}{\cos^2\omega + \mathfrak{Cof}^2\omega}\Big[(\cos^2\omega - \mathfrak{Cof}^2\omega)\,y_0 + (\sin\omega\cos\omega$$
$$- \mathfrak{Sin}\,\omega\,\mathfrak{Cof}\,\omega)\,\frac{y_0'}{\omega} + 2\cos\omega\,\mathfrak{Cof}\,\omega\,\frac{y_1''}{2\,\omega^2}$$
$$- (\cos\omega\,\mathfrak{Sin}\,\omega + \sin\omega\,\mathfrak{Cof}\,\omega)\,\frac{y_1'''}{2\,\omega^3}\Big].$$

Die obige Differentialgleichung tritt auf:

1. bei einer Eisenbahnschwelle auf nachgiebiger Unterlage (Foppl: T. M. III, 260);

2. wenn eine schwimmende elastische Platte durch eine Einzellast belastet wird. Sie gilt dann aber nur in großer Entfernung von dieser Einzellast (Lorenz: T. Ph. IV, 486);

3. bei rotierenden Trommeln (Lorenz: T. Ph. § 62);

4. bei zylindrischen Flussigkeitsbehaltern (Lorenz: T. Ph. § 63).

§ 8. $ay'''' - cy = 0$.

Das allgemeine Integral ist:

(1) $$y = K\,\mathfrak{Cof}\,\omega x + L\cos\omega x + M\,\mathfrak{Sin}\,\omega x + N\sin\omega x.$$

Daraus folgt:

(2) $$\begin{cases} y' = \omega\,(K\,\mathfrak{Sin}\,\omega x - L\sin\omega x + M\,\mathfrak{Cof}\,\omega x + N\cos\omega x), \\ y'' = \omega^2\,(K\,\mathfrak{Cof}\,\omega x - L\cos\omega x + M\,\mathfrak{Sin}\,\omega x - N\sin\omega x), \\ y''' = \omega^3\,(K\,\mathfrak{Sin}\,\omega n + L\sin\omega x + M\,\mathfrak{Cof}\,\omega x - N\cos\omega x), \\ y'''' = \omega^4\,y. \end{cases}$$

Setze ich das in unsere Differentialgleichung ein, so ist

(3) $$a\,\omega^4\,y - c\,y = 0,$$

(4) $$\omega = \sqrt[4]{\frac{c}{a}}.$$

Die K, L, M, N bestimmen sich aus den Grenzbedingungen. Sind diese in K, L, M, N homogen, so lassen sich die Grenzbedingungen nur fur gewisse ω erfullen. ω ist dann also nicht durch (4) als bestimmt gegeben anzusehen, sondern die Fragestellung lautet dann wie im § 2 I so: Welchen Wert muß ω resp. die Konstanten unserer Differentialgleichung haben, damit die Grenzbedingungen erfüllbar sind?

Sollen etwa an den Grenzen $x = 0$ und $x = 1$ je 2 der Größen y, y', y'', y''' verschwinden, so kombinieren sich also 2 der Gleichungen:

$$(5)\quad \begin{cases} \text{a)} \quad y(0) = K + L = 0\,, \\ \text{b)} \quad y'(0) = M + N = 0\,, \\ \text{c)} \quad y''(0) = K - L = 0\,, \\ \text{d)} \quad y'''(0) = M - N = 0\,, \end{cases}$$

mit 2 der Gleichungen:

$$(5)\quad \begin{cases} \text{e)} \quad y(1) = K\,\mathfrak{Cof}\,\omega + L\cos\omega + M\,\mathfrak{Sin}\,\omega + N\sin\omega = 0\,, \\ \text{f)} \quad y'(1) = K\,\mathfrak{Sin}\,\omega - L\sin\omega + M\,\mathfrak{Cof}\,\omega + N\cos\omega = 0\,, \\ \text{g)} \quad y''(1) = K\,\mathfrak{Cof}\,\omega - L\cos\omega + M\,\mathfrak{Sin}\,\omega - N\sin\omega = 0\,, \\ \text{h)} \quad y'''(1) = K\,\mathfrak{Sin}\,\omega + L\sin\omega + M\,\mathfrak{Cof}\,\omega - N\cos\omega = 0\,. \end{cases}$$

Ich unterscheide nun 2 Fälle, je nachdem die beiden gegebenen der Gl. [5a), b), c), d)] für 2 der Größen K, L, M, N Null ergeben oder nicht.

I. Im 1. Falle ergeben sich folgende Determinanten als Bedingungsgleichungen für ω, wenn ich $\mathfrak{S}$ statt $\mathfrak{Sin}\,\omega$ usw. schreibe:

$$\begin{vmatrix} \mathfrak{S} & \mathrm{s} \\ \mathfrak{C} & \mathrm{c} \end{vmatrix} = 0 \quad \text{oder} \quad \mathfrak{Tg} - \mathrm{tg} = 0 \quad \text{im Falle:} \quad \begin{matrix} \mathrm{a\,c\,e\,f}, \\ \mathrm{b\,d\,e\,h}. \end{matrix}$$

$$\begin{vmatrix} \mathfrak{S} & \mathrm{s} \\ \mathfrak{S}, & -\mathrm{s} \end{vmatrix} = 0 \quad \text{oder} \quad \sin = 0 \quad \text{im Falle:} \quad \begin{matrix} \mathrm{a\,c\,e\,g}, \\ \mathrm{b\,d\,h\,f}. \end{matrix}$$

$$\begin{vmatrix} \mathfrak{S} & \mathrm{s} \\ \mathfrak{C}, & -\mathrm{c} \end{vmatrix} = 0 \quad \text{oder} \quad \mathfrak{Tg} + \mathrm{tg} = 0 \quad \text{im Falle:} \quad \begin{matrix} \mathrm{a\,c\,e\,h}, \\ \mathrm{b\,d\,g\,h}. \end{matrix}$$

$$\begin{vmatrix} \mathfrak{C} & \mathrm{c} \\ \mathfrak{S}, & -\mathrm{s} \end{vmatrix} = 0 \quad \text{oder} \quad \mathfrak{Tg} + \mathrm{tg} = 0 \quad \text{im Falle:} \quad \begin{matrix} \mathrm{a\,e\,f\,g}, \\ \mathrm{b\,d\,e\,f}. \end{matrix}$$

$$\begin{vmatrix} \mathfrak{C} & \mathrm{c} \\ \mathfrak{C}, & -\mathrm{c} \end{vmatrix} = 0 \quad \text{oder} \quad \cos = 0 \quad \text{im Falle:} \quad \begin{matrix} \mathrm{a\,c\,f\,h}, \\ \mathrm{b\,d\,e\,g}. \end{matrix}$$

$$\begin{vmatrix} \mathfrak{S}, & -\mathrm{s} \\ \mathfrak{C}, & -\mathrm{c} \end{vmatrix} = 0 \quad \text{oder} \quad \mathfrak{Tg} - \mathrm{tg} = 0 \quad \text{im Falle:} \quad \begin{matrix} \mathrm{a\,c\,g\,h}, \\ \mathrm{b\,d\,f\,g}. \end{matrix}$$

II. Im 2. Falle ergeben sich die folgenden Determinanten:

$$\begin{vmatrix} \mathfrak{C} + \mathrm{c} & \mathfrak{S} + \mathrm{s} \\ \mathfrak{S} - \mathrm{s} & \mathfrak{C} + \mathrm{c} \end{vmatrix} = 0 \quad \text{oder} \quad \cos\mathfrak{Cof} + 1 = 0 \quad \text{im Falle:} \quad \begin{cases} \mathrm{a\,b\,g\,h}, \\ \mathrm{c\,d\,e\,f}, \\ \mathrm{a\,d\,f\,g}, \\ \mathrm{b\,c\,g\,h}. \end{cases}$$

$$\begin{vmatrix} \mathfrak{C} + \mathrm{c} & \mathfrak{S} + \mathrm{s} \\ \mathfrak{C} - \mathrm{c} & \mathfrak{S} - \mathrm{s} \end{vmatrix} = 0 \quad \text{oder} \quad \mathfrak{Tg} - \mathrm{tg} = 0 \quad \text{im Falle:} \quad \begin{cases} \mathrm{a\,b\,g\,e}, \\ \mathrm{c\,d\,e\,g}, \\ \mathrm{a\,d\,h\,f}, \\ \mathrm{b\,c\,h\,f}. \end{cases}$$

Tabelle der Gleichungen für diejenigen ω, für die die Differentialgleichung $\frac{d^4 y}{d x^4} - \omega^4 y = 0$ lösbar ist, unter den Grenzbedingungen.

Grenzbedingungen	$y(1) = y'(1) = 0$	$y(1) = y''(1) = 0$	$y(1) = y'''(1) = 0$	$y'(1) = y''(1) = 0$	$y'(1) = y'''(1) = 0$	$y''(1) = y'''(1) = 0$
$y\,(0) = y'\,(0) = 0$	$\cos\omega\,\mathfrak{Cof}\,\omega - 1 = 0$	$\mathrm{tg}\,\omega - \mathfrak{Tg}\,\omega = 0$	$\sin\omega = 0$	$\sin\omega = 0$	$\mathrm{tg}\,\omega + \mathfrak{Tg}\,\omega = 0$	$\cos\omega\,\mathfrak{Cof}\,\omega + 1 = 0$
$y\,(0) = y''\,(0) = 0$	$\mathrm{tg}\,\omega - \mathfrak{Tg}\,\omega = 0$	$\sin\omega = 0$	$\mathrm{tg}\,\omega + \mathfrak{Tg}\,\omega = 0$	$\mathrm{tg}\,\omega + \mathfrak{Tg}\,\omega = 0$	$\cos\omega = 0$	$\mathrm{tg}\,\omega - \mathfrak{Tg}\,\omega = 0$
$y\,(0) = y'''(0) = 0$	$\sin\omega = 0$	$\mathrm{tg}\,\omega + \mathfrak{Tg}\,\omega = 0$	$\cos\omega\,\mathfrak{Cof}\,\omega - 1 = 0$	$\cos\omega\,\mathfrak{Cof}\,\omega + 1 = 0$	$\mathrm{tg}\,\omega - \mathfrak{Tg}\,\omega = 0$	$\sin\omega = 0$
$y'\,(0) = y''\,(0) = 0$	$\sin\omega = 0$	$\mathrm{tg}\,\omega + \mathfrak{Tg}\,\omega = 0$	$\cos\omega\,\mathfrak{Cof}\,\omega + 1 = 0$	$\cos\omega\,\mathfrak{Cof}\,\omega - 1 = 0$	$\mathrm{tg}\,\omega - \mathfrak{Tg}\,\omega = 0$	$\sin\omega = 0$
$y'\,(0) = y'''(0) = 0$	$\mathrm{tg}\,\omega + \mathfrak{Tg}\,\omega = 0$	$\cos\omega = 0$	$\mathrm{tg}\,\omega - \mathfrak{Tg}\,\omega = 0$	$\mathrm{tg}\,\omega - \mathfrak{Tg}\,\omega = 0$	$\sin\omega = 0$	$\mathrm{tg}\,\omega + \mathfrak{Tg}\,\omega = 0$
$y''(0) = y'''(0) = 0$	$\cos\omega\,\mathfrak{Cof}\,\omega + 1 = 0$	$\mathrm{tg}\,\omega - \mathfrak{Tg}\,\omega = 0$	$\sin\omega = 0$	$\sin\omega = 0$	$\mathrm{tg}\,\omega - \mathfrak{Tg}\,\omega = 0$	$\cos\omega\,\mathfrak{Cof}\,\omega - 1 = 0$

Tabelle der zu den gefundenen ω gehörigen Integrale.

Grenzbedingungen	$y(1) = y'(1) = 0$ oder $y(1) = y''(1) = 0$ oder $y(1) = y'''(1) = 0$	$y'(1) = y(1) = 0$ oder $y'(1) = y''(1) = 0$ oder $y'(1) = y'''(1) = 0$	$y''(1) = y(1) = 0$ oder $y''(1) = y'(1) = 0$ oder $y''(1) = y'''(1) = 0$	$y'''(1) = y(1) = 0$ oder $y'''(1) = y'(1) = 0$ oder $y'''(1) = y''(1) = 0$
$y\,(0) = y'\,(0) = 0$	$y = C_2 S_2(x) - S_2 C_2(x)$	$y = S_1 S_2(x) + C_2 C_2(x)$	$y = C_1 S_2(x) - S_1 C_2(x)$	$y = S_2 S_2(x) - C_1 C_2(x)$
$y\,(0) = y''\,(0) = 0$	$y = \mathfrak{Sin}\,\omega \sin\omega x - \sin\omega\,\mathfrak{Sin}\,\omega x$	$y = \mathfrak{Cof}\,\omega \sin\omega x - \cos\omega\,\mathfrak{Sin}\,\omega x$	$y = \mathfrak{Sin}\,\omega \sin\omega x + \sin\omega\,\mathfrak{Sin}\,\omega x$	$y = \mathfrak{Cof}\,\omega \sin\omega x + \cos\omega\,\mathfrak{Sin}\,\omega x$
$y\,(0) = y'''(0) = 0$	$y = C_2 S_1(x) - S_1 C_2(x)$	$y = S_1 S_1(x) + C_1 C_2(x)$	$y = C_1 S_1(x) - S_2 C_2(x)$	$y = S_2 S_1(x) + C_2 C_2(x)$
$y'\,(0) = y''\,(0) = 0$	$y = C_1 S_2(x) - S_2 C_1(x)$	$y = S_2 S_2(x) + C_2 C_1(x)$	$y = C_2 S_2(x) - S_1 C_1(x)$	$y = S_1 S_2(x) + C_1 C_1(x)$
$y'\,(0) = y'''(0) = 0$	$y = \mathfrak{Cof}\,\omega \cos\omega x - \cos\omega\,\mathfrak{Cof}\,\omega x$	$y = \mathfrak{Sin}\,\omega \cos\omega x + \sin\omega\,\mathfrak{Cof}\,\omega x$	$y = \mathfrak{Cof}\,\omega \cos\omega x + \cos\omega\,\mathfrak{Cof}\,\omega x$	$y = \mathfrak{Sin}\,\omega \cos\omega x - \sin\omega\,\mathfrak{Cof}\,\omega x$
$y''(0) = y'''(0) = 0$	$y = C_1 S_1(x) - S_1 C_1(x)$	$y = S_2 S_1(x) + C_1 C_1(x)$	$y = C_2 S_1(x) - S_2 C_1(x)$	$y = S_1 S_1(x) + C_2 C_1(x)$

Es bedeutet dabei:

$$S_1(x) = \sin\omega x + \mathfrak{Sin}\,\omega x, \qquad S_1 = \sin\omega + \mathfrak{Sin}\,\omega,$$
$$S_2(x) = \sin\omega x - \mathfrak{Sin}\,\omega x, \qquad S_2 = \sin\omega - \mathfrak{Sin}\,\omega,$$
$$C_1(x) = \cos\omega x + \mathfrak{Cof}\,\omega x, \qquad C_1 = \cos\omega + \mathfrak{Cof}\,\omega,$$
$$C_2(x) = \cos\omega x - \mathfrak{Cof}\,\omega x, \qquad C_2 = \cos\omega - \mathfrak{Cof}\,\omega.$$

$$\begin{vmatrix} \mathfrak{C} + c & \mathfrak{S} + s \\ \mathfrak{S} + s & \mathfrak{C} - c \end{vmatrix} = 0 \quad \text{oder} \quad \sin = 0 \quad \text{im Falle:} \begin{cases} \text{a b g f,} \\ \text{c d e h,} \\ \text{a d h g,} \\ \text{b c f e.} \end{cases}$$

$$\begin{vmatrix} \mathfrak{S} - s & \mathfrak{C} + c \\ \mathfrak{C} - c & \mathfrak{S} - s \end{vmatrix} = 0 \quad \text{oder} \quad \sin = 0 \quad \text{im Falle:} \begin{cases} \text{a b h e,} \\ \text{c d f g,} \\ \text{a d e f,} \\ \text{b c g h} \end{cases}$$

$$\begin{vmatrix} \mathfrak{S} - s & \mathfrak{C} + c \\ \mathfrak{S} + s & \mathfrak{C} - c \end{vmatrix} = 0 \quad \text{oder} \quad \mathfrak{Tg} + \operatorname{tg} = 0 \quad \text{im Falle.} \begin{cases} \text{a b h f,} \\ \text{c d f h,} \\ \text{a d e g,} \\ \text{b c g e.} \end{cases}$$

$$\begin{vmatrix} \mathfrak{C} - c & \mathfrak{S} - s \\ \mathfrak{S} + s & \mathfrak{C} - c \end{vmatrix} = 0 \quad \text{oder} \quad 1 - \cos \mathfrak{Cof} = 0 \quad \text{im Falle:} \begin{cases} \text{a b e f,} \\ \text{c d g h,} \\ \text{a d e h,} \\ \text{b c f g} \end{cases}$$

Die Resultate sind in der Tabelle zusammengestellt. Werden nun die ω den Gleichungen entsprechend gewählt, so können die K, L, M, N aus den 2 gegebenen der Gl. [5a), b), c), d)] und aus einer von den 2 gegebenen der Gl [5e), f), g), h)] bis auf einen konstanten Faktor berechnet werden. Die Resultate sind ebenfalls in der Tabelle zusammengestellt.

Unsere Differentialgleichung tritt z. B. auf bei den Biegungsschwingungen von Stäben. Vgl. V § 3 (I). Es ergibt sich da zunachst eine partielle Differentialgleichung, die aber auf unsere zuruckgeführt wird. Die Grenzbedingungen haben dabei folgende Bedeutung:

1. Freies Stabende . . . . . $y'' = 0$, $y''' = 0$.
2. Eingeklemmtes Stabende . . . $y = 0$, $y' = 0$.
3. Drehbar gelagertes Stabende $y = 0$, $y'' = 0$.

§ 9. $ay'''' + by'' + cy = 0$.

Diese Gleichung hat Ähnlichkeit mit der des § 5. Die Gleichungen von § 7 und 8 sind in ihr als Spezialfälle enthalten. Es ist:

$$y = k e^{nx}, \tag{1}$$

$$\begin{cases} y'' = n^2 k e^{nx}, \\ y'''' = n^4 k e^{nx}, \end{cases} \tag{2}$$

$$a n^4 + b n^2 + c = 0, \tag{3}$$

$$n^2 = \frac{1}{2a}\left(-b \pm \sqrt{b^2 - 4ac}\right). \tag{4}$$

Wie im § 5 sind nun wieder 3 Fälle zu unterscheiden:

I. $b^2 < 4ac$.

n^2 ist dann komplex. Ich setze:

$$n = \pm \omega_1 \pm i \omega_2 .$$

Dann ist:

$$\left\{\begin{aligned} \omega_1^2 - \omega_2^2 &= -\frac{b}{2a}, \\ 2\omega_1\omega_2 &= \frac{1}{2a}\sqrt{4ac - b^2}. \end{aligned}\right. \tag{5}$$

Das Integral kann ich dann in folgender Form schreiben:

$$\begin{aligned} y = {} & K \operatorname{Cof} \omega_1 x \cos \omega_2 x + L \operatorname{Sin} \omega_1 x \cos \omega_2 x \\ & + M \operatorname{Cof} \omega_1 x \sin \omega_2 x + N \operatorname{Sin} \omega_1 x \sin \omega_2 x . \end{aligned} \tag{1_I}$$

Ist $b = 0$, so ist $\omega_1 = \omega_2$ und wir haben den Fall des § 7

II. $b^2 > 4ac$.

n^2 ist dann reell. Man muß folgende Unterfälle unterscheiden:

II A. a und c haben ungleiches Vorzeichen: Es ist in (4) ein n^2 positiv ein n^2 negativ.

II B. a und c haben gleiches, b hat das entgegengesetzte Vorzeichen: Es sind in (4) beide n^2 positiv.

II C. a, b und c haben gleiches Zeichen: Es sind in (4) beide n^2 negativ.

Das allgemeine Integral lautet nun in den 3 Fallen

$$y = K \operatorname{Cof} \omega_1 x + L \operatorname{Sin} \omega_1 x + M \cos \omega_2 x + N \sin \omega_2 x , \tag{$1_{II\,A}$}$$

$$y = K \operatorname{Cof} \omega_1 x + L \operatorname{Sin} \omega_1 x + M \operatorname{Cof} \omega_2 x + N \operatorname{Sin} \omega_2 x , \tag{$1_{II\,B}$}$$

$$y = K \cos \omega_1 x + L \sin \omega_1 x + M \cos \omega_2 x + N \sin \omega_2 x . \tag{$1_{II\,C}$}$$

Die weiteren Rechnungen sind ähnlich wie im vorigen Paragraph. Sind z. B. die Grenzbedingungen

$$y(0) = y'(0) = 0$$

$$y(1) = y'(1) = 0 ,$$

so ergeben sich für ω_1 und ω_2 folgende Gleichungen:

$$\begin{vmatrix} \operatorname{Cof} \omega_1 - \cos \omega_2 & \dfrac{1}{\omega_1} \operatorname{Sin} \omega_1 - \dfrac{1}{\omega_2} \sin \omega_2 \\ \omega_1 \operatorname{Sin} \omega_1 + \omega_2 \sin \omega_2 & \operatorname{Cof} \omega_1 - \cos \omega_2 \end{vmatrix} =$$

$$2\omega_1\omega_2 (\operatorname{Cof} \omega_1 \cos \omega_2 - 1) + (\omega_1^2 - \omega_2^2) \operatorname{Sin} \omega_1 \sin \omega_2 = 0 , \tag{6_A}$$

$$\begin{vmatrix} \mathfrak{Cof}\,\omega_1 - \mathfrak{Cof}\,\omega_2 & \frac{1}{\omega_1}\mathfrak{Sin}\,\omega_1 - \frac{1}{\omega_2}\mathfrak{Sin}\,\omega_2 \\ \omega_1\mathfrak{Sin}\,\omega_1 - \omega_2\mathfrak{Sin}\,\omega_2 & \mathfrak{Cof}\,\omega_1 - \mathfrak{Cof}\,\omega_2 \end{vmatrix} =$$

$$(6_B)\qquad 2\,\omega_1\omega_2\,(\mathfrak{Cof}\,\omega_1\,\mathfrak{Cof}\,\omega_2 - 1) - (\omega_1^2 + \omega_2^2)\,\mathfrak{Sin}\,\omega_1\,\mathfrak{Sin}\,\omega_2 = 0\,,$$

$$\begin{vmatrix} \cos\omega_1 - \cos\omega_2 & \frac{1}{\omega_1}\sin\omega_1 - \frac{1}{\omega_2}\sin\omega_2 \\ -\,\omega_1\sin\omega_1 + \omega_2\sin\omega_2 & \cos\omega_1 - \cos\omega_2 \end{vmatrix} =$$

$$(6_C)\qquad 2\,\omega_1\,\omega_2\,(1 - \cos\omega_1\cos\omega_2) - (\omega_1^2 + \omega_2^2)\sin\omega_1\sin\omega_2 = 0\,.$$

Ist $b = 0$, so ist im Falle A: $\omega_1 = \omega_2$. Die Gleichung (6_A) geht dann in die Gleichung

$$1 - \mathfrak{Cof}\,\omega\cos\omega = 0$$

von § 8 über.

III. $b^2 = 4\,a\,c$.

Die Gleichung (3) hat dann die beiden Doppelwurzeln

$$(4_{III})\qquad n = \pm\sqrt{-\frac{b}{2\,a}}\,.$$

Man muß folgende Unterfälle unterscheiden:

III A. a und b haben gleiches Vorzeichen

$$(1_{III\,A})\qquad y = (K + L\,x)\cos\omega\,x + (M + N\,x)\sin\omega\,x;\quad \omega = \sqrt{\frac{b}{2\,a}}\,.$$

III B. a und b haben ungleiches Vorzeichen

$$(1_{III\,B})\qquad y = (K + L\,x)\,\mathfrak{Cof}\,\omega\,x + (M + N\,x)\,\mathfrak{Sin}\,\omega\,x;\quad \omega = \sqrt{-\frac{b}{2\,a}}\,.$$

§ 10. $\sum_{i=0}^{p} a_i \frac{d^i y}{d x^i} = 0$.

Die bisher betrachteten Gleichungen sind Spezialfalle der obigen. Es soll in ihr unter $\frac{d^0 y}{d x^0}$ die Größe y selbst verstanden sein. Ein Integral ist

$$(1)\qquad y = k\,e^{n\,x},$$

$$(2)\qquad \frac{d^i y}{d x^i} = n^i\,k\,e^{n\,x}.$$

Setze ich das in unsere Differentialgleichung ein, so ist:

$$k\,e^{n\,x}\sum_{i=0}^{p} a_i\,n^i = 0\,.$$

Setze ich nun:

(3) $$\sum_{\iota=0}^{p} a_\iota n^\iota = f(n),$$

so ist also (1) ein Integral unserer Differentialgleichung, wenn n eine Lösung der Gleichung

(4) $$f(n) = 0$$

ist. Das ist eine Gleichung p^{ten} Grades, die also p-Lösungen hat. Das allgemeine Integral ist also:

(5) $$y = \sum_{\mu=1}^{p} k_\mu e^{n_\mu x}.$$

Sind unter den Wurzeln von (4) 2 konjugiert komplex, so setze ich

$$n_\mu = \beta_\mu + i\,\omega_\mu,$$
$$k_\mu = |\,k_\mu\,|\,e^{i\varkappa_\mu}$$

und bilde den reellen oder imaginären Bestandteil der Partikularlösung $k_\mu e^{n_\mu x}$. Der imaginäre Bestandteil ist

$$|\,k_\mu\,|\,e^{\beta_\mu x} \sin(\varkappa_\mu + \omega_\mu x).$$

Diese Partikularlösung mit den beiden willkürlichen Konstanten $|\,k_\mu\,|$ und $\varkappa_\mu$ ersetzt die beiden Partikularlosungen, die zu den konjugierten komplexen n_μ gehoren.

Hat (4) eine $(r+1)$-fache Wurzel, d. h. werden in (5) $(r+1)$ Größen n_μ einander gleich, so ziehen sich die zugehörigen Konstanten k_μ in eine einzige Konstante zusammen. Es gehen also r-Konstanten verloren. Um die notige Anzahl von Konstanten zu erhalten, muß ich statt (1) folgenden allgemeineren Ansatz machen:

(6) $$y = k\,x^\mu e^{nx}.$$

Nun gilt bekanntlich die Formel

(7) $$\frac{d^\iota f(x) g(x)}{dx^\iota} = \sum_{\varkappa=0}^{\iota} \binom{i}{\varkappa} \frac{d^\varkappa f(x)}{dx^\varkappa} \frac{d^{\iota-\varkappa} g(x)}{dx^{\iota-\varkappa}}.$$

Setze ich hierin

$$f(x) = x^\mu,$$
$$g(x) = e^{nx},$$

so ist:

(8) $$\frac{d^\iota y}{dx^\iota} = k\,e^{nx} \sum_{\varkappa=0}^{\iota} \binom{i}{\varkappa} \frac{\mu!}{(\mu-\varkappa)!} n^{i-\varkappa} x^{\mu-\varkappa}.$$

Setze ich diesen Ausdruck in die Differentialgleichung ein, so ergibt sich, wenn ich gleich umordne

(9) $$\sum_{\varkappa=0}^{\mu}\left(\sum_{i=\varkappa}^{p} a_i \frac{i!}{(i-\varkappa)!} n^{i-\varkappa}\right)\binom{\mu}{\varkappa} x^{\mu-\varkappa} = 0\,.$$

Nun ist nach (3)

$$f(n) = \sum_{i=0}^{p} a_i n^i\,.$$

Daraus folgt:

(10) $$\frac{d^\varkappa f}{dn^\varkappa} = \sum_{i=\varkappa}^{p} a_i \frac{i!}{(i-\varkappa)!} n^{i-\varkappa}\,.$$

Setze ich dies in (9) ein, so ist:

(11) $$\sum_{\varkappa=0}^{\mu} \frac{d^\varkappa f}{dn^\varkappa}\binom{\mu}{\varkappa} x^{\mu-\varkappa} = 0\,.$$

Diese Gleichung ist erfüllt fur $\mu = 0, 1, 2 \ldots r$, wenn:

(12) $$\frac{d^\varkappa f}{dn^\varkappa} = 0 \quad \text{für} \quad \varkappa = 0 \;..\, r\,.$$

Diese Gleichung besagt, daß n eine $(r+1)$-fache Wurzel der Gleichung

(4) $$f(n) = 0$$

ist. Für jede Wurzel n der Gl. (4) ergibt sich also folgende Losung

$$e^{nx}\sum_{\mu=0}^{r} k_\mu x^\mu\,,$$

wobei $r+1$ die Multiplizitat der Wurzel ist. Die Lösung hat dann $r+1$ willkurliche Konstante.

§ 11. $b\dot{y} + cy = C$.

Obige Differentialgleichung ist inhomogen. Bei solchen Gleichungen setzt man das Integral zusammen aus einem partikularen Integral und dem allgemeinen Integral der homogenen Gleichungen:

(1) $$b\dot{y} + cy = 0\,.$$

Das partikulare Integral ist hier einfach die Konstante

(2) $$y = \frac{C}{c}\,.$$

Das allgemeine Integral der homogenen Gleichung ist:

(3) $$y = k e^{nt} \qquad \left(n = -\frac{c}{b}\right).$$

Das allgemeine Integral ist also:

(4) $$y = \frac{C}{c} + k e^{-\frac{c}{b}t}.$$

Soll z. B. zur Zeit $t = 0$, $y = y_0$ sein, so ist nach (4) $k = y_0 - \frac{C}{c}$ und daher:

(5) $$y = \frac{C}{c} + \left(y_0 - \frac{C}{c}\right) e^{-\frac{c}{b}t}.$$

Fur den Schließungsextrastrom gilt z. B. die Gleichung:

$$L\frac{dJ}{dt} + RJ = E,$$

und es ist: $y_0 = 0$. Daher ist nach (5)

$$J = \frac{E}{R} - \frac{E}{R} e^{-\frac{R}{L}t}.$$

Fur den Öffnungsextrastrom ist:

$$L\frac{dJ}{dt} + RJ = 0$$

und $y_0 = \frac{E}{R}$. Daher ist:

$$J = \frac{E}{R} e^{-\frac{R}{L}t}.$$

§ 12. $a\ddot{y} + cy = C$.

Das partikuläre Integral ist wie im § 11 die Konstante $\frac{C}{c}$, während sich das allgemeine Integral aus § 1 ergibt. Es ist also:

(1) $$y = \frac{C}{c} + k \sin(\varkappa + \omega t).$$

Differentialgleichungen der obigen Form erhält man, wenn man bei mechanischen Schwingungen die Reibung nicht proportional der Geschwindigkeit ansetzt, sondern konstant annimmt. Sie ist dann so anzunehmen, daß sie stets der Geschwindigkeit entgegenwirkt, also positiv, wenn $\dot{y}$ negativ, und negativ, wenn $\dot{y}$ positiv:

(2) $$a\ddot{y} + cy = +C \text{ fur neg. } y,$$
(3) $$a\ddot{y} + cy = -C \text{ fur pos. } \dot{y}.$$

Die Lösungen sind dann

(4) $$y = +\frac{C}{c} + k\sin(\varkappa + \omega t) \text{ fur neg. } \dot{y},$$

(5) $$y = -\frac{C}{c} + k\sin(\varkappa + \omega t) \text{ für pos. } \dot{y}.$$

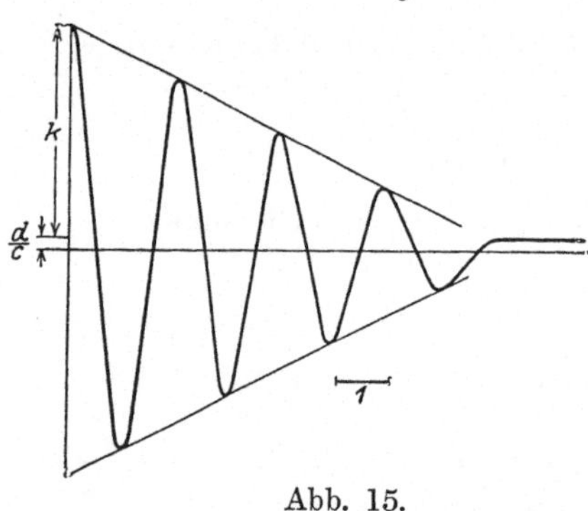

Abb. 15.

Die Konstanten k sind nun so zu bestimmen, daß an den Stellen

(6) $$t = \frac{1}{\omega}\left(\frac{2\mu + 1}{2}\pi - \varkappa\right)$$
$$(\mu = 0, 1, 2 \ldots),$$

wo die Lösungen (4) und (5) ineinander übergehen, dieser Übergang stetig erfolgt. Es muß zu dem Zweck an den Stellen (6) k um $2\frac{C}{c}$ abnehmen, und zwar so oft, bis $k < \frac{C}{c}$. Die Schwingung bleibt dann unterwegs stehen. In der Abb. 15 ist

$$\varkappa = \frac{\pi}{2} \left(\frac{C}{c} = \frac{1}{4} \text{ und } k \text{ beginnt bei } 4\right).$$

§ 13. $b\dot{y} + cy = C\sin(\gamma + \omega t)$.

In dieser Differentialgleichung ist das Glied, das die Gleichung inhomogen macht, nicht wie im vorigen Paragraph konstant, sondern eine sin-Funktion. Es ist praktisch, dieses Glied in komplexer Form anzunehmen. Ich schreibe also die Differentialgleichung folgendermaßen:

(1) $$b\dot{y} + cy = C e^{i\gamma} e^{i\omega t};$$

y setzt sich nun wieder zusammen aus einem partikularen Integral y_1 von (1) und dem allgemeinen Integral y_2 der homogenen Gleichung. Es ist

(2) $$y_1 = r e^{i\omega t},$$

wobei r noch geeignet zu bestimmen ist. Setze ich (2) in (1) ein, so ist:

(3) $$(b i \omega + c) r e^{i\omega t} = C e^{i\gamma} e^{i\omega t}$$

oder

$$r = \frac{C e^{i\gamma}}{b i \omega + c} = C e^{i\gamma} \frac{c - i b \omega}{c^2 + b^2 \omega^2}; \tag{4}$$

r ist also komplex. Ich setze:

$$r = |r| e^{i\varrho},$$

$$|r| = C\sqrt{c^2 + b^2\omega^2}, \tag{5}$$

$$\varrho = \gamma + \varphi,$$

$$\operatorname{tg}\varphi = -\frac{b\omega}{c}. \tag{6}$$

Das Integral y_1 kann ich also schreiben, wenn ich nun wieder zu reellen Großen übergehe:

$$y_1 = |r| \sin(\varrho + \omega t). \tag{7}$$

Hierzu tritt nun noch das Integral y_2 der homogenen Gleichung $b\dot{y} + cy = 0$. Es ist

$$y_2 = k e^{nt}, \tag{8}$$

$$bn + c = 0,$$

$$n = -\frac{c}{b}, \tag{9}$$

so daß das allgemeine Integral lautet:

$$y = |r| \sin(\varrho + \omega t) + k e^{nt}. \tag{10}$$

Die Integrationskonstante k sei z. B. dadurch bestimmt, daß fur $t = 0$ $y = y_0$ sein soll. Dann ist:

$$k = y_0 - |r| \sin\varrho. \tag{11}$$

In Abb. 16 ist speziell $\varrho = 0$ angenommen.

Die Gleichung dieses Paragraphen ist die Differentialgleichung der erzwungenen Schwingung, $C\sin(\gamma + \omega t)$ ist die erregende Schwingung, $|r| \sin(\varrho + \omega t)$ die erzwungene Schwingung. Hat z. B. eine Leitung den Widerstand R und die Selbstinduktion L und liegt an den Enden die Klemmspannung $E\sin(\gamma + \omega t)$, so gilt für die Stromstarke J die Gleichung

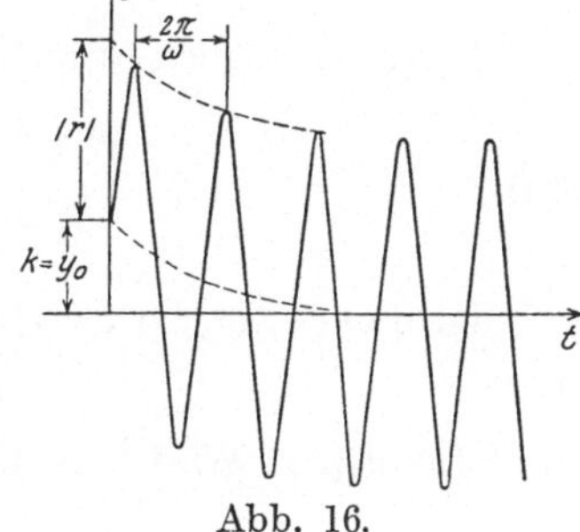

Abb. 16.

$$L\dot{J} + RJ = E\sin(\gamma + \omega t). \tag{12}$$

§ 14. $a\ddot{y} + b\dot{y} + cy = C\sin(\gamma + \omega t)$.

Zu der Differentialgleichung des vorigen Paragraphen ist hier noch das Beschleunigungsglied $a\ddot{y}$ hinzugetreten. Ich gehe wieder zu komplexen Größen uber:

$$a\ddot{y} + b\dot{y} + cy = C e^{i\gamma} e^{i\omega t}. \tag{1}$$

Das allgemeine Integral setzt sich nun wieder zusammen aus einem partikularen Integral y_1 und dem allgemeinen Integral der homogenen Gleichung, das sich aus § 5 ergibt. Ich nehme y_1 in folgender Form an:

$$y_1 = r e^{i\omega t}. \tag{2}$$

Setze ich das in unsere Differentialgleichung ein, so ist

$$(-a\omega^2 + bi\omega + c) r e^{i\omega t} = C e^{i\gamma} e^{i\omega t} \tag{3}$$

oder

$$C e^{i\gamma} = (c - a\omega^2 + ib\omega) r. \tag{4}$$

Es müßte nun untersucht werden, fur welchen Wert von ω bei gegebenem C die Amplitude r der erzwungenen Schwingung am größten wird. Es ist jedoch bequemer, hier den umgekehrten Weg einzuschlagen und die extremen Werte von C bei gegebenem r festzustellen. Ich bezeichne nach § 10 (3) die Klammer mit $f(i\omega)$ und differenziere das Quadrat des absoluten Betrages der Klammer nach ω. Es ist

$$|f(i\omega)|^2 = (c - a\omega^2)^2 + b^2\omega^2,$$

$$\frac{d}{d\omega}|f(i\omega)|^2 = -4a\omega(c - a\omega^2) + 2b^2\omega.$$

Dieser Ausdruck verschwindet fur:

$$\begin{aligned} \omega_1 &= 0, \\ \omega_2 &= \frac{1}{2a}\sqrt{4ac - 2b^2}. \end{aligned} \tag{5}$$

Ist $4ac > 2b^2$, so erhalte ich für den 1. Wert das Maximum:

$$f(i\omega_1) = c \tag{6}$$

und für den 2. Wert das Minimum:

$$f(i\omega_2) = b\left(\frac{b}{2a} + i\omega_2\right). \tag{7}$$

Ist $4ac < 2b^2$, so ist nur fur $\omega = 0$ ein extremer Wert vorhanden, und zwar ein Minimum. Physikalisch ist die Bedeutung des Minimums die, daß hier die erzwungene Schwingung $re^{i\omega t}$ durch die kleinste, bei gegebenen a, b, c ausreichende erregende Schwingung $Ce^{i\omega t}$ hervorgerufen wird. Es ist also der Fall der besten Wirkung. Mit abnehmendem b kann C nach (7) sogar beliebig klein werden. Ist b sehr klein, so sind (5):

$$i\omega_2 = \frac{i}{2a}\sqrt{4ac - 2b^2}$$

und der aus § 5 (4) für die freie Schwingung geltende Wert

$$n = -\frac{b}{2a} \pm \frac{i}{2a}\sqrt{4ac - b^2}$$

nicht sehr verschieden. Die beste Wirkung liegt dann also in der Nähe der Resonanz, wenn die Periode der freien und der erzwungenen Schwingung beinahe gleich sind. Die Phasenverschiebung zwischen der erregenden Schwingung $Ce^{i\gamma}e^{i\omega t}$ und der erzwungenen Schwingung $re^{i\omega t}$ ist dann nahezu $\frac{\pi}{2}$. $\left(\text{Sie ist genau } \frac{\pi}{2}, \text{ wenn } \omega = \sqrt{\frac{c}{a}}\right)$.

Die Verhältnisse lassen sich gut in der Abb. 17 übersehen, wo die komplexen Zahlen durch Vektoren dargestellt sind. Es ist

$AB = c$,

$BC = -a\omega^2$,

$CD = ib\omega$,

$AD = c - a\omega^2 + ib\omega$.

Bei variablem ω durchläuft D eine Parabel. Den verschiedenen b entsprechen die verschiedenen Parabeln,

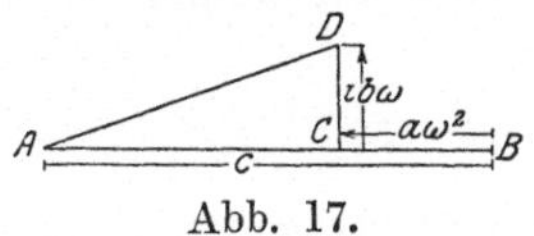

Abb. 17.

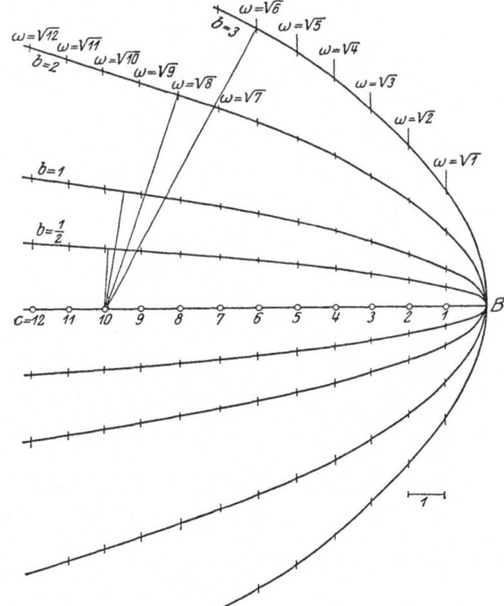

Abb. 18.

den verschiedenen c die verschiedenen Anfangspunkte des Vektors AD. In Abb. 18 ist $a = 1$ angenommen. Für $c = 10$ sind die verschiedenen Minima gezeichnet. Man sieht, daß das Minimum sich mit wachsendem b gegen $\omega = 0$ verschiebt und undeutlich wird.

Enthält z. B. eine Leitung, die an eine Klemmspannung $E \sin(\gamma + \omega t)$ angeschlossen ist, die Selbstinduktion L, den Widerstand R und die Kapazität K, so ist, wenn J die Stromstarke bedeutet,

$$LJ + RJ + \frac{1}{K}\int J\,dt = E \sin(\gamma + \omega t), \tag{8}$$

oder, wenn ich zu komplexen Größen übergehe und differenziere,

$$L\ddot{J} + RJ + \frac{1}{K} J = E i \omega e^{i\gamma} e^{i\omega t}. \tag{9}$$

Durch Vergleich mit (1) erhalte ich

$$a = L, \qquad C = E i \omega,$$
$$b = R, \qquad y = J,$$
$$c = \frac{1}{K}.$$

Es entsteht ein sinusförmiger Wechselstrom $J \sin(\gamma + \omega t)$, und zwar ist nach (4)

$$J = \frac{i E \omega}{-L\omega^2 + \frac{1}{K} + i R \omega} = \frac{E}{R + i\left(L\omega - \frac{1}{K\omega}\right)}. \tag{10}$$

Den Nenner der rechten Seite bezeichnet man als Widerstandsoperator. Ich setze zur Abkurzung

$$S = L\omega - \frac{1}{K\omega}, \tag{11}$$

$$T = R + iS. \tag{12}$$

Dann ist

$$J = \frac{E}{T}.$$

Das ist eine Verallgemeinerung des Ohmschen Gesetzes. S bezeichnet man als Querwiderstand. Er verschwindet, wenn

$$\omega = \frac{1}{\sqrt{LK}},$$

(10) geht dann in die gewöhnliche Form des Ohmschen Gesetzes über. Besteht die Leitung aus 2 Stücken, die hintereinander geschaltet sind, so addieren sich die Operatoren T_1 und T_2 vek-

toriell. Besteht die Leitung aus 2 Stucken, die nebeneinander geschaltet sind, so addieren sich die reziproken Widerstandsoperatoren (Leitfahigkeiten) vektoriell:

$$\frac{1}{T_1} + \frac{1}{T_2} = \frac{1}{T}.$$

Diese Addition kann man auf 2 Arten ausführen:

1. Ich bestimme zu T_1 und T_2 die reziproken komplexen Zahlen $\frac{1}{T_1}$ und $\frac{1}{T_2}$ durch Inversion am Einheitskreis. Dann addiere ich $\frac{1}{T_1}$ und $\frac{1}{T_2}$ vektoriell und bestimme zur Summe $\frac{1}{T}$ wieder die reziproke Zahl T durch Inversion.

2. Ich zeichne uber einer Strecke AC 2 rechtwinklige Dreiecke ACB und ACD, deren Katheten sich wie R_1 zu S_1 resp. R_2 zu S_2 verhalten, und zwar nach unten, wenn S positiv und nach oben, wenn S negativ ist. Nun teile ich die Katheten AB und AD im Verhaltnis $\frac{1}{R_1}$ resp. $\frac{1}{R_2}$. Die entstehenden Strecken AE und AF addiere ich vektoriell und bringe die Resultante AG mit dem Kreis über AC in H zum Schnitt. Dann ist $R = \frac{AH}{AG}$ und $S = \frac{HC}{AG}$. Der Beweis ergibt sich leicht aus der Abb., wenn man beachtet, daß $\frac{R_1 + i S_1}{T_1} = 1$ und $\frac{R_2 + i S_2}{T_2} = 1$. In der Abb. 19 ist speziell $R_1 = 4$, $S_1 = -6$, $R_2 = 2$, $S_2 = 4$.

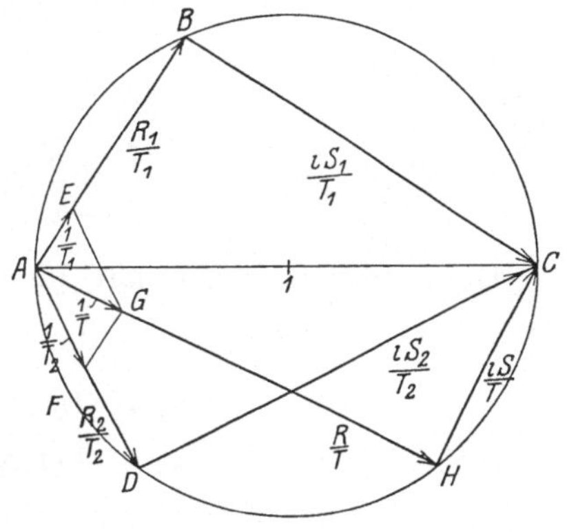

Abb. 19.

§ 15. $y'' = F(x)$.

Zu dieser inhomogenen Differentialgleichung möge noch eine der folgenden 3 Grenzbedingungen treten [§ 2 (2)]:

$$(1) \quad \begin{cases} \text{a)} \quad y(0) = 0 \quad & y(1) = 0, \\ \text{b)} \quad y(0) = 0 \quad & y'(1) = 0, \\ \text{c)} \quad y'(0) = 0 \quad & y(1) = 0. \end{cases}$$

Das Integral ist offenbar:

$$y = \int dx \int F(x)\,dx + K + Lx,$$

wobei die Konstanten K und L so bestimmt werden müssen, daß die Grenzbedingungen befriedigt werden. Ich will jedoch hier einmal ganz anders verfahren, indem ich die im § 2 gegebenen unstetigen Lösungen der homogenen Differentialgleichung:

(2) $$y'' = 0$$

benutze. Nenne ich die Lösungen $G(x, \alpha)$ (Greensche Funktion), so ist nach § 2 (12):

(3) $$\begin{cases} \text{a)} \quad G(x\alpha) = \begin{cases} (1-\alpha)x, & \text{wenn } x < \alpha, \\ \alpha(1-x), & \text{wenn } x > \alpha, \end{cases} \\ \text{b)} \quad G(x,\alpha) = \begin{cases} x, & \text{wenn } x < \alpha, \\ \alpha, & \text{wenn } x > \alpha, \end{cases} \\ \text{c)} \quad G(x,\alpha) = \begin{cases} 1-\alpha, & \text{wenn } x < \alpha, \\ 1-x, & \text{wenn } x > \alpha. \end{cases} \end{cases}$$

Die Funktion $G(x, \alpha)$ hat dann folgende Eigenschaften:

(*I*) $$G''(x,\alpha) = 0,$$

(*II*) $$\text{a)} \quad G(0,\alpha) = G(1,\alpha) = 0,$$

$$\text{b)} \quad G(0,\alpha) = G'(1,\alpha) = 0,$$

$$\text{c)} \quad G'(0,\alpha) = G(1,\alpha) = 0,$$

(*III*) $$G'(\alpha - 0, \alpha) - G'(\alpha + 0, \alpha) = 1,$$

(*III'*) $$G'(x, x+0) - G'(x, x-0) = 1.$$

Aus den Eigenschaften (*I*), (*II*), (*III'*) folgt, daß eine Lösung unserer Differentialgleichung folgendes Integral ist:

(4) $$y = -\int_0^1 G(x,\alpha) F(\alpha)\,d\alpha.$$

Wegen (*II*) erfüllt namlich y die Grenzbedingungen. Es muß also noch bewiesen werden, daß y auch die Differentialgleichung erfüllt. Es ist:

(5) $$y' = -\int_0^1 G'(x,\alpha) F(\alpha)\,d\alpha.$$

Wenn ich nun weiter differenziere, muß ich beachten, daß $G'(x, \alpha)$ an der Stelle $x = \alpha$ unstetig ist. Es ist:

$$(6)\qquad y'' = -\int_0^x G''(x, \alpha) F(\alpha)\, d\alpha - G'(x, x-0) F(x)$$
$$-\int_x^1 G''(x, \alpha) F(\alpha)\, d\alpha + G'(x, x+0) F(x)$$

oder wegen (I):

$$(7)\qquad y'' = [G'(x, x+0) - G'(x, x-0)] F(x)$$

und daher wegen (III')

$$y'' = F(x)\,.$$

Beispiele für die Grenzbedingungen (1 a):

$$F(x) = x^n \qquad y = -(1-x)\int_0^x \alpha\, \alpha^n\, d\alpha - x\int_x^1 (1-\alpha)\, \alpha^n\, d\alpha\,,$$

$$y = \frac{x^{n+2} - x}{(n+1)(n+2)}\,.$$

$$F(x) = e^{nx} \qquad y = -(1-x)\int_0^x \alpha\, e^{n\alpha}\, d\alpha - x\int_x^1 (1-\alpha)\, e^{n\alpha}\, d\alpha\,,$$

$$y = \frac{1}{n^2}(e^{nx} - x e^n + x - 1)\,.$$

§ 16. $y'' + \omega^2 y = F(x)$.

Zu der Differentialgleichung mögen die Grenzbedingungen § 2 (2) hinzutreten

$$(1)\qquad \begin{cases} \text{a)} & y(0) = 0 \qquad y(1) = 0\,, \\ \text{b)} & y(0) = 0 \qquad y'(1) = 0\,, \\ \text{c)} & y'(0) = 0 \qquad y(1) = 0\,, \\ \text{d)} & y'(0) = 0 \qquad y'(1) = 0\,. \end{cases}$$

Man kann wie im vorigen § die obige inhomogene Differentialgleichung lösen mit Hilfe der im § 2 gegebenen unstetigen Lösungen der homogenen Differentialgleichung:

$$(2)\qquad y'' + \omega^2 y = 0\,.$$

Es ist nach § 2 (10):

$$(3\text{a})\qquad G(x, \alpha) = \begin{cases} \dfrac{\sin\omega(1-\alpha)\sin\omega x}{\omega\sin\omega}\,, & \text{wenn} \quad x < \alpha\,, \\[2ex] \dfrac{\sin\omega\alpha\sin\omega(1-x)}{\omega\sin\omega}\,, & \text{wenn} \quad x > \alpha\,, \end{cases}$$

$$(3\,\text{b})\qquad G(x,\alpha)=\begin{cases}\dfrac{\cos\omega(1-\alpha)\sin\omega x}{\omega\cos\omega}, & \text{wenn}\quad x<\alpha,\\[2mm] \dfrac{\sin\omega\alpha\cos\omega(1-x)}{\omega\cos\omega}, & \text{wenn}\quad x>\alpha,\end{cases}$$

$$(3\,\text{c})\qquad G(x,\alpha)=\begin{cases}\dfrac{\sin\omega(1-\alpha)\cos\omega x}{\omega\cos\omega}, & \text{wenn}\quad x<\alpha,\\[2mm] \dfrac{\cos\omega\alpha\sin\omega(1-x)}{\omega\cos\omega}, & \text{wenn}\quad x>\alpha.\end{cases}$$

$$(3\,\text{d})\qquad G(x,\alpha)=\begin{cases}\dfrac{\cos\omega(1-\alpha)\cos\omega x}{-\omega\sin\omega}, & \text{wenn}\quad x<\alpha,\\[2mm] \dfrac{\cos\omega\alpha\cos\omega(1-x)}{-\omega\sin\omega}, & \text{wenn}\quad x>\alpha.\end{cases}$$

Die Funktion $G(x, \alpha)$ hat dann folgende Eigenschaften, die man aus den Ausdrücken (3) leicht herleiten kann:

$$(I)\qquad G''(x,\alpha)+\omega^2 G(x,\alpha)=0.$$

$$(II)\qquad \begin{cases}\text{a)}\quad G(0,\alpha)=0 & G(1,\alpha)=0,\\ \text{b)}\quad G(0,\alpha)=0 & G'(1,\alpha)=0,\\ \text{c)}\quad G'(0,\alpha)=0 & G(1,\alpha)=0,\\ \text{d)}\quad G'(0,\alpha)=0 & G'(1,\alpha)=0.\end{cases}$$

$$(III)\qquad G'(\alpha-0,\alpha)-G'(\alpha+0,\alpha)=1.$$

$$(III')\qquad G'(x,x+0)-G'(x,x-0)=1.$$

Aus den Eigenschaften (I), (II), (III') folgt, daß eine Lösung unserer Differentialgleichung folgendes Integral ist:

$$(4)\qquad y=-\int_0^1 G(x,\alpha)F(\alpha)\,d\alpha.$$

Wegen (II) erfüllt nämlich y die Grenzbedingungen. Es muß also noch bewiesen werden, daß y auch die Differentialgleichung erfüllt. Es ist

$$(5)\qquad y'=-\int_0^1 G'(x,\alpha)F(\alpha)\,d\alpha.$$

Wenn ich nun weiter differenziere, muß ich beachten, daß $G'(x, \alpha)$ an der Stelle $x = \alpha$ unstetig ist. Es ist:

$$\begin{aligned}y''=&-\int_0^x G''(x,\alpha)F(\alpha)\,d\alpha-G'(x,x-0)F(x)\\ &-\int_x^1 G''(x,\alpha)F(\alpha)\,d\alpha+G'(x,x+0)F(x)\end{aligned}$$

oder wegen (I):

$$y'' = \int_0^1 \omega^2 G(x, \alpha) F(\alpha)\, d\alpha + [G'(x, x+0) - G'(x, x-0)] F(x).$$

Nach (4) ist daher:

$$y'' + \omega^2 y = [G'(x, x+0) - G'(x, x-0)] F(x) \tag{7}$$

und wegen (III')
$$y'' + \omega^2 y = F(x).$$

Beispiel für die Grenzbedingung (1 a):

$F(x) = e^{nx}$
$$y = -\frac{\sin\omega(1-x)}{\omega\sin\omega}\int_0^x e^{n\alpha}\sin\omega\alpha\, d\alpha$$
$$-\frac{\sin\omega x}{\omega\sin\omega}\int_x^1 e^{n\alpha}\sin\omega(1-\alpha)\, d\alpha.$$
$$y = \frac{(x-1)\sin\omega + e^{nx}\sin\omega - e^n\sin\omega x}{(n^2+\omega^2)\sin\omega}.$$

In derselben Weise läßt sich die Differentialgleichung

$$y'' - \omega^2 y = F(x)$$

behandeln mit Hilfe der im § 4 gegebenen unstetigen Lösungen.

§ 17. $\sum_{i=0}^{p} a_i \frac{d^i y}{dx^i} = \sum_{\mu} C_\mu e^{m_\mu x}$.

Ich betrachte zunächst die folgende Differentialgleichung:

$$\sum_{i=0}^{p} a_i \frac{d^i y}{dx^i} = C_\mu e^{m_\mu x}. \tag{1}$$

Ein partikulares Integral ist:

$$y = r_\mu e^{m_\mu x}. \tag{2}$$

Daraus folgt:

$$\frac{d^i y}{dx^i} = m_\mu^i r_\mu e^{m_\mu x}. \tag{3}$$

Setze ich (3) in (1) ein, so wird:

$$r_\mu e^{m_\mu x} \sum_{i=0}^{p} a_i m_\mu^i = C_\mu e^{m_\mu x}. \tag{4}$$

Setze ich nun zur Abkürzung:

$$\sum_{\iota=0}^{p} a_\iota m_\mu^\iota = f_\mu , \tag{5}$$

so ist:

$$r_\mu f_\mu = C_\mu ,$$

$$r_\mu = \frac{C_\mu}{f_\mu} . \tag{6}$$

Das partikulare Integral der in der Überschrift stehenden Differentialgleichung ist nun einfach

$$y = \sum_\mu r_\mu e^{m_\mu x} . \tag{7}$$

Ist auf der rechten Seite der Differentialgleichung ein m_μ komplex

$$m_\mu = \beta_\mu + i\,\omega_\mu ,$$

so nehme ich auch das zugehorige C_μ komplex an. Ich kann dann das entsprechende Glied auf die folgende Form bringen:

$$C_\mu e^{\beta_\mu x} \sin(\gamma_\mu + \omega_\mu x) .$$

Die Methode versagt, wenn m_μ eine Wurzel der Gleichung

$$\sum_{\iota=0}^{p} a_\iota n^\iota = f = 0 \tag{8}$$

ist, weil dann nach (5) $r_\mu = \infty$ wird. In diesem Falle verfahrt man genau wie im § 10 für den Fall verfahren wurde, daß (8) eine $(r+1)$-fache Wurzel besaß. Ich setze jetzt voraus, daß m_μ eine r-fache Wurzel von (8) ist. Dann ist ein partikulares Integral

$$y = r_\mu x^\nu e^{m_\mu x} , \tag{9}$$

wenn r_μ geeignet bestimmt wird. Setze ich namlich (8) in (1) ein, so folgt genau wie im § 10

$$r_\mu e^{m_\mu x} \sum_{\varkappa=0}^{r} \left(\frac{d^\varkappa f}{d n^\varkappa}\right)_{n=m_\mu} \binom{r}{\varkappa} x^{\nu-\varkappa} = C_\mu e^{m_\mu x} . \tag{10}$$

Da nun m_μ eine r-fache Wurzel von (8) sein soll, ist

$$\left(\frac{d^\varkappa f}{d n^\varkappa}\right)_{n=m_\mu} = 0 \quad \text{fur} \quad \varkappa = 0 \ldots (r-1) .$$

Daher ist nach (10)

$$r_\mu \left(\frac{d^r f}{dn^r}\right)_{n=m_\mu} = C_\mu,$$

$$r_\mu = \frac{C_\mu}{\left(\frac{d^r f}{dn^r}\right)_{n=m_\mu}}. \tag{11}$$

Lautet z. B. die Gleichung (1) speziell folgendermaßen:

$$\sum_{i=r}^{p} a_i \frac{d^i y}{dx^i} = C, \tag{12}$$

so hat (7) die r-fache Wurzel 0. Ebenso ist rechts $m_\mu = 0$. Es ist

$$\left(\frac{d^r f}{dn^r}\right)_{n=0} = r!\, a_r.$$

Nach (9) und (11) ist daher:

$$y = \frac{C}{r!\, a_r} x^r. \tag{13}$$

§ 18. $\sum_{i=0}^{p} a_i \frac{d^i y}{dx^i} = \sum_{\gamma} C_\gamma x^\gamma$.

Ich betrachte zunächst die folgende Differentialgleichung:

$$\sum_{i=0}^{p} a_i \frac{d^i y}{dx^i} = C_\gamma x^\gamma. \tag{1}$$

Ein partikulares Integral ist:

$$y = \sum_{\nu=0}^{\gamma} r_{\gamma,\nu} x^\nu, \tag{2}$$

wenn die $r_{\gamma\nu}$ geeignet bestimmt werden. Aus (2) folgt:

$$\frac{d^i y}{dx^i} = \sum_{\nu=i}^{\gamma} r_{\gamma,\nu} \nu(\nu-1)\dots(\nu-i+1) x^{\nu-i} = \sum_{\nu=i}^{\gamma} r_{\gamma,\nu} \frac{\nu!}{(\nu-i)!} x^{\nu-i}.$$

Fuhre ich einen neuen Summationsbuchstaben ein: $\nu' = \nu - i$, so ist, wenn ich den Strich von ν' gleich wieder unterdrücke,

$$\frac{d^i y}{dx^i} = \sum_{\nu=0}^{\gamma-i} r_{\gamma,\nu+i} \frac{(\nu+i)!}{\nu!} x^\nu. \tag{3}$$

Setze ich (3) in (1) ein, so wird:

$$\sum_{i=0}^{p} a_i \sum_{\nu=0}^{\gamma-i} r_{\gamma,\nu+i} \frac{(\nu+i)!}{\nu!} x^\nu = C_\gamma x^\gamma .$$

Ordne ich die Summe um, so kann ich schreiben:

$$\sum_{\nu=0}^{\gamma} \left(\sum_{i=0}^{\gamma-\nu} a_i \frac{(\nu+i)!}{\nu!} r_{\gamma,\nu+i} \right) x^\nu = C_\gamma x^\gamma , \tag{4}$$

wobei ich noch festsetzen muß, daß $a_i = 0$, wenn $i > p$. Setze ich nun noch zur Abkürzung:

$$a_i \frac{(\nu+i)!}{\nu!} = c_{\nu i}, \tag{5}$$

so folgt aus (4):

$$\sum_{i=0}^{\gamma-\nu} c_{\nu i} r_{\gamma\,\nu+i} = \begin{cases} 0, & \text{wenn } \nu = 0 \ldots \gamma - 1 \\ C_\gamma, & \text{wenn } \nu = \gamma . \end{cases} \tag{6}$$

Das sind $\gamma + 1$ lineare Gleichungen für die $\gamma + 1$ Unbekannten $r_{\gamma,\nu}$ des Ansatzes (2). Schreibe ich sie in extenso hin, so erhalte ich:

$$\left\{\begin{aligned} c_{00} r_{\gamma 0} + c_{01} r_{\gamma 1} + c_{02} r_{\gamma 2} + \ldots + c_{0,\gamma-1} r_{\gamma,\gamma-1} + c_{0,\gamma} r_{\gamma\gamma} &= 0, \\ c_{10} r_{\gamma 1} + c_{11} r_{\gamma 2} + \ldots + c_{1,\gamma-2} r_{\gamma,\gamma-1} + c_{1,\gamma-1} r_{\gamma\gamma} &= 0, \\ c_{20} r_{\gamma 2} + \ldots + c_{2,\gamma-3} r_{\gamma,\gamma-1} + c_{2,\gamma-2} r_{\gamma\gamma} &= 0, \\ \ldots\ldots\ldots\ldots \\ c_{\gamma-1,0} r_{\gamma,\gamma-1} + c_{\gamma-1,1} r_{\gamma\gamma} &= 0, \\ c_{\gamma,0} r_{\gamma\gamma} &= C_\gamma . \end{aligned}\right. \tag{6'}$$

Ich kann sie also von der letzten beginnend leicht sukzessiv auflösen:

$$\left\{\begin{aligned} r_{\gamma,\gamma} &= \frac{C_\gamma}{c_{\gamma,0}}, \\ r_{\gamma,\gamma-1} &= -\frac{c_{\gamma-1,1} r_{\gamma,\gamma}}{c_{\gamma-1,0}} = -\frac{c_{\gamma-1,1} C_\gamma}{c_{\gamma-1,0} c_{\gamma,0}}, \\ r_{\gamma,\gamma-2} &= -\frac{c_{\gamma-2,1} r_{\gamma,\gamma-1}}{c_{\gamma-2,0}} - \frac{c_{\gamma-2,2} r_{\gamma\gamma}}{c_{\gamma-2,0}} = \\ &\quad + \frac{c_{\gamma-2,1} c_{\gamma-1,1} C_\gamma}{c_{\gamma-2,0} c_{\gamma-1,0} c_{\gamma,0}} - \frac{c_{\gamma-2,2} C_\gamma}{c_{\gamma-2,0} c_{\gamma 0}} \\ &\ldots\ldots\ldots\ldots \end{aligned}\right. \tag{6''}$$

Das partikulare Integral der in der Überschrift stehenden Differentialgleichung ist:

$$y = \sum_{\gamma} \sum_{\nu=0}^{\gamma} r_{\gamma\nu} x^{\nu}, \tag{7}$$

wobei die einzelnen $r_{\gamma\nu}$ aus den Gl. (6″) zu berechnen sind. Haben wir statt (1) die Gleichung:

$$\sum_{i=r}^{p} a_i \frac{d^i y}{dx^i} = C_{\gamma} x^{\gamma}, \tag{8}$$

so ist also $a_i = 0$ für $i = 0 \ldots r-1$ und daher nach (5) auch $c_{\nu i} = 0$ für $i = 0 \ldots r-1$. In den Gleichungen (6) sind dann die $r_{\gamma,0} \ldots r_{\gamma\, r-1}$ nicht enthalten. Diese Größen bleiben dann also willkürlich.

§ 19. $\sum_{i=0}^{p} a_i \frac{d^i y}{dx^i} = \sum_{\gamma} \sum_{\mu} C_{\gamma\mu} x^{\gamma} e^{m_\mu x}$.

Die Gleichung § 14 und 15 sind Spezialfalle der obigen Differentialgleichung. Ich betrachte wieder zunächst folgende Gleichung:

$$\sum_{i=0}^{p} a_i \frac{d^i y}{dx^i} = C_{\gamma\mu} x^{\gamma} e^{m_\mu x}. \tag{1}$$

Ein partikulares Integral ist:

$$y = e^{m_\mu x} \sum_{\nu=0}^{\gamma} r_{\gamma,\mu,\nu} x^{\nu}, \tag{2}$$

wobei die $r_{\gamma,\mu,\nu}$ in folgender Weise zu bestimmen sind: Nach der schon in § 10 benutzten Formel:

$$\frac{d^i f g}{dx^i} = \sum_{\varkappa=0}^{i} \binom{i}{\varkappa} \frac{d^{\varkappa} f}{dx^{\varkappa}} \frac{d g^{i-\varkappa}}{dx^{i-\varkappa}}$$

ist, wenn ich

$$f(x) = e^{m_\mu x},$$

$$g(x) = \sum_{\nu=0}^{\gamma} r_{\gamma\mu\nu} x^{\nu}$$

setze:

$$\frac{d^{\varkappa} f(x)}{dx^{\varkappa}} = m_\mu^{\varkappa} e^{m_\mu x},$$

$$\frac{d^{i-\varkappa} g(x)}{d x^{i-\varkappa}} = \sum_{\nu=i-\varkappa}^{\gamma} r_{\gamma\mu\nu} \frac{\nu!}{[\nu-(i-\varkappa)]!} x^{\nu-i+\varkappa},$$

$$\frac{d^i y}{d x^i} = e^{m_\mu x} \sum_{\varkappa=0}^{i} \sum_{\nu=i-\varkappa}^{\gamma} \binom{i}{\varkappa} \frac{\nu!}{[\nu-(i-\varkappa)]!} m_\mu^{\varkappa} r_{\gamma\mu\nu} x^{\nu-i+\varkappa}$$

oder, wenn ich die Bezeichnung der Summationsbuchstaben ändere, indem ich $\varkappa$ durch $i-\varkappa'$ und ν durch $\nu'+i-\varkappa$ ersetze und die Striche gleich wieder unterdrücke:

$$\text{(3)} \qquad \frac{d^i y}{d x^i} = e^{m_\mu x} \sum_{\varkappa=0}^{i} \sum_{\nu=0}^{\gamma-\varkappa} \binom{i}{\varkappa} \frac{(\nu+\varkappa)!}{\nu!} m_\mu^{i-\varkappa} r_{\gamma,\mu,\nu+\varkappa} x^{\nu}.$$

Setze ich das in (1) ein, so ist:

$$e^{m_\mu x} \sum_{i=0}^{p} \sum_{\varkappa=0}^{i} \sum_{\nu=0}^{\gamma-\varkappa} a_i \binom{i}{\varkappa} \frac{(\nu+\varkappa)!}{\nu!} m_\mu^{i-\varkappa} r_{\gamma,\mu,\nu+\varkappa} x^\nu = C_{\gamma\mu} x^\gamma e^{m_\mu x}.$$

Ich ordne nun die dreifache Summe um:

$$\sum_{\nu=0}^{\gamma} \sum_{\varkappa=0}^{\gamma-\nu} \sum_{i=\varkappa}^{p} a_i \binom{i}{\varkappa} \frac{(\nu+\varkappa)!}{\nu!} m_\mu^{i-\varkappa} r_{\gamma,\mu,\nu+\varkappa} x^\nu = C_{\gamma\mu} x^\gamma.$$

Setze ich die gleichhohen Potenzen von x einander gleich, so ist:

$$\text{(4)} \qquad \sum_{\varkappa=0}^{\gamma-\nu} \sum_{i=\varkappa}^{p} a_i \binom{i}{\varkappa} \frac{(\nu+\varkappa)!}{\nu!} m_\mu^{i-\varkappa} r_{\gamma,\mu,\nu+\varkappa} = \begin{cases} 0, & \text{wenn } \nu=0\ldots\gamma-1 \\ C_{\gamma\mu}, & \text{wenn } \nu=\gamma. \end{cases}$$

Ich setze zur Abkürzung:

$$\text{(5)} \qquad \sum_{i=\varkappa}^{p} a_i \binom{i}{\varkappa} \frac{(\nu+\varkappa)!}{\nu!} m_\mu^{i-\varkappa} = c_{\nu\varkappa}.$$

Dann ist nach (4)

$$\text{(6)} \qquad \sum_{\varkappa=0}^{\gamma-\nu} c_{\nu\varkappa} r_{\gamma,\mu,\nu+\varkappa} = \begin{cases} 0, & \text{wenn } \nu=0\ldots\gamma-1 \\ C_{\gamma\mu}, & \text{wenn } \nu=\gamma. \end{cases}$$

Das sind dieselben Gleichungen wie im vorigen Paragraph. Sie können also auch ebenso sukzessiv aufgelöst werden.

Das partikulare Integral der in der Überschrift stehenden Differentialgleichung ist:

$$\text{(7)} \qquad y = \sum_\gamma \sum_\mu e^{m_\mu x} \sum_{\nu=0}^{\gamma} r_{\gamma\mu\nu} x^\nu,$$

wobei sich die $r_{\gamma\mu\nu}$ aus (5) und (6) ergeben.

§ 20. $\sum_{i=0}^{p} a_i \frac{d^i y}{dx^i} = F(x)$.

Die Losung der homogenen Gleichung ist:

$$y = \sum_{\mu=1}^{p} k_\mu e^{n_\mu x}, \tag{1}$$

wobei die n_μ die Wurzeln der Gleichung

$$f(n) = \sum_{i=0}^{p} a_i n^i = 0 \tag{2}$$

sind. Ich versuche nun, ein Integral der inhomogenen Gleichung zu finden, indem ich in (1) die k_μ nicht als Konstanten, sondern als Funktionen von x betrachte. Dann ist:

$$y' = \sum k_\mu n_\mu e^{n_\mu x} + \sum k'_\mu e^{n_\mu x}.$$

Ich setze nun:

$$\sum k'_\mu e^{n_\mu x} = 0.$$

Dann ist

$$y'' = \sum k_\mu n_\mu^2 e^{n_\mu x} + \sum k'_\mu n_\mu e^{n_\mu x}.$$

Ich setze weiter:

$$\sum k'_\mu n_\mu e^{n_\mu x} = 0$$

und fahre so fort. Dadurch erhalte ich schließlich:

$$\frac{d^p y}{dx^p} = \sum k_\mu n_\mu^p e^{n_\mu x} + \sum k'_\mu n_\mu^{p-1} e^{n_\mu x}. \tag{3}$$

Es ist also:

$$\frac{d^i y}{dx^i} = \sum k_\mu n_\mu^i e^{n_\mu x} \qquad \text{fur} \quad i = 1 \ldots p-1, \tag{4}$$

$$\sum k'_\mu n_\mu^i e^{n_\mu x} = 0 \quad \text{fur} \quad i = 0 \ldots p-2. \tag{5}$$

Setze ich (3) und (4) in unsere Differentialgleichung ein, so ist

$$\sum_{i=0}^{p} a_i \sum k_\mu n_\mu^i e^{n_\mu x} + \sum k'_\mu n_\mu^{p-1} e^{n_\mu x} = F(x).$$

Die 1. Summe kann ich aber wie folgt umformen:

$$\sum k_\mu e^{n_\mu x} \sum a_i n_\mu^i.$$

Sie ist daher nach (2) Null. Zur Bestimmung der k'_μ habe ich also die p-Gleichungen

$$\sum k'_\mu n_\mu^i e^{n_\mu x} = \begin{cases} 0 & \text{fur } i = 0 \ldots p-2, \\ F(x) & \text{fur } i = p-1. \end{cases}$$

Dieses Gleichungssystem laßt sich leicht nach den k'_μ auflösen. Es ist

$$k'_\mu = \frac{F(x)\, e^{-n_\mu x}}{\prod\limits_{\nu \neq \mu}(n_\mu - n_\nu)}. \tag{6}$$

Daher ist nach (1)

$$y = \sum_{\mu=1}^{p} \frac{e^{n_\mu x} \int F(x)\, e^{-n_\mu x}\, dx}{\prod\limits_{\nu \neq \mu}(n_\mu - n_\nu)}. \tag{7}$$

Damit ist die Losung der Differentialgleichung auf eine Integration zuruckgeführt.

Die Falle, in denen diese Integration wirklich durchführbar ist, lassen sich allerdings, wie in den §§ 15—17 gezeigt, ohne den Umweg über das Integral behandeln. Auch war dabei die Losung der Gl. (2) nicht erforderlich.

Beispiele·

I. $$F(x) = e^{mx},$$

$$\int F(x)\, e^{-n_\mu x}\, dx = \frac{1}{m - n_\mu}\, e^{(m - n_\mu)x},$$

$$e^{n_\mu x} \int F(x)\, e^{-n_\mu x}\, dx = \frac{1}{m - n_\mu}\, e^{mx},$$

$$y = e^{mx} \sum_{\mu=1}^{p} \frac{1}{(m - n_\mu) \prod (n_\mu - n_\nu)}.$$

II. Ist zweitens

$$F(x) = G(x)\, e^{mx},$$

wobei $G(x)$ eine ganze rationale Funktion vom r^{ten} Grade sein soll, so ist

$$\int G(x)\, e^{(m-n_\mu)x}\, dx = \frac{e^{(m-n_\mu)x}}{m - n_\mu}$$
$$\left\{ G(x) - \frac{G'(x)}{m - n_\mu} + \frac{G''(x)}{(m - n_\mu)^2} - \dots + (-1)^r \frac{G^{(r)}(x)}{(m - n_\mu)^r} \right\},$$

$$y = e^{mx} \sum_{\mu=1}^{p} \frac{1}{(m - n_\mu) \prod (n_\mu - n_\nu)}$$
$$\left\{ G(x) - \frac{G'(x)}{m - n_\mu} + \frac{G''(x)}{(m - n_\mu)^2} - \dots + (-1)^r \frac{G^{(r)}(x)}{(m - n_\mu)^r} \right\}.$$

II. Kapitel. Systeme von 2 gewöhnlichen Differentialgleichungen[1]).

§ 1. $a_1 \ddot{y}_1 + c_1 y_1 = 0$, $a_2 \ddot{y}_2 + c_2 y_2 = 0$. Ungekoppelte Schwingungen.

Die Lösung dieser Gleichungen ist nach I § 1 (9):

$$y_1 = k_1 \sin(\varkappa_1 + \omega_1 t), \quad y_2 = k_2 \sin(\varkappa_2 + \omega_2 t). \tag{1}$$

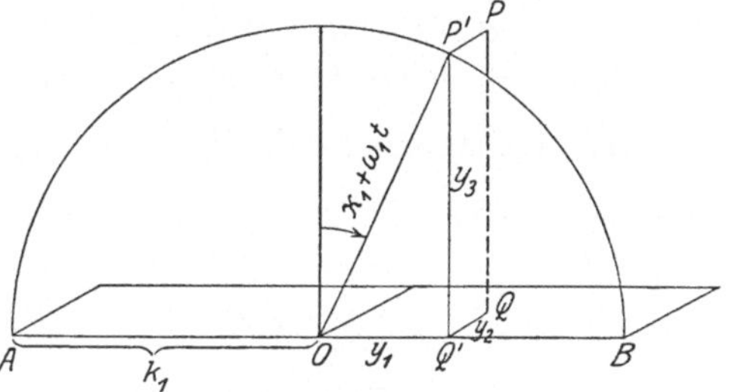

Abb. 20.

Denke ich mir y_1 und y_2 als rechtwinklige Koordinaten OQ' und $Q'Q$ in einer Ebene (siehe Abb. 20), so stellen sie eine Kurve dar, deren Parametergleichung mit t als Parameter (1) ist. Es ist eine sogenannte Lissajousche Figur, wie sie beispielsweise auf dem Schirm der Braunschen Röhre erscheint. Vgl. Zenneck: „Elektromagnetische Schwingungen und drahtlose Telegraphie" (Stuttgart, Ferdinand Enke). Kap. II, § 3. Ich kann mir ihre Gestalt in folgender Weise veranschaulichen: Ich nehme zu (1) noch eine 3. Koordinate hinzu:

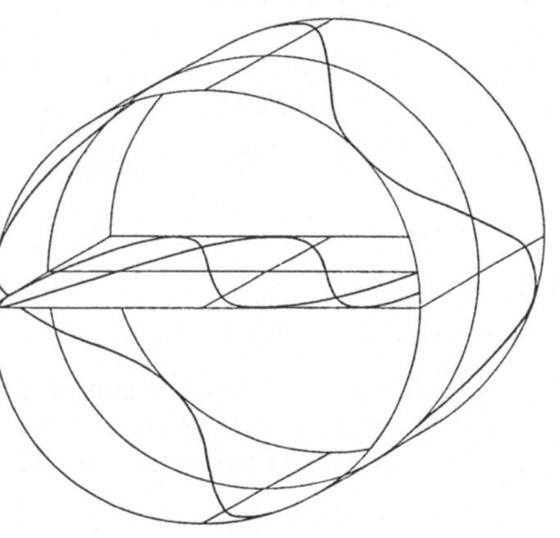
Abb 21.

$$y_3 = k_1 \cos(\varkappa_1 + \omega_1 t). \tag{2}$$

Dann bestimmen nach *I*, § 1 y_1 und y_3 einen Punkt P', der sich auf dem Kreise um O vom Radius k_1 mit der Winkelgeschwindigkeit ω_1 bewegt. In P' trage ich senkrecht zur Ebene des Kreises y_2 noch einmal als $P'P$ auf. Der Punkt P beschreibt dann eine Sinuslinie auf dem Zylindermantel vom Durchmesser $2k_1$. Die

[1]) Vgl. zu diesem Kapitel M. Wien: „Über die Rückwirkung eines resonierenden Systems". Wied. Ann. Bd. 61, 1897.

Projektion dieser Sinuslinie auf die Ebene $y_1 y_2$ gibt nun unsere Kurve (1) (siehe Abb. 21, in der $\varkappa_2 - \varkappa_1 = \frac{\pi}{4}$ und $\omega_2 = 3\omega_1$ ist). Führe ich 3 Einheitsvektoren $\bar{\varepsilon}_1, \bar{\varepsilon}_2, \bar{\varepsilon}_3$ ein und bezeichne ich den raumlichen Vektor OP mit $\bar{z}$, so ist

$$(3)\quad z = k_1 \sin(\varkappa_1 + \omega_1 t)\,\bar{\varepsilon}_1 + k_2 \sin(\varkappa_2 + \omega_2 t)\,\bar{\varepsilon}_2 + k_1 \cos(\varkappa_1 + \omega_1 t)\,\bar{\varepsilon}_3 .$$

Ist speziell $\omega_1 = \omega_2$, so kann ich dafur schreiben

$$\begin{aligned}\bar{z} &= \cos\omega t\,(k_1 \sin\varkappa_1 \bar{\varepsilon}_1 + k_2 \sin\varkappa_2 \bar{\varepsilon}_2 + k_1 \cos\varkappa_1 \bar{\varepsilon}_3)\\ &\quad + \sin\omega t\,(k_1 \cos\varkappa_1 \bar{\varepsilon}_1 + k_2 \cos\varkappa_2 \bar{\varepsilon}_2 - k_1 \sin\varkappa_1 \bar{\varepsilon}_3).\end{aligned}$$

Die 1. Klammer ist der Wert von z für $t = 0$ und die 2. Klammer der Wert von $\bar{z}$ für $t = \frac{\pi}{2\omega}$. Ich kann daher schreiben:

$$\bar{z} = \cos\omega t\,\bar{z}(0) + \sin\omega t\,\bar{z}\left(\frac{\pi}{2\omega}\right).$$

Da wir also $\bar{z}$ durch 2 feste Vektoren ausdrücken können, muß $\bar{z}$ bei veranderlichem t eine „ebene“ Kurve beschreiben, und zwar als Schnitt mit dem Kreiszylinder eine Ellipse. Die Projektion auf die Ebene $\bar{\varepsilon}_1 \bar{\varepsilon}_2$ ist wieder eine Ellipse, die auch in eine Strecke ausarten kann. Ist speziell noch $k_1 = k_2$ und $\varkappa_1 - \varkappa_2 = \frac{\pi}{2}$, so ist die Projektion ein Kreis.

§ 2. $a_{11}\ddot{y}_1 + c_{11} y_1 + a_{12}\ddot{y}_2 = 0,\quad a_{21}\ddot{y}_1 + a_{22}\ddot{y}_2 + c_{22} y_2 = 0.$ Beschleunigungskopplung

Diese Differentialgleichungen sind die Differentialgleichungen der gekoppelten Schwingungen bei Beschleunigungskopplung. a_{12} und a_{21} sind die Kopplungskoeffizienten. Ich mache den Ansatz:

$$(1)\quad \begin{aligned} y_1 &= r_1 k \sin(\varkappa + \omega t),\\ y_2 &= r_2 k \sin(\varkappa + \omega t).\end{aligned}$$

Dadurch gehen die Differentialgleichungen über in folgende homogenen Gleichungen für r_1 und r_2:

$$(2)\quad \begin{aligned} (-a_{11}\omega^2 + c_{11})\,r_1 - a_{12}\omega^2 r_2 &= 0,\\ -a_{21}\omega^2 r_1 + (-a_{22}\omega^2 + c_{22})\,r_2 &= 0,\end{aligned}$$

Sie sind nur lösbar, falls ihre Determinante verschwindet. Daraus folgt für ω^2 die Gleichung:

$$(3)\qquad \begin{vmatrix} -a_{11}\omega^2 + c_{11} & -a_{12}\omega^2 \\ -a_{21}\omega^2 & -a_{22}\omega^2 + c_{22} \end{vmatrix} = 0\,.$$

$$(3\,\mathrm{a})\qquad (a_{11}a_{22} - a_{12}a_{21})\,\omega^4 - (a_{11}c_{22} + a_{22}c_{11})\,\omega^2 + c_{11}c_{22} = 0\,.$$

Ich fuhre folgende Abkürzungen ein:

$$(4)\qquad \frac{c_{11}}{a_{11}} = \gamma_I^2\,,\qquad \frac{c_{22}}{a_{22}} = \gamma_{II}^2\,,\qquad \frac{a_{12}a_{21}}{a_{11}a_{22}} = a\,.$$

Dann wird (3a)

$$(5)\qquad (1-a)\,\omega^4 - (\gamma_I^2 + \gamma_{II}^2)\,\omega^2 + \gamma_I^2\gamma_{II}^2 = 0\,.$$

$$(6)\qquad \omega^2 = \frac{1}{2\,(1-a)}\cdot\left(\gamma_I^2 + \gamma_{II}^2 \pm \sqrt{(\gamma_I^2 - \gamma_{II}^2)^2 + 4\,a\,\gamma_I^2\gamma_{II}^2}\right).$$

Ist $0 < a < 1$, so ist ω^2 reell und positiv. Aus einer der beiden Gleichungen (2) kann man dann r_1 und r_2 bis auf einen gemeinsamen konstanten Faktor berechnen. Aus der 1. Gleichung (2) folgt:

$$(7)\qquad \begin{aligned} r_1 &= +a_{12}\,\omega^2\,, \\ r_2 &= -a_{11}\,\omega^2 + c_{11}\,. \end{aligned}$$

Nach (6) gibt es nun zwei nicht nur durch das Vorzeichen verschiedene ω. Ich will sie ω_I und ω_{II} nennen. Die allgemeine Losung unserer Differentialgleichung ist dann:

$$(8)\qquad \begin{aligned} y_1 &= r_{1I}\,k_I \sin(\varkappa_I + \omega_I t) + r_{1II}\,k_{II} \sin(\varkappa_{II} + \omega_{II} t)\,, \\ y_2 &= r_{2I}\,k_I \sin(\varkappa_I + \omega_I t) + r_{2II}\,k_{II} \sin(\varkappa_{II} + \omega_{II} t)\,. \end{aligned}$$

Ich betrachte nun noch 2 Spezialfalle:

a) Ist die Kopplung schwach (a klein), so ist in (6):

$$\sqrt{(\gamma_I^2 - \gamma_{II}^2)^2 + 4\,a\,\gamma_I^2\gamma_{II}^2} = \gamma_I^2 - \gamma_{II}^2 + \frac{2\,a\,\gamma_I^2\gamma_{II}^2}{\gamma_I^2 - \gamma_{II}^2}\,,$$

$$(9)\qquad \left\{\begin{aligned} \omega_I &= \sqrt{\frac{1}{1-a}\left(\gamma_I^2 + \frac{a\,\gamma_I^2\gamma_{II}^2}{\gamma_I^2 - \gamma_{II}^2}\right)} = \gamma_I + \frac{a\,\gamma_I\,\gamma_{II}^2}{2\,(\gamma_I^2 - \gamma_{II}^2)} + \frac{1}{2}a\,\gamma_I \\ &= \gamma_I + \frac{a\,\gamma_I^3}{2\,(\gamma_I^2 - \gamma_{II}^2)}\,, \\ \omega_{II} &= \sqrt{\frac{1}{1-a}\left(\gamma_{II}^2 - \frac{a\,\gamma_I^2\gamma_{II}^2}{\gamma_I^2 - \gamma_{II}^2}\right)} = \gamma_{II} - \frac{a\,\gamma_I^2\,\gamma_{II}}{2\,(\gamma_I^2 - \gamma_{II}^2)} + \frac{1}{2}a\,\gamma_{II} \\ &= \gamma_{II} - \frac{a\,\gamma_{II}^3}{2\,(\gamma_I^2 - \gamma_{II}^2)}\,. \end{aligned}\right.$$

Wäre keine Kopplung vorhanden, so würde das 1. System mit der Frequenz γ_I, das 2. mit der Frequenz γ_{II} schwingen.

Durch die Verkopplung wird also die größere Frequenz weiter vergrößert zu ω_I und die kleinere weiter verkleinert zu ω_{II}.

b) Ist $\gamma_I^2 = \gamma_{II}^2 = \gamma^2$, so ist nach (6)

$$(10)\quad \begin{cases} \omega_I^2 = \gamma^2 \dfrac{1+\sqrt{a}}{1-a} = \dfrac{\gamma^2}{1-\sqrt{a}}, \\ \omega_{II}^2 = \gamma^2 \dfrac{1-\sqrt{a}}{1-a} = \dfrac{\gamma^2}{1+\sqrt{a}}. \end{cases}$$

Nach (7) ist

$$(11)\quad \begin{cases} r_{1I} = \dfrac{a_{12}\gamma^2}{1-\sqrt{a}}, & r_{1II} = \dfrac{a_{12}\gamma^2}{1+\sqrt{a}}, \\ r_{2I} = \dfrac{-a_{11}\gamma^2\sqrt{a}}{1-\sqrt{a}}, & r_{2II} = \dfrac{a_{11}\gamma^2\sqrt{a}}{1+\sqrt{a}}. \end{cases}$$

Daher ist nach (8), wenn ich den r_{1I} und r_{2I} gemeinsamen Faktor $\dfrac{\gamma^2}{1-\sqrt{a}}$ in die willkürliche Konstante k_I und den r_{1II} und r_{2II} gemeinsamen Faktor $\dfrac{\gamma^2}{1+\sqrt{a}}$ in die willkürliche Konstante k_{II} hinneinnehme

$$(12)\quad \begin{cases} y_1 = a_{12}\quad [+ k_I \sin(\varkappa_I + \omega_I t) + k_{II} \sin(\varkappa_{II} + \omega_{II} t)], \\ y_2 = a_{11}\sqrt{a}[- k_I \sin(\varkappa_I + \omega_I t) + k_{II} \sin(\varkappa_{II} + \omega_{II} t)]. \end{cases}$$

oder mit anderer Bezeichnung der willkürlichen Konstanten

$$(13)\quad \begin{matrix} y_1 = a_{12}\quad [+K_I \cos\omega_I t + L_I \sin\omega_I t + K_{II}\cos\omega_{II} t + L_{II}\sin\omega_{II} t], \\ y_2 = a_{11}\sqrt{a}[-K_I \cos\omega_I t - L_I \sin\omega_I t + K_{II}\cos\omega_{II} t + L_{II}\sin\omega_{II} t] \end{matrix}$$

Die Konstanten bestimmen sich aus dem Anfangszustand folgendermaßen:

$$(14)\quad \begin{cases} K_I = \dfrac{1}{2}\left(\dfrac{y_{10}}{a_{12}} - \dfrac{y_{20}}{a_{11}\sqrt{a}}\right), & L_I = \dfrac{1}{2\omega_I}\left(\dfrac{\dot y_{10}}{a_{12}} - \dfrac{\dot y_{20}}{a_{11}\sqrt{a}}\right), \\ K_{II} = \dfrac{1}{2}\left(\dfrac{y_{10}}{a_{12}} + \dfrac{y_{20}}{a_{11}\sqrt{a}}\right), & L_{II} = \dfrac{1}{2\omega_I}\left(\dfrac{\dot y_{10}}{a_{12}} + \dfrac{\dot y_{20}}{a_{11}\sqrt{a}}\right). \end{cases}$$

Ist speziell $y_{20} = \dot y_{10} = \dot y_{20} = 0$, so ist also·

$$(15)\quad \begin{cases} y_1 = \tfrac{1}{2} y_{10} (\cos\omega_I t + \cos\omega_{II} t), \\ y_2 = \tfrac{1}{2} y_{10} \sqrt{\dfrac{a_{11} a_{21}}{a_{12} a_{22}}} (\cos\omega_{II} t - \cos\omega_I t) \end{cases}$$

§ 3. $a_{11}\ddot{y}_1 + c_{11}y_1 + c_{12}y_2 = 0,\quad c_{21}y_1 + a_{22}\ddot{y}_2 + c_{22}y_2 = 0.$ Kraftkopplung.

Diese Differentialgleichungen sind die Differentialgleichungen der gekoppelten Schwingungen bei Kraftkopplung.

Durch den Ansatz:

$$\begin{aligned} y_1 &= r_1 k \sin(\varkappa + \omega t), \\ y_2 &= r_2 k \sin(\varkappa + \omega t) \end{aligned} \tag{1}$$

gehen sie uber in:

$$\begin{aligned} (-a_{11}\omega^2 + c_{11}) r_1 + c_{12} r_2 &= 0, \\ c_{21} r_1 + (-a_{22}\omega^2 + c_{22}) r_2 &= 0. \end{aligned} \tag{2}$$

Diese homogenen Gleichungen sind nur lösbar, falls

$$\begin{vmatrix} -a_{11}\omega^2 + c_{11} & c_{12} \\ c_{21} & -a_{22}\omega^2 + c_{22} \end{vmatrix} = 0 \tag{3}$$

oder

$$a_{11}a_{22}\omega^4 - (a_{11}c_{22} + a_{22}c_{11})\omega^2 + (c_{11}c_{22} - c_{12}c_{21}) = 0. \tag{3a}$$

Ich fuhre folgende Abkürzungen ein:

$$\frac{c_{11}}{a_{11}} = \gamma_I^2, \quad \frac{c_{22}}{a_{22}} = \gamma_{II}^2, \quad \frac{c_{12}c_{21}}{a_{11}a_{22}} = c. \tag{4}$$

Dann wird (3 a)

$$\omega^4 - (\gamma_I^2 + \gamma_{II}^2)\omega^2 + (\gamma_I^2\gamma_{II}^2 - c) = 0; \tag{5}$$

daraus folgt:

$$\omega^2 = \tfrac{1}{2}(\gamma_I^2 + \gamma_{II}^2) \pm \tfrac{1}{2}\sqrt{(\gamma_I^2 - \gamma_{II}^2) + 4c}. \tag{6}$$

Ist $0 < c < \gamma_I^2\gamma_{II}^2$, so ist ω^2 reell und positiv. Aus der 1. Gl. (2) folgt nun:

$$\begin{aligned} r_1 &= c_{12}, \\ r_2 &= a_{11}\omega^2 - c_{11}. \end{aligned} \tag{7}$$

Die allgemeine Losung unserer Differentialgleichung ist dann wieder, wie in § 2:

$$\begin{aligned} y_1 &= r_{1I}k_I \sin(\varkappa_I + \omega_I t) + r_{1II}k_{II}\sin(\varkappa_{II} + \omega_{II}t), \\ y_2 &= r_{2I}k_I \sin(\varkappa_I + \omega_I t) + r_{2II}k_{II}\sin(\varkappa_{II} + \omega_{II}t). \end{aligned} \tag{8}$$

Ich betrachte noch 2 Spezialfalle:

a) Ist die Kopplung schwach (c klein), so ist in (6):

$$\sqrt{(\gamma_I^2 - \gamma_{II}^2)^2 + 4c} = \gamma_I^2 - \gamma_{II}^2 + \frac{2c}{\gamma_I^2 - \gamma_{II}^2},$$

$$(9)\quad \begin{cases} \omega_I = \sqrt{\gamma_I^2 + \dfrac{c}{\gamma_I^2 - \gamma_{II}^2}} = \gamma_I + \dfrac{c}{2\gamma_I(\gamma_I^2 - \gamma_{II}^2)}, \\[2ex] \omega_{II} = \sqrt{\gamma_{II}^2 - \dfrac{c}{\gamma_I^2 - \gamma_{II}^2}} = \gamma_{II} - \dfrac{c}{2\gamma_{II}(\gamma_I^2 - \gamma_{II}^2)}. \end{cases}$$

Wäre keine Kopplung vorhanden, so würde das 1. System mit der Frequenz γ_I, das 2. mit der Frequenz γ_{II} schwingen. Durch die Verkopplung wird also die größere Frequenz weiter vergrößert su ω_I und die kleinere weiter verkleinert zu ω_{II}.

b) Ist speziell $\gamma_I^2 = \gamma_{II}^2 = \gamma^2$, so ist nach (6)

$$(10)\quad \begin{aligned} \omega_I^2 &= \gamma^2 + \sqrt{c}, \\ \omega_{II}^2 &= \gamma^2 - \sqrt{c}. \end{aligned}$$

Nach (7) folgt daher

$$(11)\quad \begin{cases} r_{1I} = r_{1II} = c_{12}, \\ r_{2I} = a_{11}(\gamma^2 + \sqrt{c}) - c_{11} = + a_{11}\sqrt{c}, \\ r_{2II} = a_{11}(\gamma^2 - \sqrt{c}) - c_{11} = - a_{11}\sqrt{c}. \end{cases}$$

Es ist daher nach (8)

$$(12)\quad \begin{aligned} y_1 &= c_{12}[+ k_I \sin(\varkappa_I + \omega_I t) + k_{II} \sin(\varkappa_{II} + \omega_{II} t)], \\ y_2 &= a_{11}\sqrt{c}\,[- k_I \sin(\varkappa_I + \omega_I t) - k_{II} \sin(\varkappa_{II} + \omega_{II} t)]. \end{aligned}$$

oder mit anderer Bezeichnung der willkürlichen Konstanten:

$$(13)\quad \begin{aligned} y_1 &= c_{12}\quad [+ K_I \cos\omega_I t + L_I \sin\omega_I t + K_{II} \cos\omega_{II} t + L_{II} \sin\omega_{II} t], \\ y_2 &= a_{11}\sqrt{c}[- K_I \cos\omega_I t - L_I \sin\omega_I t + K_{II} \cos\omega_{II} t + L_{II} \sin\omega_{II} t]. \end{aligned}$$

Die Konstanten bestimmen sich aus dem Anfangszustand folgendermaßen:

$$(14)\quad \begin{cases} K_I = \dfrac{1}{2}\left(\dfrac{y_{10}}{c_{12}} - \dfrac{y_{20}}{a_{11}\sqrt{c}}\right), & L_I = \dfrac{1}{2\omega_I}\left(\dfrac{\dot y_{10}}{c_{12}} - \dfrac{\dot y_{20}}{a_{11}\sqrt{c}}\right), \\[2ex] K_{II} = \dfrac{1}{2}\left(\dfrac{y_{10}}{c_{12}} + \dfrac{y_{20}}{a_{11}\sqrt{c}}\right), & L_{II} = \dfrac{1}{2\omega_I}\left(\dfrac{\dot y_{10}}{c_{12}} + \dfrac{\dot y_{20}}{a_{11}\sqrt{c}}\right). \end{cases}$$

Ist speziell $y_2 = \dot y_1 = \dot y_2 = 0$, so ist also:

$$(15)\quad \begin{aligned} y_1 &= \tfrac{1}{2} y_{10}(\cos\omega_I t + \cos\omega_{II} t), \\ y_2 &= \tfrac{1}{2} y_{10}\sqrt{\frac{a_{11}c_{21}}{a_{22}c_{12}}}(\cos\omega_{II} t - \cos\omega_I t). \end{aligned}$$

§ 4. $a_{11}\ddot{y}_1 + c_{11} y_1 + a_{12}\ddot{y}_2 + c_{12} y_2 = 0,$
$a_{21}\ddot{y}_1 + c_{21} y_1 + a_{22}\ddot{y}_2 + c_{22} y_2 = 0.$

Diese Differentialgleichungen sind die Differentialgleichungen fur gekoppelte Schwingungen, wenn gleichzeitig Beschleunigungs- und Kraftkoppelung vorliegt. Durch den Ansatz

(1) $$\begin{aligned} y_1 &= r_1 k \sin(\varkappa + \omega t), \\ y_2 &= r_2 k \sin(\varkappa + \omega t) \end{aligned}$$

gehen unsere Differentialgleichungen über in:

(2) $$\begin{aligned} (-a_{11}\omega^2 + c_{11}) r_1 + (-a_{12}\omega^2 + c_{12}) r_2 = 0, \\ (-a_{21}\omega^2 + c_{21}) r_1 + (-a_{22}\omega^2 + c_{22}) r_2 = 0. \end{aligned}$$

Diese homogenen Gleichungen sind nur losbar, falls:

(3) $$\begin{vmatrix} -a_{11}\omega^2 + c_{11} & -a_{12}\omega^2 + c_{12} \\ -a_{21}\omega^2 + c_{21} & -a_{22}\omega^2 + c_{22} \end{vmatrix} = 0.$$

Ich fuhre folgende Abkürzungen ein:

(4) $$\begin{aligned} A_0 &= \begin{vmatrix} a_{11} & a_{12} \\ a_{21} & a_{22} \end{vmatrix} \\ A_2 &= \begin{vmatrix} a_{11} & c_{12} \\ a_{21} & c_{22} \end{vmatrix} + \begin{vmatrix} c_{11} & a_{12} \\ c_{21} & a_{22} \end{vmatrix} \\ A_4 &= \begin{vmatrix} c_{11} & c_{12} \\ c_{21} & c_{22} \end{vmatrix} \end{aligned}$$

dann ist:

(5) $$A_0\omega^4 - A_2\omega^2 + A_4 = 0.$$

Diese Gleichung gibt aufgelost:

(6) $$\omega^2 = \frac{1}{2A_0}\left(A_2 \pm \sqrt{A_2^2 - 4A_0A_4}\right).$$

Aus der 1. Gleichung (2) folgt:

(7) $$\begin{aligned} r_1 &= +a_{12}\omega^2 - c_{12}, \\ r_2 &= -a_{11}\omega^2 + c_{11}. \end{aligned}$$

Es sind nun folgende Falle zu unterscheiden (vgl. I § 9):

I. $A_2^2 - 4A_0A_4 > 0$.

I A. $A_0A_2A_4$ haben gleiches Vorzeichen. Dann sind in (6) beide ω reell und die allgemeine Lösung unserer Differentialgleichung lautet, wie im § 2 und 3,

$$(8\,I\,A)\qquad \begin{aligned} y_1 &= r_{1I}k_I\sin(\varkappa_I + \omega_I t) + r_{1II}k_{II}\sin(\varkappa_{II} + \omega_{II} t),\\ y_2 &= r_{2I}k_I\sin(\varkappa_I + \omega_I t) + r_{2II}k_{II}\sin(\varkappa_{II} + \omega_{II} t). \end{aligned}$$

I B. A_0A_4 haben gleiches und A_2 hat das entgegengesetzte Zeichen. Dann ist der Ansatz (1) nicht mehr brauchbar. Es muß an Stelle des sin der $\mathfrak{Sin}$ treten. Die allgemeine Lösung lautet:

$$(8\,I\,B)\qquad \begin{aligned} y_1 &= r_{1I}k_I\,\mathfrak{Sin}(\varkappa_I + \omega_I t) + r_{1II}k_{II}\,\mathfrak{Sin}(\varkappa_{II} + \omega_{II} t),\\ y_2 &= r_{2I}k_I\,\mathfrak{Sin}(\varkappa_I + \omega_I t) + r_{2II}k_{II}\,\mathfrak{Sin}(\varkappa_{II} + \omega_{II} t), \end{aligned}$$

oder es muß je nach den Grenzbedingungen an Stelle eines $\mathfrak{Sin}$ oder beider $\mathfrak{Sin}$ der $\mathfrak{Cof}$ treten. An Stelle von (6) tritt die Gleichung

$$(6\,B)\qquad \omega^2 = \frac{1}{2A_0}\left(-A_2 \pm \sqrt{A_2^2 - 4A_0A_4}\right).$$

I C. A_0A_4 haben ungleiches Vorzeichen. Dann ist in (6) ein Paar ω reell, ein Paar imaginär. Die allgemeine Lösung lautet:

$$(8\,I\,C)\qquad \begin{aligned} y_1 &= r_{1I}k_I\sin(\varkappa_I + \omega_I t) + r_{1II}k_{II}\,\mathfrak{Sin}(\varkappa_{II} + \omega_{II} t),\\ y_2 &= r_{2I}k_I\sin(\varkappa_I + \omega_I t) + r_{2II}k_{II}\,\mathfrak{Sin}(\varkappa_{II} + \omega_{II} t). \end{aligned}$$

Die Bedingung $A_2^2 - 4A_0A_4 > 0$ kann man auch durch die folgende ersetzen: Es muß $a_{12} = a_{21}$ und $c_{12} = c_{21}$ sein und der Ausdruck [vgl. § 6 (7)]

$$2E(x, y) = a_{11}x^2 + 2a_{12}xy + a_{22}y^2$$

muß eine positive Form sein, d. h. er darf für keinen Wert von x und y Null oder negativ werden. Der Beweis ist genau so, wie er in III, § 3 für 3 Differentialgleichungen durchgeführt wird. Die Bedingungen, daß E eine positive Form ist, sind:

$$a_{11} > 0, \qquad a_{22} > 0,$$
$$a_{11}a_{22} - a_{12}^2 > 0$$

II. $A_2^2 - 4A_0A_4 < 0$.

Statt (1) müssen wir hier den folgenden Ansatz machen:

$$(1\,II)\qquad \begin{aligned} y_1 &= r_1 k e^{nt},\\ y_2 &= r_2 k e^{nt}. \end{aligned}$$

Für die weiteren Rechnungen vgl. § 8, in dessen Differentialgleichungen die unseren als Spezialfall enthalten sind für

$b_{11} = b_{12} = b_{21} = b_{22} = 0$. In der allgemeinen Lösung § 8 (8 A) ist daher $\beta_I = -\beta_{II}$ und $\omega_I = \omega_{II}$ zu setzen.

Ich will nun die Gl. (6) noch geometrisch diskutieren. Ich fuhre folgende Abkürzungen ein (vgl. (4) in § 2 und 3):

$$(9)\quad \begin{cases} \dfrac{c_{11}}{a_{11}} = \gamma_I^2, \quad \dfrac{c_{22}}{a_{22}} = \gamma_{II}^2, \quad \dfrac{a_{12}\,a_{21}}{a_{11}\,a_{22}} = a, \quad \dfrac{c_{12}\,c_{21}}{a_{11}\,a_{22}} = c, \\ \dfrac{a_{21}\,c_{12}}{a_{11}\,a_{22}} + \dfrac{a_{12}\,c_{21}}{a_{11}\,a_{22}} = b. \end{cases}$$

Dann ist nach (6)

$$(10)\quad \omega^2 = \frac{1}{2(1-a)}\left\{\gamma_I^2 + \gamma_{II}^2 - b \pm \sqrt{(\gamma_I^2 + \gamma_{II}^2 - b)^2 - 4(1-a)(\gamma_I^2\gamma_{II}^2 - c)}\right\}.$$

Es ist nun von besonderem Interesse, in welcher Weise ω^2 abhangt von den Frequenzen γ_I^2 und γ_{II}^2, die vor der Verkoppe-

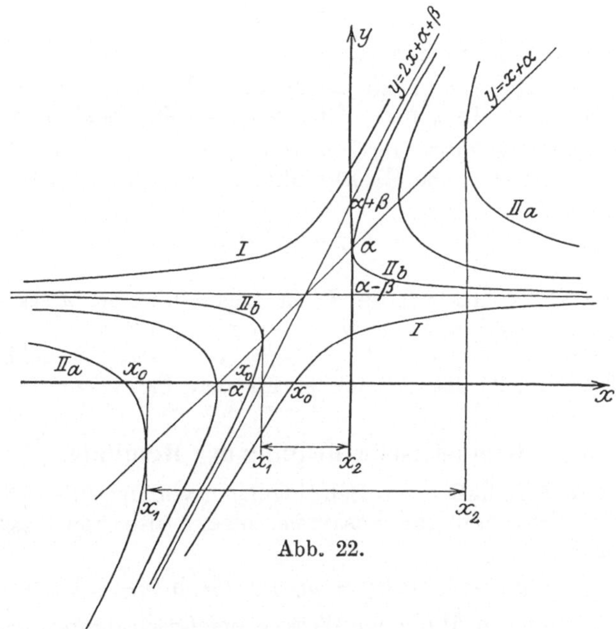

Abb. 22.

lung bestanden. Da γ_I^2 und γ_{II}^2 in (10) symmetrisch vorkommen, genügt es, die eine Abhangigkeit zu betrachten. Ich setze:

$$(11)\quad \begin{aligned} 2(1-a)\,\omega^2 &= y, \\ \gamma_{II}^2 &= x. \end{aligned}$$

Dann wird (10):

$$y = x + \alpha \pm \sqrt{x^2 + 2\beta x + \gamma}, \tag{12}$$

$$\left\{\begin{aligned} \alpha &= \gamma_I^2 - b, \\ \beta &= 2a\gamma_I^2 - \gamma_I^2 - b, \\ \gamma &= (\gamma_I^2 - b)^2 + 4(1-a)c. \end{aligned}\right. \tag{13}$$

(12) stellt eine Hyperbel dar mit den beiden Aymptoten

$$y = 2x + \alpha + \beta,$$
$$y = \alpha - \beta.$$

Zu den verschiedenen γ gehören also verschiedene Hyperbeln, die alle dieselben Asymptoten besitzen. Der Schnittpunkt der Hyperbel mit der x-Achse ist:

$$x_0 = \frac{\gamma - \alpha^2}{2(\alpha - \beta)}.$$

Es sind 2 Falle zu unterscheiden:

I. $\gamma \geqq \beta^2$. Es gehören zu jedem x 2 reelle y. Ist $x < x_0$, so ist ein y pos. und ein y neg. Ist $x > x_0$, so sind beide y pos.

II. $\gamma < \beta^2$. Es gibt ein Intervall x_1 bis x_2, in dem keine reellen y existieren. Die Grenzen dieses Intervalles sind:

$$\left.\begin{matrix} x_1 \\ x_2 \end{matrix}\right\} = -\beta \pm \sqrt{\beta^2 - \gamma}.$$

Ist $x < x_0$, so ist wie in *I* ein y pos. und ein y neg. Ist $x_0 < x < x_1$, so sind a) beide y neg., wenn x_0 und $x_1 < -\alpha$ und b) beide y pos., wenn x_0 und $x_1 > -\alpha$. Ist $x > x_2$, so sind beide y pos. Die Abb. 22 ist gezeichnet für den Fall $\alpha > 0\, \beta < \alpha$[1]).

§ 5. Geometrische Deutung der Resultate.

In § 4 (8 *I A*) haben wir Schwingungen vor uns, die sich aus 2 einfachen Schwingungen zusammensetzen, also von folgender Gestalt sind:

$$y = y_I + y_{II} = k_I \sin(\varkappa_I + \omega_I t) + k_{II} \sin(\varkappa_{II} + \omega_{II} t). \tag{1}$$

Man kann sie in ähnlicher Weise geometrisch deuten wie die einfachen Sinusschwingungen in I, § 1. Ich betrachte also den Vektor (Abb. 23):

$$z = z_I + z_{II} = k_I e^{i(\varkappa_I + \omega_I t)} + k_{II} e^{i(\varkappa_{II} + \omega_{II} t)}. \tag{2}$$

---

[1]) Vergleiche die Hyperbel in der Abb. 4 der Wienschen Arbeit.

z_I ist ein Vektor, der sich um den Koordinatenanfangspunkt mit der Geschwindigkeit ω_I dreht. Der Vektor z_{II} führt nun 2 Bewegungen aus: 1. dreht er sich um seinen Anfangspunkt mit der Geschwindigkeit ω_{II} und 2. bewegt sich sein Anfangspunkt auf dem Kreise um O vom Radius k_I. Der Endpunkt von z beschreibt dabei eine Epi- oder Hypozykloide, je nachdem ω_I und ω_{II} gleiches oder entgegengesetztes Vorzeichen haben. Man kann nun so fortfahren und zu den 2 Schwingungen noch mehr hinzufugen und erhält dann Zykloiden höherer Ordnung. Man sieht hier einen Zusammenhang zwischen der Darstellung periodischer Bewegungen von Himmelskörpern durch Zykloiden nach Ptolemäus und der Darstellung periodischer Funktionen durch trigonometrische Reihen nach Fourier.

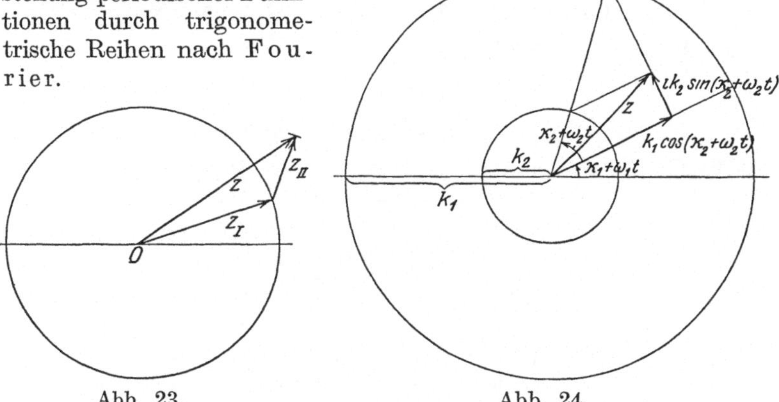

Abb. 23. Abb. 24.

Man kann die Gleichung (2) aber auch noch auf andere Weise interpretieren.

Ich fuhre neue Buchstaben ein:

$$(3)\qquad \begin{aligned} k_1 &= k_I + k_{II}, & \varkappa_1 &= \frac{\varkappa_I + \varkappa_{II}}{2}, & \omega_1 &= \frac{\omega_I + \omega_{II}}{2}, \\ k_2 &= k_I - k_{II}. & \varkappa_2 &= \frac{\varkappa_I - \varkappa_{II}}{2}, & \omega_2 &= \frac{\omega_I - \omega_{II}}{2}, \end{aligned}$$

$$(4)\qquad \begin{aligned} \varkappa_I &= \varkappa_1 + \varkappa_2, & \omega_I &= \omega_1 + \omega_2, \\ \varkappa_{II} &= \varkappa_1 - \varkappa_2, & \omega_{II} &= \omega_1 - \omega_2. \end{aligned}$$

Die Gl. (2) kann ich dann schreiben:

$$(5)\qquad \begin{aligned} z &= [k_I e^{i(\varkappa_2+\omega_2 t)} + k_{II} e^{-i(\varkappa_2+\omega_2 t)}]\, e^{i(\varkappa_1+\omega_1 t)}, \\ z &= [k_1 \cos(\varkappa_2 + \omega_2 t) + i\, k_2 \sin(\varkappa_2 + \omega_2 t)]\, e^{i(\varkappa_1+\omega_1 t)}. \end{aligned}$$

Der Ausdruck in der Klammer stellt eine Ellipse mit den Achsen k_1 und k_2 dar. Der Endpunkt von z durchlauft die Ellipse derartig, daß der entsprechende Punkt P auf dem Kreise mit dem Radius k_1 mit der Geschwindigkeit ω_2 lauft. Ist $\omega_1 = 0$, also ω_I und ω_{II} entgegengesetzt gleich, so hat die große Achse der Ellipse die feste Richtung $\varkappa_1$. Ist dagegen $\omega_1 \neq 0$, so dreht sich die Ellipse mit der Geschwindigkeit ω_1 (Abb. 24).

Ist z. B.

$$k_I = 2k, \qquad \varkappa_I = \frac{\pi}{2}, \qquad \omega_I = +13\,\omega,$$

$$k_{II} = k, \qquad \varkappa_{II} = \frac{\pi}{2}, \qquad \omega_{II} = -11\,\omega,$$

so ist die Gl. (1)

$$y = 2k \cos 13\,\omega t + k \cos 11\,\omega t \text{ (s. Abb. 25 u. 26)}$$

Nach (3) ist:

$$k_1 = 3k, \qquad \varkappa_1 = \frac{\pi}{2}, \qquad \omega_1 = \omega,$$

$$k_2 = k, \qquad \varkappa_2 = 0, \qquad \omega_2 = 12\,\omega.$$

Die Gl. (5) wird daher

$$z = (3k \cos 12\,\omega t + i\,k \sin 12\,\omega t)\, e^{i\left(\frac{\pi}{2}\right) + \omega t}$$

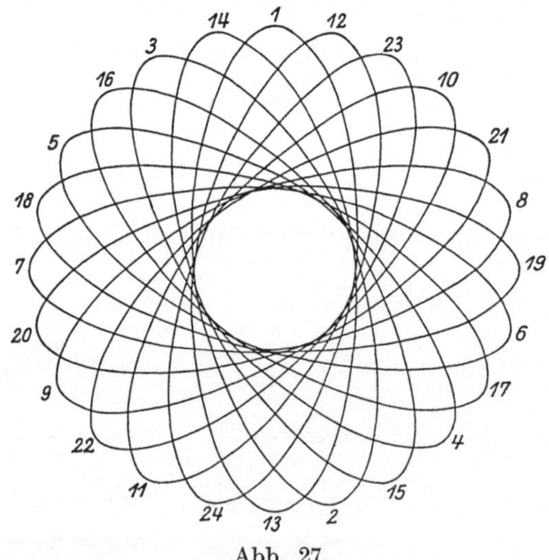

Abb. 27.

Der Endpunkt von z beschreibt dabei die Kurve Abb. 27.

Die Abb. (26) stellt sogenannte Schwebungen dar, die um so ausgeprägter sind, je weniger k_I und k_{II} voneinander verschieden sind. Ist $k_I = k_{II} = k$, so entartet die Ellipse von (5) zu einer Strecke und (5) geht über in:

$$z = 2\,k \cos(\varkappa_2 + \omega_2 t)\, e^{i(\varkappa_1 + \omega_1 t)}\,. \tag{6}$$

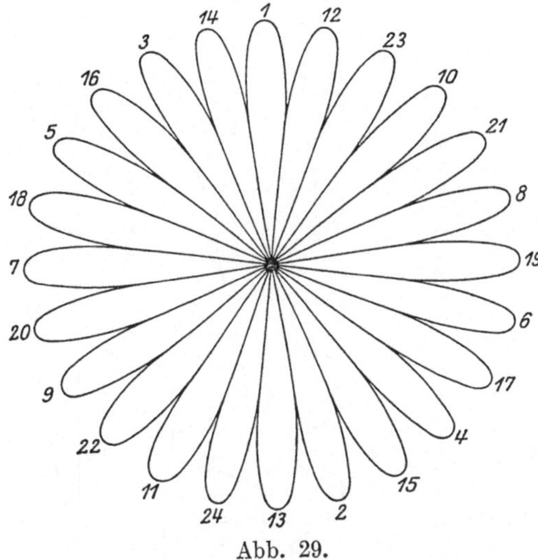

Abb. 29.

Daraus folgt eine neue Darstellung der Schwingung (1) namlich.

$$y = y_1 y_2 = 2\,k \cos(\varkappa_2 + \omega_2 t) \sin(\varkappa_1 + \omega_1 t)\,. \tag{7}$$

Im obigen Falle ist:

(1′) $y = k(\cos 13\,\omega t + \cos 11\,\omega t)$. Siehe Abb. 28 u. 29,

(6′) $z = 2\,k \cos 12\,\omega t\, e^{t\left(\frac{\pi}{2} + \omega t\right)}$. Siehe Abb. 30,

(7′) $y = 2\,k \cos 12\,\omega t \cos \omega t$. Siehe Abb. 29.

In § 2 und 3 (15) hatten wir außer einer Schwingung der Gestalt (1′) noch eine Schwingung:

$$y = k(-\cos 13\,\omega t + \cos 11\,\omega t)\,. \tag{1''}$$

Es ist daher:

$$\varkappa_I = \frac{3\pi}{2}, \qquad \varkappa_1 = \pi\,,$$

$$\varkappa_{II} = \frac{\pi}{2}, \qquad \varkappa_2 = \frac{\pi}{2},$$

(7″) $y = y_1 y_2 = 2\,k \sin 12\,\omega t \sin \omega t$, siehe Abb. 31.

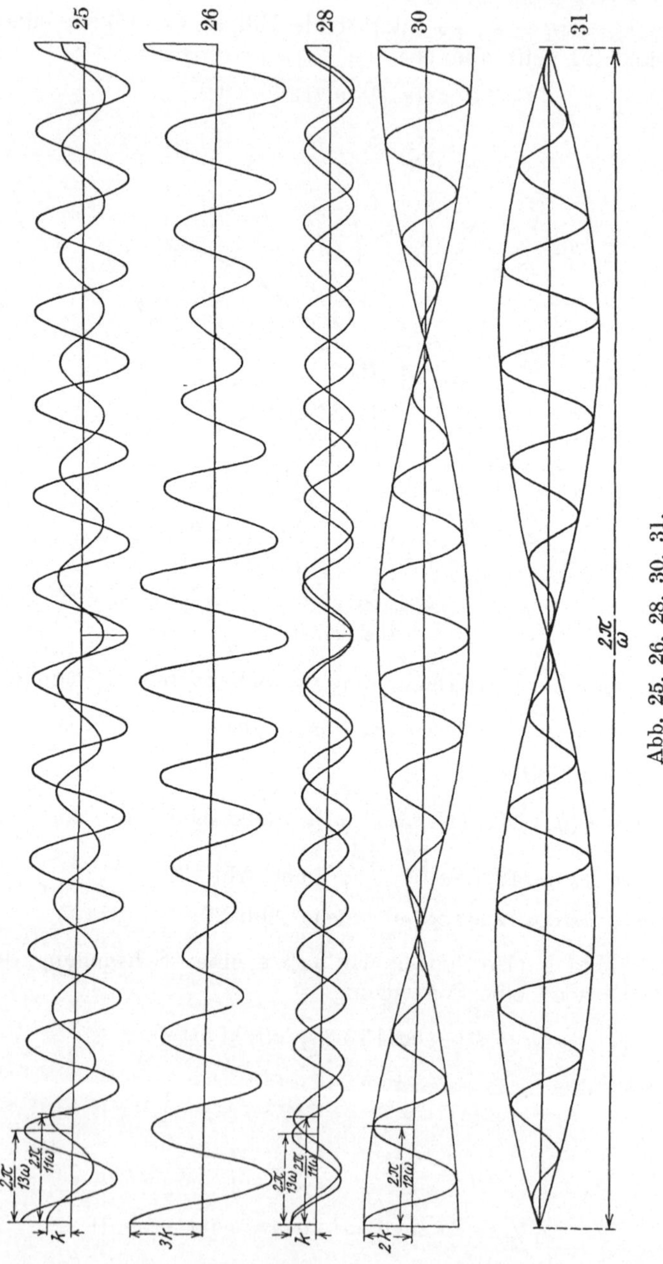

Abb. 25, 26, 28, 30, 31.

Schwingungen (1′) und (1″) haben nach Abb. 29 und 31 die Eigentümlichkeit, daß die eine immer dort ihre großten Werte annimmt, wo die andere die kleinsten hat und umgekehrt.

Man kann also nach (1) und (7) die Summe zweier Schwingungen $y_I + y_{II}$ ersetzen durch das Produkt der Schwingungen $y_1 y_2$. Manchmal ist auch der umgekehrte Weg praktisch, das Produkt

$$y = y_1 y_2 = k_1 \sin(\varkappa_1 + \omega_1 t)\, k_2 \sin(\varkappa_2 + \omega_2 t)$$

durch eine Summe zu ersetzen. Zu diesem Zweck schreibe ich die obige Gleichung folgendermaßen:

$$y = k_1 \sin(\varkappa_1 + \omega_1 t)\, k_2 \cos\left(\varkappa_2 - \frac{\pi}{2} + \omega_2 t\right).$$

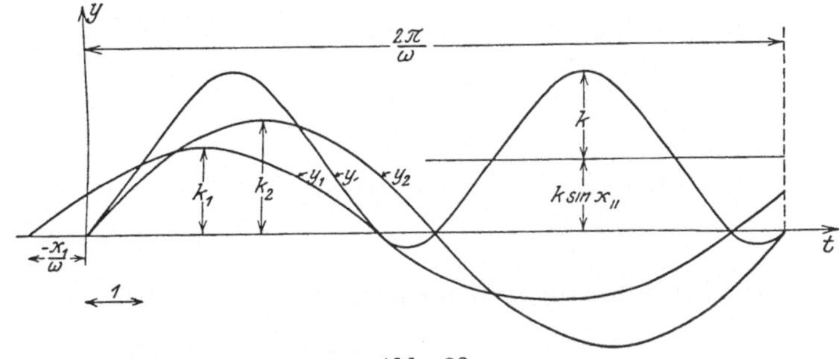

Abb. 32.

Dann ist nach (4):

$$y = y_I + y_{II} = k[\sin(\varkappa_I + \omega_I t) + \sin(\varkappa_{II} + \omega_{II} t)],$$

$$k = \frac{k_1 k_2}{2}, \qquad \varkappa_I = \varkappa_1 + \varkappa_2 - \frac{\pi}{2}, \qquad \omega_I = \omega_1 + \omega_2,$$

$$\varkappa_{II} = \varkappa_1 - \varkappa_2 + \frac{\pi}{2}, \qquad \omega_{II} = \omega_1 - \omega_2.$$

Fur die Anwendungen ist besonders wichtig das Integral $\int y_1 y_2 dt$. Schreibe ich nun hierfur $\int y_I dt + \int y_{II} dt$, so erkennt man sofort, daß im allgemeinen das Integral Null sein wird. Eine Ausnahme bildet nur der Fall: $\omega_1 = \omega_2 = \omega$, denn dann ist:

$$\omega_I = 2\omega,$$

$$\omega_{II} = 0,$$

$$\int_0^\tau y_1 y_2 dt = \int_0^\tau y_{II} dt = \int_0^\tau k \sin\varkappa_{II} dt = \frac{\tau}{2} k_1 k_2 \cos(\varkappa_1 - \varkappa_2).$$

Das Integral verschwindet also nur dann, wenn $\varkappa_1 - \varkappa_2 = 90°$.

Ist z. B. $k_1 = \frac{3}{2}$, $\varkappa_1 = 30°$,

$k_2 = 2$, $\varkappa_2 = 0°$,

so ist $k = \frac{3}{2}$, $\varkappa_I = -60°$,

$\varkappa_{II} = 120°$. Siehe Abb. 32.

Fließen z. B. in der Spule eines Dynamometers 2 Wechselstrome

$$J_1 = |J_1| \sin(\varkappa_1 + \omega_1 t) \quad \text{und} \quad J_2 = |J_2| \sin(\varkappa_2 + \omega_2 t),$$

so ist die Ablenkung proportional:

$$\int J_1 \cdot J_2 \, dt .$$

Haben also diese beiden Wechselstrome verschiedene Frequenz, so findet keine Ablenkung statt.

Haben sie gleiche Frequenz, so ist:

$$\int_0^\tau J_1 J_2 \, dt = \frac{\tau}{2} |J_1| |J_2| \cos(\varkappa_1 - \varkappa_2)$$

§ 6. Die Lagrangeschen Gleichungen: 1. Form.

Es sei E eine Funktion von $\dot{y}_1, \dot{y}_2$ und V eine Funktion von y_1, y_2. Ich entwickle beide Funktionen nach Potenzen und breche die Entwicklung nach den quadratischen Gliedern ab:

$$(1) \quad \left\{ \begin{aligned} E = E_0 &+ \left(\frac{\partial E}{\partial \dot{y}_1}\right)_0 \dot{y}_1 + \left(\frac{\partial E}{\partial \dot{y}_2}\right)_0 \dot{y}_2 \\ &+ \frac{1}{2}\left[\left(\frac{\partial^2 E}{\partial \dot{y}_1^2}\right)_0 \dot{y}_1^2 + 2\left(\frac{\partial^2 E}{\partial \dot{y}_1 \partial \dot{y}_2}\right)_0 \dot{y}_1 \dot{y}_2 + \left(\frac{\partial^2 E}{\partial \dot{y}_2^2}\right)_0 \dot{y}_2^2\right] \end{aligned} \right.$$

$$(2) \quad \left\{ \begin{aligned} V = V_0 &+ \left(\frac{\partial V}{\partial y_1}\right)_0 y_1 + \left(\frac{\partial V}{\partial y_2}\right)_0 y_2 \\ &+ \frac{1}{2}\left[\left(\frac{\partial^2 V}{\partial y_1^2}\right)_0 y_1^2 + 2\left(\frac{\partial^2 V}{\partial y_1 \partial y_2}\right)_0 y_1 y_2 + \left(\frac{\partial^2 V}{\partial y_2^2}\right)_0 y_2^2\right] \end{aligned} \right.$$

Nun bilde ich die Gleichungen:

$$(3) \quad \left\{ \begin{aligned} \frac{\partial}{\partial t}\left(\frac{\partial E}{\partial \dot{y}_1}\right) + \frac{\partial V}{\partial y_1} = 0, \\ \frac{\partial}{\partial t}\left(\frac{\partial E}{\partial \dot{y}_2}\right) + \frac{\partial V}{\partial y_2} = 0. \end{aligned} \right.$$

Es ergibt sich:

$$(4)\quad \begin{cases} \left(\frac{\partial^2 E}{\partial \dot{y}_1^2}\right)_0 \ddot{y}_1 + \left(\frac{\partial^2 E}{\partial \dot{y}_1 \partial \dot{y}_2}\right)_0 \ddot{y}_2 + \left(\frac{\partial V}{\partial y_1}\right)_0 + \left(\frac{\partial^2 V}{\partial y_1^2}\right)_0 y_1 + \left(\frac{\partial^2 V}{\partial y_1 \partial y_2}\right)_0 y_2 = 0, \\ \left(\frac{\partial^2 E}{\partial \dot{y}_1 \partial \dot{y}_2}\right)_0 \ddot{y}_1 + \left(\frac{\partial^2 E}{\partial \dot{y}_2^2}\right) \ddot{y}_2 + \left(\frac{\partial V}{\partial y_2}\right)_0 + \left(\frac{\partial^2 V}{\partial y_1 \partial y_2}\right)_0 y_1 + \left(\frac{\partial^2 V}{\partial y_2^2}\right)_0 y_2 = 0. \end{cases}$$

Vergleiche ich diese Gleichungen mit den Differentialgleichungen § 4, so ist:

$$(5)\quad \left(\frac{\partial V}{\partial y_1}\right)_0 = \left(\frac{\partial V}{\partial y_2}\right)_0 = 0.$$

$$(6)\quad \begin{cases} \frac{\partial^2 E}{\partial \dot{y}_1^2} = a_{11}, \quad \frac{\partial^2 E}{\partial \dot{y}_2^2} = a_{22}, \quad \frac{\partial^2 E}{\partial \dot{y}_1 \partial \dot{y}_2} = a_{12} = a_{21}, \\ \frac{\partial^2 V}{\partial y_1^2} = c_{11}, \quad \frac{\partial^2 V}{\partial y_2^2} = c_{22}, \quad \frac{\partial^2 V}{\partial y_1 \partial y_2} = c_{12} = c_{21}. \end{cases}$$

Ist also $a_{12} = a_{21}$ und $c_{12} = c_{21}$, so lassen sich die Funktionen

$$(7)\quad \begin{aligned} E &= a_{11}\dot{y}_1^2 + 2a_{12}\dot{y}_1\dot{y}_2 + a_{22}\dot{y}_2^2, \\ V &= c_{11}y_1^2 + 2c_{12}y_1y_2 + c_{22}y_2^2, \end{aligned}$$

aufstellen und damit die Differentialgleichung § 4 auf die obige Form (3) bringen.

Bei mechanischen Schwingungen ist E die kinetische Energie, V das Potential und die Gl. (3) sind die Lagrangeschen Gleichungen (Hamel: El. M. Nr. 329).

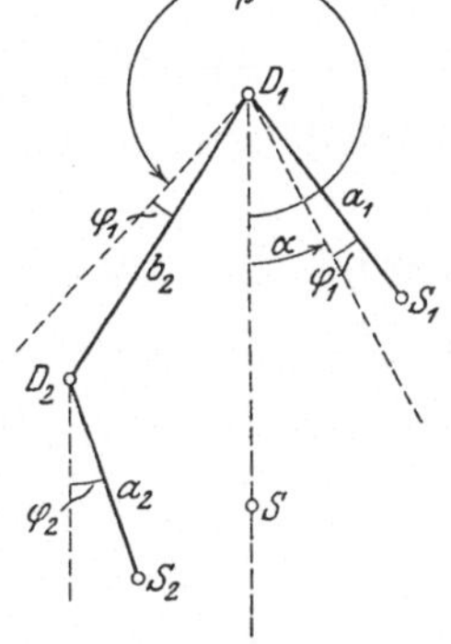

Abb. 33.

1. Es sei bei dem Doppelpendel der Abb 33 T_1 das Trägheitsmoment des 1. Gliedes um den Drehpunkt D_1 und T_2 das Trägheitsmoment des 2. Gliedes um den Drehpunkt D_2. m_1 und m_2 seien die Massen der beiden Glieder. Dann ist:

$$(8)\quad 2E = (T_1 + m_2 b_2^2)\dot{\varphi}_1^2 + 2(a_2 b_2 m_2 \cos\beta)\dot{\varphi}_1\dot{\varphi}_2 + T_2\dot{\varphi}_2^2,$$

$$(9)\quad V = -m_1 g a_1 \cos(\alpha + \varphi_1) - m_2 g[b_2 \cos(\beta + \varphi_1) + a_2 \cos\varphi_2].$$

Nach (1) und (2) ist daher

$$(10)\quad 2E = (T_1 + m_2 b_2^2)\dot{\varphi}_1^2 + 2(a_2 b_2 m_2 \cos\beta)\dot{\varphi}_1\dot{\varphi}_2 + T_2\dot{\varphi}_2^2,$$

$$(11)\quad \begin{aligned} V = &-(m_1 a_1 \cos\alpha + m_2 b_2 \cos\beta + m_2 a_2) g \\ &+ (m_1 a_1 \sin\alpha + m_2 b_2 \sin\beta) g \varphi_1 \\ &+ \tfrac{1}{2}[(m_1 a_1 \cos\alpha + m_2 b_2 \cos\beta) g \varphi_1^2 + m_2 a_2 g \varphi_2^2]. \end{aligned}$$

Soll die Lage $\alpha\,\beta$ die Ruhelage sein, so muß der 2. Summend von V verschwinden, denn

$$x_S = \frac{m_1 a_1 \sin\alpha + m_2 b_2 \sin\beta}{m_1 + m_2}$$

ist die x-Koordinate des gemeinsamen Schwerpunktes S. Bei der Ruhelage muß aber $x_S = 0$ sein. Damit sind die Gl. (5) erfüllt. Rechne ich ferner die potentielle Energie nicht von der durch D_1, sondern von der durch S gehenden Horizontalen aus, so verschwindet in (11) auch das 1. Glied. Dieses Glied ist auf die Gl. (6) ja auch ohne Einfluß. Ich kann daher schreiben:

$$(12)\qquad 2V = (m_1 a_1 \cos\alpha + m_2 b_2 \cos\beta)\, g\, \varphi_1^2 + m_2 a_2 g\, \varphi_2^2 .$$

Liegen $D_1\, D_2\, S_1$ in einer Geraden, so ist $\alpha = \beta = 0$ und die Gl. (10) und (12) werden

$$(10\,\text{a})\qquad 2E = (T_1 + m_2 b_2^2)\,\dot\varphi_1^2 + 2 a_2 b_2 m_2\, \varphi_1 \dot\varphi_2 + T_2 \dot\varphi_2^2 ,$$

$$(12\,\text{a})\qquad 2V = (m_1 a_1 + m_2 b_2)\, g\, \varphi_1^2 + m_2 a_2 g\, \varphi_2^2 .$$

Dreht sich speziell das 1. Glied um seinen Schwerpunkt ($a_1 = 0$) und ist $b_2 = a_2 = a$, $T_1 + m_2 b_2^2 = T_2$, so ist

$$(10\,\text{b})\qquad 2E = T_2 \dot\varphi_1^2 + 2 a^2 m_2\, \varphi_1 \varphi_2 + T_2 \varphi_2^2 ,$$

$$(12\,\text{b})\qquad 2V = m_2 a g\, \varphi_1^2 + m_2 a g\, \varphi_2^2 .$$

Wir haben dann den Spezialfall § 2, b) (Hamel: El. M. Nr. 310).

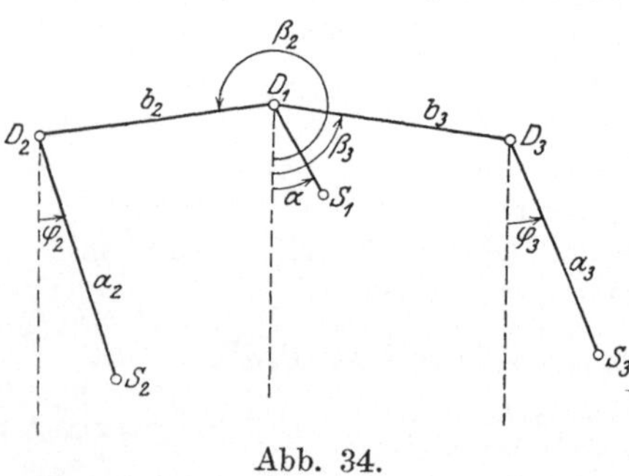

Abb. 34.

2. Ich will nun noch ein 2. Beispiel anführen, welches zeigen soll, daß die Verkopplung zweier Schwingungen auch eine derartige sein kann, daß die Ausdrücke (7) keine einfache physikalische Bedeutung haben. Hängt nämlich an dem 1. Körper noch ein 3. wie etwa bei der Wage, so ist ganz entsprechend zu (10) und (12) (Abb. 34)

$$(13)\qquad \begin{cases} 2E = (T_1 + m_2 b_2^2 + m_3 b_3^2)\,\varphi_1^2 + T_2 \dot\varphi_2^2 + T_3 \dot\varphi_3^2 \\ \qquad + 2\,(a_2 b_2 m_2 \cos\beta_2)\,\dot\varphi_1 \varphi_2 + 2\,(a_3 b_3 m_3 \cos\beta_3)\,\varphi_1 \varphi_3 , \\ 2V = (m_1 a_1 \cos\alpha + m_2 b_2 \cos\beta_2 + m_3 b_3 \cos\beta_3)\, g\, \varphi_1^2 \\ \qquad + m_2 a_2 g\, \varphi_2^2 + m_3 a_3 g\, \varphi_3^2 . \end{cases}$$

Wir bekommen dann 3 Gleichungen von der Form:

$$(14)\qquad \begin{cases} a_{11}\ddot{\varphi}_1 + c_{11}\varphi_1 + a_{12}\ddot{\varphi}_2 + a_{13}\ddot{\varphi}_3 = 0\,, \\ a_{21}\ddot{\varphi}_1 + a_{22}\dot{\varphi}_2 + c_{22}\varphi_2 = 0\,. \\ a_{31}\ddot{\varphi}_1 + a_{33}\ddot{\varphi}_3 + c_{33}\varphi_3 = 0\,. \end{cases}$$

Hierbei ist:

$$(15)\qquad \begin{aligned} a_{11} &= T_1 + m_2 b_2^2 + m_3 b_3^2\,, & a_{12} &= a_2 b_2 m_2 \cos\beta_2\,, \\ a_{22} &= T_2\,, & a_{13} &= a_3 b_3 m_3 \cos\beta_3\,, \\ a_{33} &= T_3\,. \end{aligned}$$

$$(16)\qquad \begin{aligned} c_{11} &= (m_1 a_1 \cos\alpha + m_2 b_2 \cos\beta_2 + m_3 b_3 \cos\beta_3)\, g\,, \\ c_{22} &= m_2 a_2 g\,, \\ c_{33} &= m_3 a_3 g\,. \end{aligned}$$

Setze ich

$$(17)\qquad m_1 a_1 \cos\alpha + m_2 b_2 \cos\beta_2 + m_3 b_3 \cos\beta_3 = y_0^{\star}(m_1 + m_2 + m_3)\,,$$

so ist $y_0^{\star}$ die Ordinate des Schwerpunktes der ganzen Kette, wenn ich mir die Gewichte $m_2 g$ und $m_3 g$ in D_2 und D_3 konzentriert denke. Ist $y_0^{\star} = 0$ (astatisches Gleichgewicht), so ist nach (16) auch $c_{11} = 0$. Die Gleichungen (14) lauten dann

$$(18)\qquad \begin{aligned} a_{11}\ddot{\varphi}_1 + a_{12}\ddot{\varphi}_2 + a_{13}\ddot{\varphi}_3 &= 0\,, \\ a_{21}\dot{\varphi}_1 + a_{22}\ddot{\varphi}_2 + c_{22}\varphi_2 &= 0\,, \\ a_{31}\ddot{\varphi}_1 + a_{33}\ddot{\varphi}_3 + c_{33}\varphi_3 &= 0\,. \end{aligned}$$

Aus diesen Gleichungen kann man $\ddot{\varphi}_1$ eliminieren

$$(19)\qquad \begin{aligned} (a_{11}a_{22} - a_{12}^2)\,\ddot{\varphi}_2 + a_{11}c_{22}\varphi_2 - a_{12}a_{13}\ddot{\varphi}_3 &= 0\,, \\ (a_{11}a_{33} - a_{13}^2)\,\ddot{\varphi}_3 + a_{11}c_{33}\varphi_3 - a_{12}a_{13}\ddot{\varphi}_2 &= 0\,. \end{aligned}$$

Das ursprungliche Problem von 3 Freiheitsgraden ist also auf 2 Freiheitsgrade zurückgefuhrt, und zwar ist:

$$(20)\qquad \begin{aligned} \hat{a}_{11} &= a_{11}a_{22} - a_{12}^2\,, & \hat{c}_{11} &= a_{11}c_{22}\,, \\ \hat{a}_{22} &= a_{11}a_{33} - a_{13}^2\,, & \hat{c}_{22} &= a_{11}c_{33}\,, \\ \hat{a}_{12} &= \hat{a}_{21} = -\,a_{12}a_{13}\,. \end{aligned}$$

Auch hier kann man, da $\hat{a}_{12} = \hat{a}_{21}$, die Ausdrucke (7) bilden, sie haben aber keine einfache physikalische Bedeutung.

Ist die Gelenkkette symmetrisch, d. h. ist $a_2 = a_3$, $b_2 = b_3$, $m_2 = m_3$, $T_2 = T_3$, $\beta_2 = -\beta_3$, so ist:

$$\hat{a}_{11} = \hat{a}_{22} = (T_1 + 2\,m_2 b_2^2)\,T_2 - a_2^2 b_2^2 m_2^2 \cos^2\beta_2\,,$$
$$\hat{c}_{11} = \hat{c}_{22} = (T_1 + 2\,m_2 b_2^2)\,m_2 a_2 g\,,$$
$$\hat{a}_{12} = \hat{a}_{21} = -(a_2 b_2 m_2 \cos\beta_2)^2\,.$$

Wir haben dann wieder den Spezialfall § 2b.

Vgl. Felgentrager: „Theorie, Konstruktion und Gebrauch der feineren Hebelwage" (Teubner 1907); Pflieger-Haertel: „Über die kleinen Schwingungen einer dreigliedrigen ebenen Gelenkkette, zugleich ein Beitrag zur Theorie der einfachen Hebelwage" (Diss. Jena 1914).

3) Gleichungen von der Form § 2 erhält man ferner, wenn ein Stab, dessen Masse vernachlässigt werden kann, von 2 Massen m_1 und m_2 belastet wird. Es ist dabei:

$$c_{11} = c_{22} = \text{Elastizitätsmodul} \cdot \text{Trägheitsmoment des Stabquerschnittes},$$
$$a_{11} = \varkappa_{11} m_1\,, \quad a_{12} = \varkappa_{12} m_2\,, \quad a_{21} = \varkappa_{21} m_1\,, \quad a_{22} = \varkappa_{22} m_2\,.$$

Die $\varkappa$ heißen Einflußzahlen. Sie hängen von den Auflagebedingungen ab. (Lorenz, T. Ph. IV, 192.)

4) Ein Problem, bei dem Kraft- und Beschleunigungskopplung gleichzeitig vorliegen, ist der Schlingertank nach Frahm (Hort, T. Schw. § 121)

§ 7. $a_{11}\ddot{y}_1 + c_{11}y_1 + b_{12}\dot{y}_2 = 0,$ $b_{21}\dot{y}_1 + a_{22}\ddot{y}_2 + c_{22}y_2 = 0.$

Diese Differentialgleichungen sind die Gleichungen der Geschwindigkeitskopplung. Es ist hier am besten, die Lösung in komplexer Form anzusetzen:

$$(1)\qquad \begin{aligned} y_1 &= r_1 k\, e^{i(\nu + \omega t)},\\ y_2 &= r_2 k\, e^{i(\nu + \omega t)}. \end{aligned}$$

Es ist dann sowohl der reelle Bestandteil von (1) als auch der imaginäre eine Lösung. Setze ich (1) in unsere Differentialgleichung ein, so ist:

$$(2)\qquad \begin{aligned} (-a_{11}\omega^2 + c_{11})\,r_1 + b_{12}\,i\,\omega\, r_2 &= 0\,,\\ b_{21}\,i\,\omega\, r_1 + (-a_{22}\omega^2 + c_{22})\,r_2 &= 0\,, \end{aligned}$$

$$(3)\qquad \begin{vmatrix} -a_{11}\omega^2 + c_{11} & b_{12}\,i\,\omega \\ b_{21}\,i\,\omega & -a_{22}\omega^2 + c_{22} \end{vmatrix} = 0\,,$$

$$(3\text{a})\qquad a_{11}a_{22}\omega^4 - (a_{11}c_{22} + a_{22}c_{11} - b_{12}b_{21})\,\omega^2 + c_{11}c_{22} = 0\,.$$

Ich führe folgende Abkürzungen ein:

$$\frac{c_{11}}{a_{11}} = \gamma_I^2, \qquad \frac{c_{22}}{a_{22}} = \gamma_{II}^2, \qquad \frac{b_{12}\,b_{21}}{a_{11}\,a_{22}} = b\,. \tag{4}$$

Dann kann ich (3a) schreiben:

$$\omega^4 - (\gamma_I^2 + \gamma_{II}^2 - b)\,\omega^2 + \gamma_I^2\gamma_{II}^2 = 0\,, \tag{5}$$

aufgelöst:

$$\omega^2 = \tfrac{1}{2}(\gamma_I^2 + \gamma_{II}^2 - b) \pm \tfrac{1}{2}\sqrt{(\gamma_I^2 - \gamma_{II}^2)^2 - 2\,b\,(\gamma_I^2 + \gamma_{II}^2) + b^2}\,. \tag{6}$$

Aus der 1. Gl. (2) folgt nun:

$$\begin{aligned} r_1 &= -\,b_{12}\,i\,\omega\,, \\ r_2 &= -\,a_{11}\,\omega^2 + c_{11}\,. \end{aligned} \tag{7}$$

Die allgemeine Losung unserer Differentialgleichung ist:

$$\begin{aligned} y_1 &= r_{1I}\,k_I\,e^{i(\varkappa_I+\omega_I t)} + r_{1II}\,k_{II}\,e^{i(\varkappa_{II}+\omega_{II} t)}\,, \\ y_2 &= r_{2I}\,k_I\,e^{i(\varkappa_I+\omega_I t)} + r_{2II}\,k_{II}\,e^{i(\varkappa_{II}+\omega_{II} t)}\,. \end{aligned} \tag{8}$$

Ich betrachte nun 3 Spezialfälle.

a) Ist die Kopplung schwach (b klein), so ist in (6)

$$\sqrt{(\gamma_I^2 - \gamma_{II}^2)^2 - 2\,b\,(\gamma_I^2 + \gamma_{II}^2) + b^2} = \gamma_I^2 - \gamma_{II}^2 - b\,\frac{\gamma_I^2 + \gamma_{II}^2}{\gamma_I^2 - \gamma_{II}^2}\,,$$

$$\left\{\begin{aligned} \omega_I &= \sqrt{\gamma_I^2 - b\,\frac{\gamma_I^2}{\gamma_I^2 - \gamma_{II}^2}} = \gamma_I - \frac{b\,\gamma_I}{2\,(\gamma_I^2 - \gamma_{II}^2)}\,, \\ \omega_{II} &= \sqrt{\gamma_{II}^2 + b\,\frac{\gamma_{II}^2}{\gamma_I^2 - \gamma_{II}^2}} = \gamma_{II} + \frac{b\,\gamma_{II}}{2\,(\gamma_I^2 - \gamma_{II}^2)}\,. \end{aligned}\right. \tag{9}$$

b) $\gamma_I^2 = \gamma_{II}^2 = \gamma^2$

$$\omega^2 = \gamma^2 - \frac{b}{2} \pm \frac{1}{2}\sqrt{-\,4\,b\,\gamma^2 + b^2} \tag{10}$$

oder bei schwacher Kopplung (b_{12} klein!)

$$\left\{\begin{aligned} \omega^2 &= \gamma^2 \pm \gamma\sqrt{-\,b}\,, \\ \omega &= \gamma \pm \frac{1}{2}\sqrt{-\,b}\,. \end{aligned}\right. \tag{10a}$$

Ist speziell $b_{12} = -\,b_{21}$ und ist $a_{11} = a_{22} = a$, so ist

$$\left\{\begin{aligned} \omega^2 &= \gamma^2 \pm \gamma\,\frac{b_{21}}{a}\,, \\ \omega &= \gamma \pm \frac{1}{2}\,\frac{b_{21}}{a}\,. \end{aligned}\right. \tag{10b}$$

Nach (7) ist daher in erster Annaherung:

$$(11)\qquad \begin{aligned} r_{1I} &= r_{1II} = b_{21}\, i\gamma ,\\ r_{2I} &= -\gamma b_{21} \qquad r_{2II} = +\gamma b_{21} . \end{aligned}$$

Es ist daher nach (8), wenn ich den allen r gemeinsamen Faktor γb_{21} in die willkürlichen Konstanten k hineinnehme und dann zu reellen Größen übergehe:

$$\begin{aligned} y_1 &= k_I \sin(\varkappa_I + \omega_I t) + k_{II} \sin(\varkappa_{II} + \omega_{II} t),\\ y_2 &= k_I \cos(\varkappa_I + \omega_I t) - k_{II} \cos(\varkappa_{II} + \omega_{II} t). \end{aligned}$$

c) $\gamma_{II}^2 = 0$ $(c_{22} = 0)$.

Aus (6) folgt dann
$$\begin{aligned} \omega_I^2 &= \gamma_I^2 - b,\\ \omega_{II}^2 &= 0. \end{aligned}$$

Aus (8) folgt dann, da nach (4) $-a_{11}\omega_I^2 + c_{11} = a_{11} b$ ist,

$$\begin{aligned} y_1 &= b_{12}\omega_I k_I \sin(\varkappa_I + \omega_I t) = b_{12}\omega_I (K_I \cos\omega_I t + L_I \sin\omega_I t),\\ y_2 &= a_{11} b k_I \cos(\varkappa_I + \omega_I t) + k_{II} = a_{11} b (L_I \cos\omega_I t - K_I \sin\omega_I t) + K_{II}. \end{aligned}$$

Die Konstanten bestimmen sich aus dem Anfangszustand folgendermaßen:

$$K_I = \frac{y_{10}}{b_{12}\,\omega_I}, \qquad L_I = \frac{\dot y_{10}}{b_{12}\,\omega_I^2},$$
$$K_{II} = y_{20} - \frac{b_{21}\dot y_{10}}{a_{22}\,\omega_I^2}$$

§ 8. $a_{11}\ddot y_1 + b_{11}\dot y_1 + c_{11} y_1 + a_{12}\ddot y_2 + b_{12}\dot y_2 + c_{12} y_2 = 0,$ $a_{21}\ddot y_1 + b_{21}\dot y_1 + c_{21} y_1 + a_{22}\ddot y_2 + b_{22}\dot y_2 + c_{22} y_2 = 0.$

Durch den Ansatz:

$$(1)\qquad \begin{aligned} y_1 &= r_1 k e^{nt},\\ y_2 &= r_2 k e^{nt}, \end{aligned}$$

gehen die Differentialgleichungen uber in:

$$(2)\qquad \begin{aligned} f_{11}(n)\, r_1 + f_{12}(n)\, r_2 &= 0,\\ f_{21}(n)\, r_1 + f_{22}(n)\, r_2 &= 0, \end{aligned}$$

wobei:

$$(2\,\text{a})\qquad f(n) = a n^2 + b n + c.$$

Die homogenen Gl. (2) sind nur losbar, falls:

$$(3)\qquad \begin{vmatrix} f_{11}(n) & f_{12}(n)\\ f_{21}(n) & f_{22}(n) \end{vmatrix} = 0.$$

Setze ich (2a) in (3) ein und fuhre die folgenden Abkürzungen ein:

$$
(4)\qquad
\begin{aligned}
A_0 &= \begin{vmatrix} a_{11} & a_{12} \\ a_{21} & a_{22} \end{vmatrix} \\
A_1 &= \begin{vmatrix} a_{11} & b_{12} \\ a_{21} & b_{22} \end{vmatrix} + \begin{vmatrix} b_{11} & a_{12} \\ b_{21} & a_{22} \end{vmatrix} \\
A_2 &= \begin{vmatrix} a_{11} & c_{12} \\ a_{21} & c_{22} \end{vmatrix} + \begin{vmatrix} c_{11} & a_{12} \\ c_{21} & a_{22} \end{vmatrix} + \begin{vmatrix} b_{11} & b_{12} \\ b_{21} & b_{22} \end{vmatrix} \\
A_3 &= \begin{vmatrix} b_{11} & c_{12} \\ b_{21} & c_{22} \end{vmatrix} + \begin{vmatrix} c_{11} & b_{12} \\ c_{21} & b_{22} \end{vmatrix} \\
A_4 &= \begin{vmatrix} c_{11} & c_{12} \\ c_{21} & c_{22} \end{vmatrix}
\end{aligned}
$$

so kann ich schreiben:

$$
(5)\qquad A_0 n^4 + A_1 n^3 + A_2 n^2 + A_3 n + A_4 = 0\,.
$$

Aus der 1. Gl. (2) ergibt sich dann:

$$
(7)\qquad
\begin{aligned}
r_1 &= + f_{12}(n)\,, \\
r_2 &= - f_{11}(n)\,.
\end{aligned}
$$

Bezüglich der Diskussion der Gl. (5) vergleiche den folgenden Paragraph.

Es sind 3 Fälle zu unterscheiden:

A. Alle n sind komplex. Ich setze dann: $n = \beta + i\omega$. Dann ist nach (7)

$$
\begin{aligned}
r_1 &= +[a_{12}(\beta^2 - \omega^2) + b_{12}\beta + c_{12}] + i\omega[2a_{12}\beta + b_{12}]\,, \\
r_2 &= -[a_{11}(\beta^2 - \omega^2) + b_{11}\beta + c_{11}] - i\omega[2a_{11}\beta + b_{11}]\,.
\end{aligned}
$$

Setze ich nun:

$$
\begin{aligned}
r_1 &= +|r_1|\,e^{i\varrho_1}, \\
r_2 &= -|r_2|\,e^{i\varrho_2},
\end{aligned}
$$

so ist

$$
\begin{aligned}
|r_1| &= \sqrt{[a_{12}(\beta^2 - \omega^2) + b_{12}\beta + c_{12}]^2 + [2a_{12}\beta + b_{12}]^2\omega^2}\,, \\
|r_2| &= \sqrt{[a_{11}(\beta^2 - \omega^2) + b_{11}\beta + c_{11}]^2 + [2a_{11}\beta + b_{11}]^2\omega^2}\,,
\end{aligned}
$$

$$
(7\text{a})\qquad
\left\{
\begin{aligned}
\operatorname{tg}\varrho_1 &= \frac{\omega(2a_{12}\beta + b_{12})}{a_{12}(\beta^2 - \omega^2) + b_{12}\beta + c_{12}}\,, \\
\operatorname{tg}\varrho_2 &= \frac{\omega(2a_{11}\beta + b_{11})}{a_{11}(\beta^2 - \omega^2) + b_{11}\beta + c_{11}}\,.
\end{aligned}
\right.
$$

Führe ich nun noch statt der komplexen Integrationskonstanten k von (1) 2 reelle Konstanten k und $\varkappa$ ein, so lautet die allgemeine Lösung unserer Differentialgleichungen:

$$(8A)\quad \begin{cases} y_1 = +\,|r_{1I}|\,k_I\,e^{\beta_I t}\,\sin(\varrho_{1I} + \varkappa_I + \omega_I t) \\ \qquad +\,|r_{1II}|\,k_{II}\,e^{\beta_{II} t}\sin(\varrho_{1II} + \varkappa_{II} + \omega_{II} t), \\ y_2 = -\,|r_{2I}|\,k_I\,e^{\beta_I t}\,\sin(\varrho_{2I} + \varkappa_I + \omega_I t) \\ \qquad -\,|r_{2II}|\,k_{II}\,e^{\beta_{II} t}\sin(\varrho_{2II} + \varkappa_{II} + \omega_{II} t). \end{cases}$$

B. 2 Wurzeln n sind komplex, 2 reell. Die Lösungen lauten dann

$$(8B)\quad \begin{aligned} y_1 &= r_{1I}\,k_I\,e^{n_I t} + r_{1II}\,k_{II}\,e^{n_{II} t} + r_1\,k\,e^{\beta t}\sin(\varrho_1 + \varkappa + \omega t), \\ y_2 &= r_{2I}\,k_I\,e^{n_I t} + r_{2II}\,k_{II}\,e^{n_{II} t} + r_2\,k\,e^{\beta t}\sin(\varrho_2 + \varkappa + \omega t). \end{aligned}$$

C. Alle Wurzeln n sind reell. Die Lösungen lauten dann

$$(8C)\quad \begin{aligned} y_1 &= r_{1I}\,k_I\,e^{n_I t} + r_{1II}\,k_{II}\,e^{n_{II} t} + r_{1III}\,k_{III}\,e^{n_{III} t} + r_{1IV}\,k_{IV}\,e^{n_{IV} t}, \\ y_2 &= r_{2I}\,k_I\,e^{n_I t} + r_{2II}\,k_{II}\,e^{n_{II} t} + r_{2III}\,k_{III}\,e^{n_{III} t} + r_{2IV}\,k_{IV}\,e^{n_{IV} t}. \end{aligned}$$

Sind die beiden Wurzeln n_I und n_{II} einander gleich, so kann man die beiden Partikularlösungen folgendermaßen zusammenfassen

$$\begin{aligned} y_{1I} + y_{1II} &= r_{1I}(k_I + k_{II})\,e^{n_I t}, \\ y_{2I} + y_{2II} &= r_{2I}(k_I + k_{II})\,e^{n_I t}. \end{aligned}$$

Die beiden Integrationskonstanten k_I und k_{II} ziehen sich also in eine Konstante zusammen. Es geht also eine Integrationskonstante verloren. Ich nehme nun zunächst einmal an, die beiden Wurzeln wären wenig voneinander verschieden und schreibe

$$n_{II} = n_I + \varepsilon.$$

Nach (7) und dem Taylorschen Satz ist dann

$$r_{1II} = f_{12}(n_{II}) = f_{12}(n_I) + \varepsilon\frac{\partial f_{12}(n_I)}{\partial n_I} + \varepsilon^2\frac{\partial^2 f_{12}(n_I)}{\partial n_I^2}.$$

Die Summe der beiden Partikularlösungen ist dann also

$$\begin{aligned} y_{1I} + y_{1II} &= f_{12}(n_I)\,k_I\,e^{n_I t} \\ &\quad + \left(f_{12}(n_I) + \varepsilon\frac{\partial f_{12}(n_1)}{\partial n_I} + \varepsilon^2\frac{\partial^2 f_{12}(n_I)}{\partial n_I^2}\right)k_{II}\,e^{n_I t}\,e^{\varepsilon t}. \end{aligned}$$

Nun entwickle ich auch noch $e^{\varepsilon t}$

$$y_{1I} + y_{1II} = \left\{k_I f_{12}(n_I) + k_{II}\left(f_{12}(n_I) + \varepsilon \frac{\partial f_{12}(n_I)}{\partial n_I} + \varepsilon^2 \frac{\partial^2 f_{12}(n_I)}{\partial n_I^2}\right)\right.$$
$$\left.\left(1 + \frac{\varepsilon t}{1!} + \frac{\varepsilon^2 t^2}{2!} + \cdots\right)\right\} e^{n_I t},$$

$$y_{1I} + y_{1II} = \left\{(k_I + k_{II}) f_{12}(n_I) + \varepsilon k_{II}\left(\frac{\partial f_{12}(n_I)}{\partial n_I} + f_{12}(n_I) t\right) + \ldots\right\} e^{n_I t}.$$

Ich fuhre neue Konstanten ein:

$$k_I + k_{II} = k_1,$$
$$\varepsilon k_{II} = k_2.$$

Wird nun ε unendlich klein, so kann ich mir die willkurlichen Konstanten k_I und k_{II} derart unendlich groß denken, daß k_1 und k_2 endlich bleiben. Die obige Reihe bricht dann mit den hingeschriebenen Gliedern ab

$$y_{1I} + y_{1II} = +\left\{k_1 f_{12}(n_I) + k_2\left(\frac{\partial f_{12}(n_I)}{\partial n_I} + f_{12}(n_I) t\right)\right\} e^{n_I t}.$$

Entsprechend folgt:

$$y_{2I} + y_{2II} = -\left\{k_1 f_{21}(n_I) + k_2\left(\frac{\partial f_{21}(n_I)}{\partial n_I} + f_{21}(n_I) t\right)\right\} e^{n_I t}.$$

In diesen Lösungen kommen nun wieder die erforderlichen 2 Integrationskonstanten vor.

§ 9. Tabellen für die Gleichung 4. Grades.

Nach dem vorigen § hangt die Integration der Differentialgleichung von der Auflösung der Gl. 4. Grades ab. Die Auflosung einer solchen Gleichung ist aber bekanntlich eine umstandliche Sache und gibt unübersichtliche Resultate. Nun ist es zunachst von Wichtigkeit, zu wissen, ob die Wurzeln reell oder komplex sind, denn im letzten Falle kommt eine wirkliche Schwingung zustande, im 1. Falle eine aperiodische Bewegung. Diese Frage kann man jedoch nach dem Sturmschen Satz entscheiden, ohne die Gleichung wirklich auflösen zu mussen. Auch die Anwendung des Sturmschen Satzes erfordert einen ziemlichen Rechenaufwand. Ich habe die Resultate in der folgenden Tabelle zusammengestellt, die je nach den Vorzeichen der d. b, c die Anzahl n der reellen Wurzeln angibt. Verschwindet eine der Großen d, b, c, so müssen, wie die Tabelle zeigt, noch weitere Größen berechnet werden.

d	b	c	n	= Anzahl der reellen Wurzeln der Gleichung
>0	>0	>0	4	$x^4 + a_1 x^3 + a_2 x^2 + a_3 x + a_4 = 0$
		<0	0	
	<0		0	wenn zur Abkurzung gesetzt ist:
<0			2	$b = 3a_1^2 - 8a_2$
$d = 0$, $c \neq 0$	$D>0$		4	$b_1 = 2(a_1 a_2 - 6a_3)$
	$D<0$		2	$b_2 = a_1 a_3 - 16a_4$
$c = 0$	$c_1 \neq 0$	$b>0$	2	$c = b(3a_1 b_1 - 2a_2 b + 4b_2) - 4b_1^2$
		$b<0$	0	$c_1 = b(3a_1 b_2 - a_3 b) - 4b_1 b_2$
	$c_1 = 0$	$D' \geqq 0$	4	$d = c_1(b_1 c - b c_1) - b_2 c_2$
		$D' < 0$	0	
$b = 0$, $b_1 \neq 0$	$c' > 0$		2	$D = 4a_1 c c_1 - 8c_1^2 + (a_1^2 - 4a_2)c^2$
	$c' < 0$		0	$D' = b_1^2 - 4b b_2$
	$c' = 0$	$D'' \geqq 0$	4	$c' = b_1^2(-a_3 b_1 + 2a_2 b_2) + b_2^2(-3a_1 b_1 + 4b_2)$
		$D'' < 0$	2	$D'' = 4a_1 b_1 b_2 - 8b_2^2 + (a_1^2 - 4a_2)b_1^2$
$b = 0$, $b_1 = 0$	$b_2 > 0$		2	
	$b_2 < 0$		0	
	$b_2 = 0$		4	

Sind die Wurzeln komplex, so ist es ferner von Wichtigkeit, zu wissen, ob der reelle Teil positiv, negativ oder Null ist, denn im 1. Falle haben wir eine Schwingung mit zunehmender, im 2. Falle eine mit abnehmender Amplitude und im 3. Falle eine ungedämpfte Schwingung. Auch diese Frage kann entschieden werden, ohne die Gleichung auflösen zu müssen, nämlich mit Hilfe des Cauchyschen Residuensatzes. Da aber auch hier ein ziemlicher Rechenaufwand erforderlich ist, habe ich die Resultate in der folgenden Tabelle zusammengestellt, die angibt, wieviel Wurzeln mit positivem, wieviel mit negativem und wieviel ohne reellen Bestandteil vorhanden sind.

Es sind also die reellen Bestandteile aller 4 Wurzeln negativ, falls

$$a_4 > 0, \quad a_1 > 0, \quad e > 0, \quad g < 0,$$

oder anders geschrieben, falls:

$$a_1 > 0; \quad a_4 > 0; \quad \begin{vmatrix} a_1 & a_3 \\ 1 & a_2 \end{vmatrix} > 0, \quad \begin{vmatrix} a_1 & a_3 & 0 \\ 1 & a_2 & a_4 \\ 0 & a_1 & a_3 \end{vmatrix} > 0.$$

<table>
<tr><th rowspan="2">a_4</th><th rowspan="2">a_1</th><th rowspan="2">e</th><th rowspan="2" colspan="2">g</th><th colspan="4">Anzahl der Wurzeln</th></tr>
<tr><th>mit pos.</th><th>ohne</th><th>mit neg.</th><th>reellen Bestandteil der Gleichung</th></tr>
<tr><td rowspan="11">−</td><td rowspan="4">−</td><td>−; 0</td><td colspan="2"></td><td>3</td><td>0</td><td>1</td><td>$x^4 + a_1 x^3 + a_2 x^2 + a_3 x + a_4 = 0$</td></tr>
<tr><td rowspan="3">+</td><td colspan="2">−</td><td>3</td><td>0</td><td>1</td><td>wenn $e = a_1 a_2 - a_3$
$g = a_3^2 + a_1^2 a_4 - a_1 a_2 a_3$</td></tr>
<tr><td colspan="2">+</td><td>1</td><td>0</td><td>3</td><td></td></tr>
<tr><td colspan="2">0</td><td>1</td><td>2</td><td>1</td><td></td></tr>
<tr><td rowspan="4">+</td><td rowspan="3">−</td><td colspan="2">−</td><td>1</td><td>0</td><td>3</td><td></td></tr>
<tr><td colspan="2">+</td><td>3</td><td>0</td><td>1</td><td></td></tr>
<tr><td colspan="2">0</td><td>1</td><td>2</td><td>1</td><td></td></tr>
<tr><td>+; 0</td><td colspan="2"></td><td>1</td><td>0</td><td>3</td><td></td></tr>
<tr><td rowspan="3">0</td><td>−</td><td colspan="2"></td><td>3</td><td>0</td><td>1</td><td></td></tr>
<tr><td>+</td><td colspan="2"></td><td>1</td><td>0</td><td>3</td><td></td></tr>
<tr><td>0</td><td colspan="2"></td><td>1</td><td>2</td><td>1</td><td></td></tr>
<tr><td rowspan="13">+</td><td rowspan="4">−</td><td rowspan="3">−</td><td colspan="2">−</td><td>4</td><td>0</td><td>0</td><td></td></tr>
<tr><td colspan="2">+</td><td>2</td><td>0</td><td>2</td><td></td></tr>
<tr><td colspan="2">0</td><td>2</td><td>2</td><td>0</td><td></td></tr>
<tr><td>+; 0</td><td colspan="2"></td><td>2</td><td>0</td><td>2</td><td></td></tr>
<tr><td rowspan="4">+</td><td>−; 0</td><td colspan="2"></td><td>2</td><td>0</td><td>2</td><td></td></tr>
<tr><td rowspan="3">+</td><td colspan="2">−</td><td>0</td><td>0</td><td>4</td><td></td></tr>
<tr><td colspan="2">+</td><td>2</td><td>0</td><td>2</td><td></td></tr>
<tr><td colspan="2">0</td><td>0</td><td>2</td><td>2</td><td></td></tr>
<tr><td rowspan="5">0</td><td>−; 0</td><td colspan="2"></td><td>2</td><td>0</td><td>2</td><td></td></tr>
<tr><td rowspan="4">0</td><td>a_2</td><td>h</td><td colspan="3"></td><td>$h = a_2^2 - 4a_4$</td></tr>
<tr><td>−; 0</td><td></td><td>2</td><td>0</td><td>2</td><td></td></tr>
<tr><td rowspan="2">+</td><td>−</td><td>2</td><td>0</td><td>2</td><td></td></tr>
<tr><td>+; 0</td><td>0</td><td>4</td><td>0</td><td></td></tr>
</table>

Diese Bedingungen hat Hurwitz auf Gleichung n^{ten} Grades verallgemeinert [Mathem. Annalen 46 (1875)].

Die Auflösung der biquadratischen Gleichung mit Hilfe der kubischen Resolvente empfiehlt sich nur dann, wenn die kubische Resolvente kein absolutes Glied besitzt. Die Bedingung hierfür ist

$$a_1^3 - 4 a_1 a_2 + 8 a_3 = 0 .$$

	R_2	$R_1^2 - 4R_2$	R_1	
Wurzeln der Gleichung: $x^4+a_1x^3+a_2x^2+a_3x+a_4=0$, für den Spezialfall: $a_1^3-4a_1a_2+8a_3=0$, wenn zur Abkürzung gesetzt wird: $R_1=4\frac{a_3}{a_1}-\frac{1}{4}a_1^2$, $R_2=4\left[\left(\frac{a_3}{a_1}\right)^2-a_4\right]$.	+	+	+	$x_{1,2,3,4}=-\frac{1}{4}a_1\pm\frac{i}{2}\sqrt{R_1\pm 2\sqrt{R_2}}$
			−	$x_{1,2,3,4}=-\frac{1}{4}a_1\pm\frac{1}{2}\sqrt{-R_1\pm 2\sqrt{R_2}}$
		0	+	$x_1=x_2=-\frac{1}{4}a_1$, $x_{3,4}=-\frac{1}{4}a_1\pm\frac{i}{2}\sqrt{R_1+2\sqrt{R_2}}$
			−	$x_1=x_2=-\frac{1}{4}a_1$, $x_{3,4}=-\frac{1}{4}a_1\pm\frac{1}{2}\sqrt{-R_1+2\sqrt{R_2}}$
		−		$x_{1,2}=-\frac{1}{4}a_1\pm\frac{i}{2}\sqrt{R_1+2\sqrt{R_2}}$, $x_{3,4}=-\frac{1}{4}a_1+\frac{1}{2}\sqrt{-R_1+2\sqrt{R_2}}$
	0		+	$x_{1,2}=x_{3,4}=-\frac{1}{4}a_1\pm\frac{i}{2}\sqrt{R_1}$
			0	$x_1=x_2=x_3=x_4=-\frac{1}{4}a_1$
			−	$x_{1,2}=x_{3,4}=-\frac{1}{4}a_1\pm\frac{1}{2}\sqrt{-R_1}$
	−			$x_{1,2,3,4}=\pm\frac{1}{2}\sqrt{-\frac{1}{2}R_1+\frac{1}{2}\sqrt{R_1^2-4R_2}}-\frac{1}{4}a_1\pm\frac{i}{2}\sqrt{+\frac{1}{2}R_1+\frac{1}{2}\sqrt{R_1^2-4R_2}}$

Dieser Spezialfall ist für uns wichtig, da die beiden Schwingungen dann entweder von gleicher Dampfung oder von gleicher Frequenz sind. Ich habe die Resultate in der dritten Tabelle zusammengeschrieben.

§ 10. Die Lagrangeschen Gleichungen 2. Form.

Es sei E eine Funktion von $y_1, y_2, \dot y_1, \dot y_2$ und K_1, K_2 seien Funktionen von $y_1, y_2, \dot y_1, \dot y_2, \ddot y_1, \ddot y_2$. Ich entwickle nach Potenzen und breche die Entwicklung von E nach den quadratischen Gliedern, die Entwicklung von K_1 und K_2 nach den linearen Gliedern ab.

$$(1)\quad \begin{cases} E = E_0 + \left(\frac{\partial E}{\partial y_1}\right)_0 y_1 + \left(\frac{\partial E}{\partial y_2}\right)_0 y_2 + \left(\frac{\partial E}{\partial \dot y_1}\right)_0 \dot y_1 + \left(\frac{\partial E}{\partial \dot y_2}\right)_0 y_2 \\ \quad + \frac{1}{2}\Big[\left(\frac{\partial^2 E}{\partial y_1^2}\right)_0 y_1^2 + 2\left(\frac{\partial^2 E}{\partial y_1 \partial y_2}\right)_0 y_1 y_2 + \left(\frac{\partial^2 E}{\partial y_2^2}\right)_0 y_2^2 \\ \quad + \left(\frac{\partial^2 E}{\partial \dot y_1^2}\right)_0 \dot y_1^2 + 2\left(\frac{\partial^2 E}{\partial \dot y_1 \partial \dot y_2}\right)_0 \dot y_1 \dot y_2 + \left(\frac{\partial^2 E}{\partial \dot y_2^2}\right)_0 \dot y_2^2 + 2\left(\frac{\partial^2 E}{\partial y_1 \partial \dot y_1}\right)_0 y_1 \dot y_1 \\ \quad + 2\left(\frac{\partial^2 E}{\partial y_1 \partial \dot y_2}\right)_0 y_1 \dot y_2 + 2\left(\frac{\partial^2 E}{\partial y_2 \partial \dot y_1}\right)_0 y_2 \dot y_1 + 2\left(\frac{\partial^2 E}{\partial y_2 \partial \dot y_2}\right)_0 y_2 \dot y_2\Big]. \end{cases}$$

$$(2)\quad \begin{cases} K_1 = K_{10} + \left(\frac{\partial K_1}{\partial y_1}\right)_0 y_1 + \left(\frac{\partial K_1}{\partial y_2}\right)_0 y_2 \\ \quad + \left(\frac{\partial K_1}{\partial \dot y_1}\right)_0 \dot y_1 + \left(\frac{\partial K_1}{\partial \dot y_2}\right)_0 \dot y_2 + \left(\frac{\partial K_1}{\partial \ddot y_1}\right)_0 \ddot y_1 + \left(\frac{\partial K_1}{\partial \ddot y_2}\right)_0 \ddot y_2, \\ K_2 = K_{20} + \left(\frac{\partial K_2}{\partial y_1}\right)_0 y_1 + \left(\frac{\partial K_2}{\partial y_2}\right)_0 y_2 \\ \quad + \left(\frac{\partial K_2}{\partial \dot y_1}\right)_0 \dot y_1 + \left(\frac{\partial K_2}{\partial \dot y_2}\right)_0 \dot y_2 + \left(\frac{\partial K_2}{\partial \dot y_1}\right)_0 y_1 + \left(\frac{\partial K_2}{\partial \ddot y_2}\right)_0 \dot y_2. \end{cases}$$

Nun bilde ich die Gleichungen

$$(3)\quad \begin{cases} \frac{d}{dt}\left(\frac{\partial E}{\partial \dot y_1}\right) - \frac{\partial E}{\partial y_1} = K_1, \\ \frac{d}{dt}\left(\frac{\partial E}{\partial \dot y_2}\right) - \frac{\partial E}{\partial y_2} = K_2. \end{cases}$$

Es ergibt sich:

$$
(4)\quad \left\{
\begin{aligned}
&\left(\frac{\partial^2 E}{\partial \dot{y}_1^2}\right)_0 y_1 + \left(\frac{\partial^2 E}{\partial \dot{y}_1 \partial \dot{y}_2}\right)_0 y_2 + \left(\frac{\partial^2 E}{\partial y_1 \partial \dot{y}_1}\right)_0 \dot{y}_1 + \left(\frac{\partial^2 E}{\partial \dot{y}_1 \partial y_2}\right)_0 \dot{y}_2 \\
&\qquad - \left(\frac{\partial E}{\partial y_1}\right)_0 - \left(\frac{\partial^2 E}{\partial y_1^2}\right)_0 y_1 - \left(\frac{\partial^2 E}{\partial y_1 \partial y_2}\right)_0 y_2 \\
&\qquad - \left(\frac{\partial^2 E}{\partial y_1 \partial \dot{y}_1}\right)_0 \dot{y}_1 - \left(\frac{\partial^2 E}{\partial y_1 \partial \dot{y}_2}\right)_0 \dot{y}_2 = K_1 , \\
&\left(\frac{\partial^2 E}{\partial \dot{y}_2^2}\right)_0 \ddot{y}_2 + \left(\frac{\partial^2 E}{\partial \dot{y}_1 \partial \ddot{y}_2}\right)_0 \ddot{y}_1 + \left(\frac{\partial^2 E}{\partial y_2 \partial \dot{y}_2}\right)_0 \dot{y}_2 + \left(\frac{\partial^2 E}{\partial \dot{y}_2 \partial y_1}\right)_0 y_1 \\
&\qquad - \left(\frac{\partial E}{\partial y_2}\right)_0 - \left(\frac{\partial^2 E}{\partial y_2^2}\right)_0 y_2 - \left(\frac{\partial^2 E}{\partial y_1 \partial y_2}\right)_0 y_1 \\
&\qquad - \left(\frac{\partial^2 E}{\partial y_2 \partial \dot{y}_2}\right)_0 \dot{y}_2 - \left(\frac{\partial^2 E}{\partial y_2 \partial \dot{y}_1}\right)_0 \dot{y}_1 = K_2 .
\end{aligned}
\right.
$$

Vergleiche ich diese Gleichung mit der Diffgl. § 8, so ist:

$$
(5)\qquad
\begin{aligned}
\left(\frac{\partial E}{\partial y_1}\right)_0 + K_{10} &= 0 , \\
\left(\frac{\partial E}{\partial y_2}\right)_0 + K_{20} &= 0 .
\end{aligned}
$$

$$
(6)\quad \left\{
\begin{array}{ll}
\left(\frac{\partial^2 E}{\partial \dot{y}_1^2}\right)_0 - \left(\frac{\partial K_1}{\partial \ddot{y}_1}\right)_0 = a_{11} , & \left(\frac{\partial^2 E}{\partial \dot{y}_1 \partial \dot{y}_2}\right)_0 - \left(\frac{\partial K_1}{\partial \ddot{y}_2}\right)_0 = a_{12} , \\
\qquad - \left(\frac{\partial K_1}{\partial \dot{y}_1}\right)_0 = b_{11} , & \left(\frac{\partial^2 E}{\partial y_2 \partial \dot{y}_1}\right)_0 - \left(\frac{\partial^2 E}{\partial y_1 \partial \dot{y}_2}\right)_0 - \left(\frac{\partial K_1}{\partial \dot{y}_2}\right)_0 = b_{12} , \\
- \left(\frac{\partial^2 E}{\partial y_1^2}\right)_0 - \left(\frac{\partial K_1}{\partial y_1}\right)_0 = c_{11} , & - \left(\frac{\partial^2 E}{\partial y_1 \partial y_2}\right)_0 - \left(\frac{\partial K_1}{\partial y_2}\right)_0 = c_{12} , \\
\left(\frac{\partial^2 E}{\partial \dot{y}_2^2}\right)_0 - \left(\frac{\partial K_2}{\partial \ddot{y}_2}\right)_0 = a_{22} , & \left(\frac{\partial^2 E}{\partial \dot{y}_1 \partial \dot{y}_2}\right)_0 - \left(\frac{\partial K_2}{\partial \ddot{y}_1}\right)_0 = a_{21} , \\
\qquad - \left(\frac{\partial K_2}{\partial \dot{y}_2}\right)_0 = b_{22} , & \left(\frac{\partial^2 E}{\partial y_1 \partial \dot{y}_2}\right)_0 - \left(\frac{\partial^2 E}{\partial y_2 \partial \dot{y}_1}\right)_0 - \left(\frac{\partial K_2}{\partial \dot{y}_1}\right)_0 = b_{21} , \\
- \left(\frac{\partial^2 E}{\partial y_2^2}\right)_0 - \left(\frac{\partial K_2}{\partial y_2}\right)_0 = c_{22} , & - \left(\frac{\partial^2 E}{\partial y_1 \partial y_2}\right)_0 - \left(\frac{\partial K_2}{\partial y_1}\right)_0 = c_{21} .
\end{array}
\right.
$$

Bei mechanischen Schwingungen ist E die kinetische Energie und K_1, K_2 sind die Lagrangeschen Kraftkomponenten (Hamel:

El. M. Nr. 329). Ist $\left(\frac{\partial K_1}{\partial \dot{y}_2}\right)_0 = \left(\frac{\partial K_2}{\partial \dot{y}_1}\right)_0 = 0$, so ist nach (6) $b_{12} = -b_{21}$. Das ist in den folgenden Beispielen der Fall.

1. Raumliches Pendel (Hamel: El. M. Nr. 67). Es ist (Abb. 35)

$$(7)\quad \left\{\begin{aligned} E &= \tfrac{1}{2} m l^2 \sin^2(\alpha + \varphi_1)(\omega + \dot{\varphi}_2)^2 + \tfrac{1}{2} m l^2 \dot{\varphi}_1^2, \\ \left(\frac{\partial E}{\partial \varphi_1}\right)_0 &= \frac{1}{2} m l^2 \omega^2 \sin 2\alpha, \\ \left(\frac{\partial^2 E}{\partial \dot{\varphi}_1^2}\right)_0 &= m l^2, \\ \left(\frac{\partial^2 E}{\partial \varphi_1^2}\right)_0 &= m l^2 \omega^2 \cos 2\alpha, \\ \left(\frac{\partial^2 E}{\partial \varphi_1 \partial \dot{\varphi}_2}\right)_0 &= m l^2 \omega \sin 2\alpha, \\ \left(\frac{\partial^2 E}{\partial \dot{\varphi}_2^2}\right)_0 &= m l^2 \sin^2\alpha, \end{aligned}\right.$$

$$(8)\quad \left\{\begin{aligned} K_1 &= -m g l \sin(\alpha + \varphi_1) \\ K_{10} &= -m g l \sin\alpha, \\ \left(\frac{\partial K_1}{\partial \varphi_1}\right)_0 &= -m g l \cos\alpha. \end{aligned}\right.$$

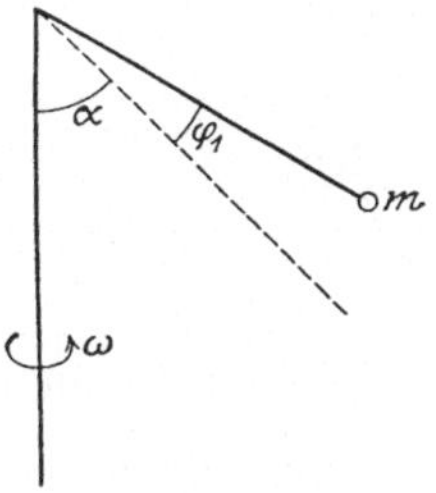

Abb. 35.

Nach (5) und (6) ist daher

$$(9)\quad \left\{\begin{aligned} \omega &= \sqrt{\frac{g}{l\cos\alpha}}, \\ a_{11} &= m l^2, \\ c_{11} &= -m l^2 \omega^2 \cos 2\alpha + m g l \cos\alpha = \frac{m g l \sin^2\alpha}{\cos\alpha}, \\ a_{22} &= m l^2 \sin^2\alpha, \\ b_{12} &= -b_{21} = -m l^2 \omega \sin 2\alpha = -2 m l \sin\alpha \sqrt{g l \cos\alpha}. \end{aligned}\right.$$

2. Schiff mit Schiffskreisel (Hamel: El. M. Nr. 332, Hort: T. Schw. § 83, Föppel: T. M. VI, 220).

3. Elektron im magnetischen Felde (Hort: T. Schw. § 121).

4. Zentrifugalregulator (Hort: T. Schw. § 60).

5. Schwingendes Luftfahrzeug (Hort: T. Schw. § 70).

§ 11. Lose Kopplung.

Ist f_{12} klein, d. h. die Kopplung lose, so schreibe ich εf_{12} statt f_{12}. Dann lautet die charakteristische Gleichung nach § 8 (3)

$$F(n) = f_{11}(n) f_{22}(n) - \varepsilon f_{12}(n) f_{21}(n) = 0. \tag{1}$$

Die n sind von ε abhängig. Ist ε klein genug, so kann ich schreiben

$$n = n_0 + \left(\frac{dn}{d\varepsilon}\right)_{\varepsilon=0} \varepsilon, \tag{2}$$

wobei n_0 eine Wurzel der Gleichung

$$F_{\varepsilon=0} = f_{11}(n) f_{22}(n) = 0 \tag{3}$$

ist. Statt (1) kann ich nun schreiben

$$F_{\varepsilon=0} + \left(\frac{\partial F}{\partial \varepsilon}\right)_{\varepsilon=0} \varepsilon = 0, \tag{4}$$

oder

$$\left(\frac{\partial F}{\partial \varepsilon}\right)_{\substack{\varepsilon=0\\ n=n_0}} = 0. \tag{5}$$

Nun ist:

$$\left(\frac{\partial F}{\partial \varepsilon}\right)_{\varepsilon=0} = \left(f_{11}\frac{\partial f_{22}}{\partial n} + f_{22}\frac{\partial f_{11}}{\partial n}\right)\frac{dn}{d\varepsilon} - f_{12} f_{21}. \tag{6}$$

Setze ich hier n_0 ein, so ist wegen (5), wenn ich die entstehende Gleichung nach $\frac{dn}{d\varepsilon}$ auflöse:

$$\frac{dn}{d\varepsilon} = \frac{f_{12}(n_0) f_{21}(n_0)}{f_{11}(n_0)\left(\frac{\partial f_{22}}{\partial n}\right)_{n_0} + f_{22}(n_0)\left(\frac{\partial f_{11}}{\partial n}\right)_{n_0}}. \tag{7}$$

Die Wurzeln von (3) sind nun die Wurzeln n_{10} von $f_{11}(n)$ und n_{20} von $f_{22}(n)$. Daher ist

$$\frac{dn_1}{d\varepsilon} = \frac{f_{12}(n_{10}) f_{21}(n_{10})}{f_{22}(n_{10})(2a_{11}n_{10} + b_{11})}. \tag{7a}$$

$$\frac{dn_2}{d\varepsilon} = \frac{f_{12}(n_{20}) f_{21}(n_{20})}{f_{11}(n_{20})(2a_{22}n_{20} + b_{22})}. \tag{7b}$$

Da (7a) und (7b) ganz gleich gebaut sind, kann ich mich im folgenden auf (7a) beschränken. Kommen in beiden Freiheitsgraden wirkliche Schwingungen zustande, so sind n_1 und n_2 komplex

$$\begin{aligned} n_{10} &= \beta_{10} + i\,\omega_{10}, \\ n_{20} &= \beta_{20} + i\,\omega_{20}, \end{aligned} \tag{8}$$

wobei $\beta_{10}\,\omega_{10}$ Dämpfung und Frequenz der 1., $\beta_{20}\,\omega_{20}$ Dämpfung und Frequenz der 2. Schwingung vor der Verkopplung sind. $\frac{d n_1}{d \varepsilon}$ ist die Änderung, die die 1. Schwingung durch die Verkopplung mit der 2. erfährt. Es ist nun von besonderer Wichtigkeit wie diese Änderung von ω_{20}, d. h. der Frequenz der 2. Schwingung, abhängig ist. ω_2 kommt nun in (7a) in dem Gliede $f_{22}(n_{10})$ vor. Es ist namlich

$$f_{22}(n_{10}) = a_{22} n_{10}^2 + b_{22} n_{10} + c_{22},$$

$$\frac{b_{22}}{a_{22}} = -2\beta_{20}; \quad \frac{c_{22}}{a_{22}} = \beta_{20}^2 + \omega_{20}^2.$$

Setze ich also (8) in $f_{22}(n_{10})$ ein und trenne Reelles und Imaginäres, so ist

(9) $$f_{22}(n_{10}) = P + iQ,$$

wobei

(10) $$P = a_{22}\omega_{20}^2 + a_{22}[(\beta_{10} - \beta_{20})^2 - \omega_{10}^2]; \quad Q = 2a_{22}(\beta_{10} - \beta_{20})\omega_{10}.$$

Statt also die Abhängigkeit des Ausdruckes (7a) von ω_{20}^2 zu untersuchen, kann ich zunachst einmal die Abhängigkeit von P untersuchen. Setze ich noch:

(11) $$\frac{f_{12}(n_{10})\, f_{21}(n_{10})}{2a_{11} n_{10} + b_{11}} = R + iS,$$

(12) $$\frac{d n_1}{d\varepsilon} = \frac{R + iS}{P + iQ},$$

(13) $$\frac{d\beta_1}{d\varepsilon} = \frac{PR + QS}{P^2 + Q^2}, \qquad \frac{d\omega_1}{d\varepsilon} = \frac{PS - RQ}{P^2 + Q^2}.$$

Die beiden Ausdrücke sind ganz ähnlich gebaut. Stelle ich sie graphisch als Funktion von P dar, so erhalte ich folgende Kurven (Abb. 36):

Ist speziell $R = 0$, so ist [Abb. 37[1])]

$$\frac{d\beta_1}{d\varepsilon} = \frac{QS}{P^2 + Q^2}, \qquad \frac{d\omega_1}{d\varepsilon} = \frac{PS}{P^2 + Q^2}.$$

Um R zu berechnen setze ich

$$f_{12}(n_{10}) = f_{12}^r + i f_{12}^i,$$

$$f_{21}(n_{10}) = f_{21}^r + i f_{21}^i.$$

---

[1]) Vgl. die Abb. 3 der Wienschen Arbeit.

Ferner folgt aus $f_{11}(n_{10}) = 0$:

$$\beta_{10} = -\frac{b_{11}}{2\,a_{11}},$$

$$\omega_{10}^2 = \frac{c_{11}}{a_{11}} - \frac{b_{11}^2}{4\,a_{11}^2}.$$

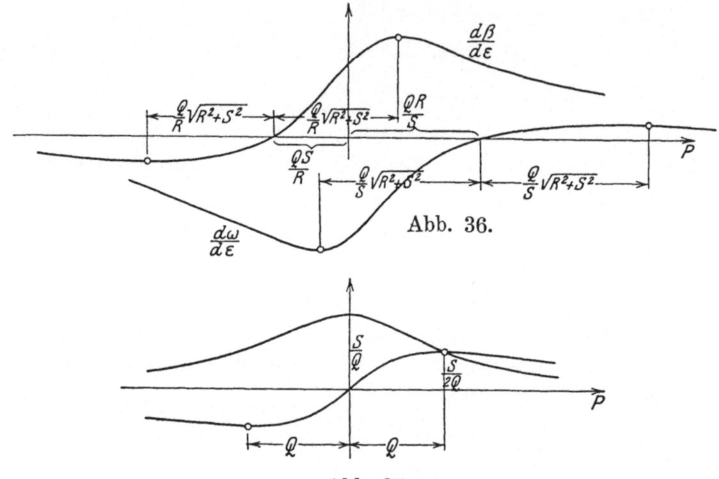

Abb. 36.

Abb. 37.

Nach der 1. Gleichung und (8) ist:

$$2\,a_{11}\,n_{10} + b_{11} = 2\,i\,a_{11}\,\omega_{10}.$$

Daher ist

$$R + i\,S = \frac{(f_{12}^r f_{21}^r - f_{12}^i f_{21}^i) + i\,(f_{12}^i f_{21}^r + f_{12}^r f_{21}^i)}{2\,i\,a_{11}\,\omega_{10}},$$

$$R = \frac{f_{12}^i f_{21}^r + f_{12}^r f_{21}^i}{2\,a_{11}\,\omega_{10}},$$

$$S = \frac{f_{12}^i f_{21}^i - f_{12}^r f_{21}^r}{2\,a_{11}\,\omega_{10}}.$$

Die Gleichung $R = 0$ ist also erfüllt, wenn

$$[2\,a_{12}\beta_{10} + b_{12}]\,[a_{21}(\beta_{10}^2 - \omega_{10}^2) + b_{21}\beta_{10} + c_{21}] + [2\,a_{21}\beta_{10} + b_{21}]\,[a_{12}(\beta_{10}^2 - \omega_{10}^2) + b_{12}\beta_{10} + c_{12}] = 0.$$

§ 12. Geringe Dämpfung.

Sind die b klein, so will ich sie mit εb bezeichnen. Ich setze dann zur Abkurzung

$$a n^2 + c = \hat{f}(n),$$

so daß

$$f(n) = \hat{f}(n) + \varepsilon b n.$$

Die charakteristische Gleichung lautet dann

$$F = \begin{vmatrix} \hat{f}_{11}(n) + \varepsilon b_{11} n & \hat{f}_{12}(n) + \varepsilon b_{12} n \\ \hat{f}_{21}(n) + \varepsilon b_{21} n & \hat{f}_{22}(n) + \varepsilon b_{22} n \end{vmatrix} = 0. \tag{1}$$

Ist ε so klein, daß ε^2 vernachlässigt werden kann, so ist

$$n = i\omega + \left(\frac{dn}{d\varepsilon}\right)_{\varepsilon=0} \cdot \varepsilon, \tag{2}$$

wobei $i\omega$ eine Wurzel der Gleichung

$$F_{\varepsilon=0}(n) = 0, \tag{3}$$

ist. Statt (1) kann ich nun schreiben:

$$F = F_{\varepsilon=0} + \left(\frac{\partial F}{\partial \varepsilon}\right)_{\varepsilon=0} \cdot \varepsilon = 0, \tag{4}$$

oder:

$$\left(\frac{\partial F}{\partial \varepsilon}\right)_{\substack{\varepsilon=0 \\ n=i\omega}} = 0. \tag{5}$$

Die Gl. (3) ist in § 4 ausführlich behandelt. Nach (1) ist

$$\left(\frac{\partial F}{\partial \varepsilon}\right)_{\varepsilon=0} = \begin{vmatrix} \frac{d\hat{f}_{11}}{d\varepsilon} + b_{11} n & \frac{d\hat{f}_{12}}{d\varepsilon} + b_{12} n \\ \hat{f}_{21} & \hat{f}_{22} \end{vmatrix} + \begin{vmatrix} \hat{f}_{11} & \hat{f}_{12} \\ \frac{d\hat{f}_{21}}{d\varepsilon} + b_{21} n & \frac{d\hat{f}_{22}}{d\varepsilon} + b_{22} n \end{vmatrix}. \tag{6}$$

Nun ist

$$\frac{d\hat{f}}{d\varepsilon} = \frac{d\hat{f}}{dn} \cdot \frac{dn}{d\varepsilon} = 2 a n \frac{dn}{d\varepsilon}.$$

Daher ist nach (5) und (6)

$$\left\{ \begin{aligned} & \begin{vmatrix} 2 a_{11} \frac{dn}{d\varepsilon} + b_{11} & 2 a_{12} \frac{dn}{d\varepsilon} + b_{12} \\ \hat{f}_{21}(i\omega) & \hat{f}_{22}(i\omega) \end{vmatrix} \\ + & \begin{vmatrix} \hat{f}_{11}(i\omega) & \hat{f}_{12}(i\omega) \\ 2 a_{21} \frac{dn}{d\varepsilon} + b_{21} & 2 a_{22} \frac{dn}{d\varepsilon} + b_{22} \end{vmatrix} = 0; \end{aligned} \right.$$

$$\frac{dn}{d\varepsilon} = -\frac{b_{11}\hat{f}_{22}(i\omega) - b_{12}\hat{f}_{21}(i\omega) - b_{21}\hat{f}_{12}(i\omega) + b_{22}\hat{f}_{11}(i\omega)}{2[a_{11}\hat{f}_{22}(i\omega) - a_{12}\hat{f}_{21}(i\omega) - a_{21}\hat{f}_{12}(i\omega) + a_{22}\hat{f}_{11}(i\omega)]};$$

$$\frac{dn}{d\varepsilon} = \frac{\omega^2(b_{11}a_{22} - b_{12}a_{21} - b_{21}a_{12} + b_{22}a_{11}) - (b_{11}c_{22} - b_{12}c_{21} - b_{21}c_{12} + b_{22}c_{11})}{-4\omega^2(a_{11}a_{22} - a_{12}a_{21}) + 2(a_{11}c_{22} - a_{12}c_{21} - a_{21}c_{12} + a_{22}c_{11})}$$

Dieser Ausdruck ist reell. Wenn also die b klein genug sind, ändern sie die Frequenz ω nicht, sondern bewirken nur einen Dämpfungsfaktor. Ich setze zur Abkürzung

$$A_1 = \begin{vmatrix} a_{11} & b_{12} \\ a_{21} & b_{22} \end{vmatrix} + \begin{vmatrix} b_{11} & a_{12} \\ b_{21} & a_{22} \end{vmatrix},$$

$$A_3 = \begin{vmatrix} b_{11} & c_{12} \\ b_{21} & c_{22} \end{vmatrix} + \begin{vmatrix} c_{11} & b_{12} \\ c_{21} & b_{22} \end{vmatrix}.$$

Dann kann ich mit Benutzung von § 4 (4) schreiben

$$\beta = \frac{\omega^2 A_1 - A_3}{-4\omega^2 A_0 + 2A_2}.$$

Setze ich für ω den Wert aus § 4 (6) ein, so ist

$$\beta = \frac{\frac{A_1}{2A_0}(A_2 \pm \sqrt{A_2^2 - 4A_0A_4}) - A_3}{\pm 2\sqrt{A_2^2 - 4A_0A_4}};$$

$$\beta = \frac{A_1}{4A_0} \pm \frac{A_1A_2 - 2A_0A_3}{4A_0\sqrt{A_2^2 - 4A_0A_4}}.$$

Stelle ich diesen Ausdruck als Funktion von c_{11} oder c_{22} graphisch dar, so erhalte ich, da A_0 und A_1 von c_{11} resp. c_{22} unabhängig und $A_2 A_3 A_4$ von c_{11} resp. c_{22} linear abhängig sind, eine Kurve von der Art

$$y = a \pm \frac{bx + c}{\sqrt{x^2 + ex + d}}.$$

Sie hat den Doppelpunkt: $x = -\frac{c}{b}$; $y = a$ und die beiden Asymptoten $y = a \pm b$. Ist speziell $2c = b \cdot e$, so schneidet die Kurve die Asymptoten nicht und hat keine reellen Extreme. Für diesen Fall ist Abb. 38 gezeichnet. Ist $e^2 < 4d$, so liegt die Kurve ganz innerhalb der Asymptoten[1]). Ist $e^2 > 4d$, so liegt die Kurve ganz außerhalb der Asymptoten mit Ausnahme des Doppel-

[1]) Vgl. die Abb. 4 der Wienschen Arbeit.

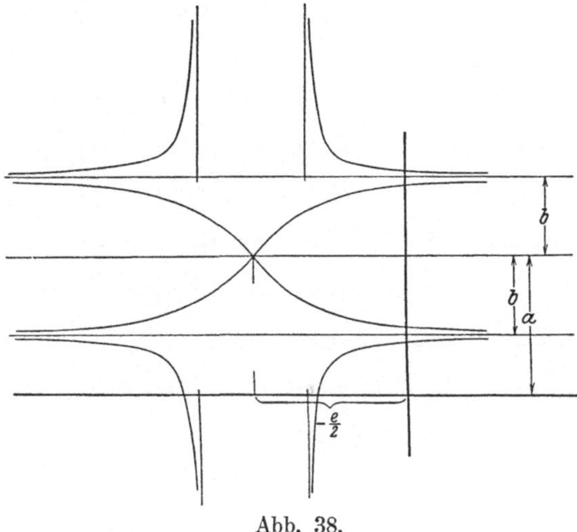

Abb. 38.

punktes, der dann ein isolierter Punkt ist. Die Kurve hat dann außerdem noch die beiden Asymptoten $x = -\frac{e}{2} \pm \frac{1}{2}\sqrt{e^2 - 4d}$.

§ 13. $a_{11}\ddot{y}_1 + c_{11}y_1 + a_{12}\ddot{y}_2 + c_{12}y_2 = C\sin(\gamma + \omega t)$, $a_{21}\ddot{y}_1 + c_{21}y_1 + a_{22}\ddot{y}_2 + b_{22}\dot{y}_2 + c_{22}y_2 = 0$.

Diese Differentialgleichungen sind die Gleichungen der erzwungenen Schwingungen bei 2 Freiheitsgraden, wenn die erregende Schwingung eine reine Sinusschwingung $C\sin(\gamma + \omega t)$ ist, wenn die beiden Freiheitsgrade durch Beschleunigungs- und Kraftkopplung miteinander verbunden sind und nur im 2. Freiheitsgrade, auf den die erregende Schwingung nicht direkt wirkt, ein Dampfungsglied $b_{22}\dot{y}_2$ vorhanden ist. Es ist hier wieder praktischer, das Glied, das die erregende Schwingung darstellt, in komplexer Form anzunehmen:

$$(1) \qquad \begin{aligned} a_{11}\ddot{y}_1 + c_{11}y_1 + a_{12}\ddot{y}_2 + c_{12}y_2 &= C e^{i\omega t}, \\ a_{21}\ddot{y}_1 + c_{21}y_1 + a_{22}\ddot{y}_2 + b_{22}\dot{y}_2 + c_{22}y_2 &= 0. \end{aligned}$$

Das allgemeine Integral setzt sich nun wieder zusammen aus einem partikularen Integral und dem allgemeinen Integral der homogenen Differentialgleichung. Das partikulare Integral ist

$$(2) \qquad \begin{aligned} y_1 &= r_1 e^{i\omega t}, \\ y_2 &= r_2 e^{i\omega t}. \end{aligned}$$

Setze ich das in unsere Differentialgleichung ein, so wird

$$\begin{aligned} f_{11}(i\omega)r_1 + f_{12}(i\omega)r_2 &= C, \\ f_{21}(i\omega)r_1 + f_{22}(i\omega)r_2 &= 0. \end{aligned} \tag{3}$$

$$\begin{aligned} [f_{11}(i\omega)f_{22}(i\omega) - f_{12}(i\omega)f_{21}(i\omega)]\,r_1 &= +\,C f_{22}(i\omega), \\ [f_{11}(i\omega)f_{22}(i\omega) - f_{12}(i\omega)f_{21}(i\omega)]\,r_2 &= -\,C f_{21}(i\omega). \end{aligned} \tag{4}$$

Die f sind reell mit Ausnahme von f_{22}. Ich setze

$$f_{22}(i\omega) = c_{22} - a_{22}\omega^2 + b_{22}i\omega = \hat{f}_{22} + b_{22}i\omega. \tag{5}$$

Dann werden die Gleichungen (4)

$$\begin{aligned} (f_{11}\hat{f}_{22} - f_{12}f_{21} + f_{11}b_{22}i\omega)\,r_1 &= C(\hat{f}_{22} + b_{22}i\omega), \\ (f_{11}\hat{f}_{22} - f_{12}f_{21} + f_{11}b_{22}i\omega)\,r_2 &= -\,C f_{21}. \end{aligned} \tag{6}$$

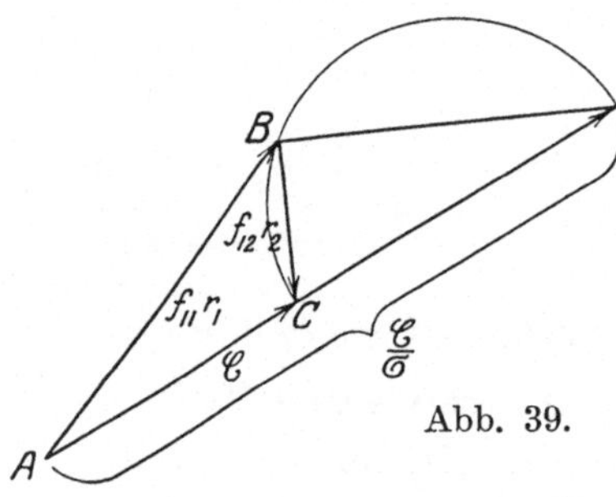

Abb. 39.

Setze ich zur Abkurzung

$$1 - \frac{f_{12}f_{21}}{f_{11}\hat{f}_{22}} = \sigma, \tag{7}$$

so kann ich die 1. Gleichung (6) schreiben

$$\begin{aligned} &(f_{11}\hat{f}_{22}\sigma + f_{11}b_{22}i\omega)\,r_1 \\ &= C(\hat{f}_{22} + b_{22}i\omega) \end{aligned} \tag{8}$$

oder

$$\hat{f}_{22}\sigma\left(f_{11}r_1 - \frac{C}{\sigma}\right) = b_{22}i\omega(C - f_{11}r_1), \tag{9}$$

r_1 und C sind komplex. Ich kann sie mir geometrisch als Vektoren in der Ebene darstellen (Abb. 39). Trage ich also von einem Punkte A aus $f_{11}r_1$, C, $\frac{C}{\sigma}$, als AB, AC, AD auf, so ist

$$\begin{aligned} BC &= C - f_{11}r_1, \\ DB &= f_{11}r_1 - \frac{C}{\sigma}. \end{aligned} \tag{10}$$

Die Gleichung (9) kann ich dann schreiben:

$$\hat{f}_{22}\sigma\,DB = b_{22}i\omega\,BC. \tag{11}$$

Diese Gleichung besagt, daß DB und BC aufeinander senkrecht stehen.

Nach (3) und (10) ist

$$BC = C - f_{11} r_1 = f_{12} r_2 \tag{12}$$

In der Abb. ist nun leicht zu übersehen, wie sich r_1 und r_2 ändern, wenn sich b_{22} ändert, während die f konstant bleiben. Dann bleiben nämlich die Punkte CD fest und B beschreibt einen

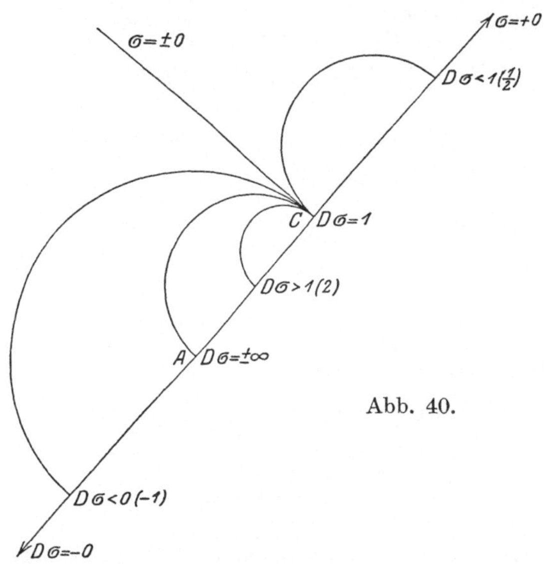

Abb. 40.

Halbkreis über CD. Aus (11) erkennt man, daß für $b_{22} = 0$ B mit D und für $b_{22} = \infty$ B mit C zusammenfällt. Der Durchmesser des Kreises ist

$$CD = C\left(\frac{1}{\sigma} - 1\right).$$

In der Abb. 40 sind diese Kreise für 6 verschiedene Werte von σ gezeichnet.

Wird z. B. bei einem Wechselstromtransformator der Widerstand des primären Kreises vernachlässigt, so haben wir die Gleichungen:

$$(13)\quad \begin{cases} L_{11}\dfrac{dJ_1}{dt} + L_{12}\dfrac{dJ_2}{dt} = E\, e^{i\omega t}, \\ L_{12}\dfrac{dJ_1}{dt} + L_{22}\dfrac{dJ_2}{dt} + R_{22} J_2 + \dfrac{1}{K_{22}}\displaystyle\int J_2\, dt = 0, \end{cases}$$

oder

(14)
$$\begin{cases} L_{11}\dfrac{d^2J_1}{dt^2}+L_{12}\dfrac{d^2J_2}{dt^2}=E\,i\,\omega\,e^{i\omega t},\\[2mm] L_{12}\dfrac{d^2J_1}{dt^2}+L_{22}\dfrac{d^2J_2}{dt^2}+R_{22}\dfrac{dJ_2}{dt}+\dfrac{1}{K_{22}}J_2=0.\end{cases}$$

Es ist dann

$$f_{11}=-L_{11}\omega^2,\qquad f_{12}=-L_{12}\omega^2,$$
$$f_{21}=-L_{12}\omega^2,\qquad \hat{f}_{22}=-L_{22}\omega^2+\frac{1}{K_{22}},$$

und es ist

$$\sigma=1+\frac{L_{12}^2\,\omega^2}{L_{11}\left(-L_{22}\omega^2+\dfrac{1}{K_{22}}\right)}\qquad\text{(Streukoeffizient).}$$

Wichtig sind 2 Spezialfälle:

1. $\hat{f}_{22}=0$, d. h.

$$L_{22}\,\omega=\frac{1}{K_{22}\,\omega}\qquad\text{(Resonanztransformator).}$$

Dann ist $\sigma=\infty$.

2. $K_{22}=\infty$ (Sekundärkreis ohne Kapazität)

$$\sigma=1-\frac{L_{12}^2}{L_{11}L_{22}}.$$

§ 14. $a_{11}\ddot{y}_1+c_{11}y_1+b_{12}\dot{y}_2=C\sin(\gamma+\omega t)$, $b_{21}\dot{y}_1+a_{22}\ddot{y}_2+b_{22}\dot{y}_2+c_{22}y_2=0$.

Diese Differentialgleichungen sind die Gleichungen der erzwungenen Schwingungen bei 2 Freiheitsgraden, wenn die beiden Freiheitsgrade durch Geschwindigkeitskopplung miteinander verbunden sind und nur im 2. Freiheitsgrade ein Dämpfungsglied $b_{22}\dot{y}_2$ vorhanden ist. Ich gehe wieder zur komplexen Form über:

(1)
$$\begin{aligned} a_{11}\ddot{y}_1+c_{11}y_1+b_{12}\dot{y}_2&=C\,e^{i\omega t},\\ b_{21}\dot{y}_1+a_{22}\ddot{y}_2+b_{22}\dot{y}_2+c_{22}y_2&=0.\end{aligned}$$

Das allgemeine Integral setzt sich wieder zusammen aus einem partikularen Integral und dem allgemeinen Integral der homogenen Differentialgleichung. Das partikulare Integral ist

(2)
$$\begin{aligned} y_1&=r_1e^{i\omega t},\\ y_2&=r_2e^{i\omega t}.\end{aligned}$$

Setze ich das in unsere Differentialgleichung, so wird

$$(3)\qquad \begin{aligned} f_{11}(i\,\omega)\,r_1 + b_{12}\,i\,\omega\,r_2 &= C\,,\\ b_{21}\,i\,\omega\,r_1 + f_{22}(i\,\omega)\,r_2 &= 0\,. \end{aligned}$$

$$(4)\qquad \begin{aligned} [f_{11}(i\,\omega)\,f_{22}(i\,\omega) + b_{12}b_{21}\,\omega^2]\,r_1 &= f_{22}(i\,\omega)\,C\,,\\ [f_{11}(i\,\omega)\,f_{22}(i\,\omega) + b_{12}b_{21}\,\omega^2]\,r_2 &= -\,b_{21}\,i\,\omega\,C\,. \end{aligned}$$

Aus der 1. Gl. folgt

$$(5)\qquad \begin{cases} r_1 = \dfrac{f_{22}(i\,\omega)}{f_{11}(i\,\omega)\,f_{22}(i\,\omega) + b_{12}b_{21}\,\omega^2}\,C\\[2ex] \quad = \dfrac{(c_{22} - a_{22}\,\omega^2) + b_{22}\,i\,\omega}{(c_{11} - a_{11}\,\omega^2)\,[(c_{22} - a_{22}\omega^2) + b_{22}\,i\,\omega] + b_{12}b_{21}\,\omega^2}\,C\,. \end{cases}$$

Ich setze zur Abkürzung:

$$(6)\qquad \begin{cases} \dfrac{c_{11}}{a_{11}} = \gamma_I^2\,,\\[2ex] \dfrac{c_{22}}{a_{22}} = \gamma_{II}^2\,, \qquad \dfrac{b_{12}\,b_{21}}{a_{11}a_{22}} = b\,.\\[2ex] \dfrac{b_{22}}{a_{22}} = b_{II}\,, \end{cases}$$

Damit kann ich (5) schreiben:

$$(7)\qquad r_1 = \frac{(\gamma_{II}^2 - \omega^2) + b_{II}\,i\,\omega}{(\gamma_I^2 - \omega^2)\,[(\gamma_{II}^2 - \omega^2) + b_{II}\,i\,\omega] + b\,\omega^2}\;\frac{C}{a_{11}}\,.$$

Ich will den absoluten Wert des Bruches graphisch als Funktion von ω darstellen. Es ist

$$|\,y\,|^2 = \frac{(\gamma_{II}^2 - \omega^2)^2 + b_{II}^2\,\omega^2}{[(\gamma_I^2 - \omega^2)\,(\gamma_{II}^2 - \omega^2) + b\,\omega^2]^2 + (\gamma_I^2 - \omega^2)^2\,b_{II}^2\,\omega^2}\,,$$

$$(8)\qquad |\,y\,|^2 = \frac{(\gamma_{II}^2 - \omega^2)^2 + b_{II}^2\,\omega^2}{(\gamma_I^2 - \omega^2)^2\,[(\gamma_{II}^2 - \omega^2)^2 + b_{II}^2\,\omega^2] + [2\,(\gamma_I^2 - \omega^2)\,(\gamma_{II}^2 - \omega^2) + b\,\omega^2]\,b\,\omega^2}\,.$$

Ist nun zunachst einmal $b = 0$, also gar keine Verkoppelung vorhanden, so ist

$$(9)\qquad |\,y\,| = |\,y_0\,| = \frac{1}{|\,\gamma_I^2 - \omega^2\,|}\,.$$

$|\,y\,|$ ist nach (8) außerdem $= |\,y_0\,|$, wenn $\omega = 0$ oder

$$2\,(\gamma_I^2 - \omega^2)\,(\gamma_{II}^2 - \omega^2) + b\,\omega^2 = 0\,.$$

Aus dieser Gleichung folgt

$$(10)\quad \left.\begin{matrix}\omega_1^2\\ \omega_2^2\end{matrix}\right\} = \tfrac{1}{2}\left\{\gamma_I^2 + \gamma_{II}^2 - \tfrac{1}{2}b \mp \sqrt{(\gamma_I^2 + \gamma_{II}^2 - \tfrac{1}{2}b)^2 - 4\gamma_I^2\gamma_{II}^2}\right\}.$$

Zeichne ich also nach (8) und (9) $|y|$ und $|y_0|$ als Funktionen von ω^2, so schneiden sich die beiden Kurven in 3 Punkten mit den Abszissen $\omega^2 = 0$, ω_1^2, ω_2^2 (Abb. 41).

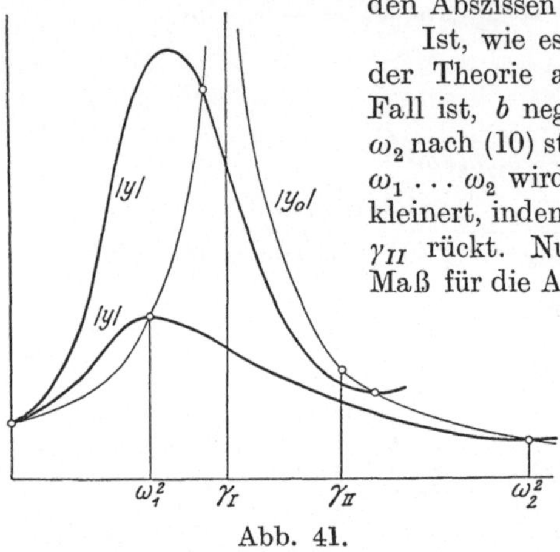

Abb. 41.

Ist, wie es z. B. bei der Anwendung der Theorie auf den Schiffskreisel der Fall ist, b negativ, so sind die ω_1 und ω_2 nach (10) stets reell und das Intervall $\omega_1 \ldots \omega_2$ wird mit abnehmendem b verkleinert, indem ω_1 gegen γ_I und ω_2 gegen γ_{II} rückt. Nun geben $|y|$ und $|y_0|$ ein Maß für die Amplitude der erzwungenen Schwingung des 1. Systems, wie sie mit resp. ohne Verkoppelung mit dem 2. System zustande kommt. Liegt die Periode ω der erregenden Schwingung zwischen ω_1 und ω_2, so wird die Amplitude durch Verkoppelung des 1. Systems mit dem 2. verringert, für alle anderen ω vergrößert. Das Intervall $\omega_1 \ldots \omega_2$ kann durch Vergrößerung von $b_{12}\, b_{21}$ erweitert werden.

Für die Anwendungen vergleiche dieselbe Literatur, die in § 10 für die freien Schwingungen genannt wurde.

III. Kapitel. Systeme von mehr als 2 gewöhnlichen Differentialgleichungen.

§ 1. $$\begin{aligned}\dot y_1 &= c_{11} y_1 + c_{12} y_2 + c_{13} y_3,\\ \dot y_2 &= c_{21} y_1 + c_{22} y_2 + c_{23} y_3, \qquad c_{pq} = c_{qp}.\\ \dot y_3 &= c_{31} y_1 + c_{32} y_2 + c_{33} y_3,\end{aligned}$$

Durch den Ansatz

$$(1)\quad \begin{cases} y_1 = r_1 e^{nt},\\ y_2 = r_2 e^{nt}, \qquad y_p = r_p e^{nt}\,(p = 1, 2, 3).\\ y_3 = r_3 e^{nt},\end{cases}$$

gehen die Differentialgleichungen uber in

$$(2)\quad \begin{cases} (c_{11}-n)\,r_1 + c_{12}r_2 + c_{13}r_3 = 0\,, \\ c_{21}r_1 + (c_{22}-n)\,r_2 + c_{23}r_3 = 0\,, \\ c_{31}r_1 + c_{32}r_2 + (c_{33}-n)\,r_3 = 0\,. \end{cases}$$

Dieses System ist nur losbar, falls die Determinante verschwindet:

$$(3)\quad \begin{vmatrix} c_{11}-n & c_{12} & c_{13} \\ c_{21} & c_{22}-n & c_{23} \\ c_{31} & c_{32} & c_{33}-n \end{vmatrix} = 0\,.$$

Die Gleichung (2) kann ich nun auch schreiben

$$(4)\quad \begin{cases} c_{11}r_1 + c_{12}r_2 + c_{13}r_3 = n\,r_1\,, \\ c_{21}r_1 + c_{22}r_2 + c_{23}r_3 = n\,r_2\,, \\ c_{31}r_1 + c_{32}r_2 + c_{33}r_3 = n\,r_3\,, \end{cases} \qquad \sum_{q=1}^{3} c_{pq}r_q = n\,r_p\,(p=1,2,3)\,.$$

Ich betrachte nun $r_1\,r_2\,r_3$ als Komponenten eines Vektors und die a_{pq} als Komponenten eines Tensors. Die linke Seite von (4) bezeichnet man dann als Tensor-Vektorprodukt. Nun kann ich die Gleichung (4) auch schreiben

$$\sum_{q=1}^{3} \frac{1}{n}\,c_{pq}r_q = r_p \qquad (p=1,2,3),$$

d. h. der Vektor r wird durch Bildung des Tensor-Vektorproduktes mit dem Tensor $\frac{1}{n}c$ nicht verandert. r ist eine Invariante des Tensor-Vektorproduktes. Ich betrachte die rechte Seite von (4) als gegeben und lose dann die Gleichungen nach den auf der linken Seite stehenden r auf. In der Determinante

$$(5)\quad C = \begin{vmatrix} c_{11} & c_{12} & c_{13} \\ c_{21} & c_{22} & c_{23} \\ c_{31} & c_{32} & c_{33} \end{vmatrix}$$

bezeichne ich mit C_{pq} die zu c_{pq} gehorige Unterdeterminante dividiert durch C. Dann ist:

$$(6)\quad \begin{cases} r_1 = n\,(C_{11}r_1 + C_{21}r_2 + C_{31}r_3)\,, \\ r_2 = n\,(C_{12}r_1 + C_{22}r_2 + C_{32}r_3)\,, \\ r_3 = n\,(C_{13}r_1 + C_{23}r_2 + C_{33}r_3)\,, \end{cases} \qquad r_p = n\sum_{q=1}^{3} C_{pq}r_q\,(p=1,2,3)$$

oder, wenn ich die Gleichungen auf eine zu (4) symmetrische Form bringe:

$$(6')\begin{cases} C_{11}r_1 + C_{21}r_2 + C_{31}r_3 = \frac{1}{n}r_1, \\ C_{12}r_1 + C_{22}r_2 + C_{32}r_3 = \frac{1}{n}r_2, \quad \sum_{q=1}^{3} C_{pq}r_q = \frac{1}{n}\cdot r_p \; (p = 1, 2, 3). \\ C_{13}r_1 + C_{23}r_2 + C_{33}r_3 = \frac{1}{n}r_3, \end{cases}$$

Die n kann man also statt aus (3) auch aus folgender Determinante berechnen:

$$(7) \qquad \begin{vmatrix} C_{11} - \frac{1}{n} & C_{12} & C_{13} \\ C_{21} & C_{22} - \frac{1}{n} & C_{23} \\ C_{31} & C_{32} & C_{33} - \frac{1}{n} \end{vmatrix} = 0.$$

Rechne ich die Determinanten (3) und (7) aus, so kann ich sie auf die Form bringen:

$$(3a) \qquad \begin{cases} n^3 - P_1 n^2 + P_2 n - P_3 = 0, \\ P_1 = c_{11} + c_{22} + c_{33}, \\ P_2 = \begin{vmatrix} c_{22} & c_{23} \\ c_{32} & c_{33} \end{vmatrix} + \begin{vmatrix} c_{11} & c_{13} \\ c_{31} & c_{33} \end{vmatrix} + \begin{vmatrix} c_{11} & c_{12} \\ c_{21} & c_{22} \end{vmatrix}, \\ P_3 = \begin{vmatrix} c_{11} & c_{12} & c_{13} \\ c_{21} & c_{22} & c_{23} \\ c_{31} & c_{32} & c_{33} \end{vmatrix}, \end{cases}$$

$$(7a) \qquad \begin{cases} Q_3 n^3 - Q_2 n^2 + Q_1 n - 1 = 0, \\ Q_1 = C_{11} + C_{22} + C_{33}, \\ Q_2 = \begin{vmatrix} C_{22} & C_{23} \\ C_{32} & C_{33} \end{vmatrix} + \begin{vmatrix} C_{11} & C_{13} \\ C_{31} & C_{32} \end{vmatrix} + \begin{vmatrix} C_{11} & C_{12} \\ C_{21} & C_{22} \end{vmatrix}, \\ Q_3 = \begin{vmatrix} C_{11} & C_{12} & C_{13} \\ C_{21} & C_{22} & C_{23} \\ C_{31} & C_{32} & C_{33} \end{vmatrix}. \end{cases}$$

Die Größen P resp. Q heißen die Invarianten des Tensors c resp. C. Nun hat die Gl. (3) resp. (7) 3 Lösungen $n_I\; n_{II}\; n_{III}$, also gibt es auch 3 Vektoren $r_I\ r_{II}\ r_{III}$. Sind r_μ und r_ν 2 verschiedene, so ist nach (6)

$$(8)\quad \begin{cases} r_{\mu p} = n_\mu \sum_{q=1}^{3} C_{pq} r_{\mu q}, \\ r_{\nu p} = n_\nu \sum_{q=1}^{3} C_{pq} r_{\nu q}, \end{cases} \qquad (p = 1, 2, 3)\ (\mu, \nu = I, II, III\ \mu \neq \nu).$$

Die 1. Gleichung multipliziere ich mit $n_\nu r_{\nu p}$ und die 2. mit $n_\mu r_{\mu p}$ und summiere über p:

$$(9)\quad \begin{cases} n_\nu \sum_{p=1}^{3} r_{\mu p} r_{\nu p} = n_\mu n_\nu \sum_{p=1}^{3} \sum_{q=1}^{3} C_{pq} r_{\mu q} r_{\nu p}, \\ n_\mu \sum_{p=1}^{3} r_{\mu p} r_{\nu p} = n_\mu n_\nu \sum_{p=1}^{3} \sum_{q=1}^{3} C_{pq} r_{\nu q} r_{\mu p}, \end{cases} \qquad (\mu, \nu = I, II, III\ \mu \neq \nu).$$

Da $C_{pq} = C_{qp}$, weil $c_{pq} = c_{qp}$, so sind die rechten Seiten einander gleich und daraus folgt:

$$(10)\quad n_\nu \sum_{p=1}^{3} r_{\mu p} r_{\nu p} = n_\mu \sum_{p=1}^{3} r_{\mu p} r_{\nu p} \qquad (\mu, \nu = I, II, III\ \mu \neq \nu).$$

Das ist aber nur möglich, wenn

$$(11)\quad \sum_{p=1}^{3} r_{\mu p} r_{\nu p} = 0 \qquad (\mu, \nu = I, II, III\ \mu \neq \nu).$$

Diese Summe bezeichnet man als das innere Produkt der Vektoren r_μ und r_ν. Mit Hilfe von (11) kann man nun zeigen, daß die Gl. (3) resp. (7) keine komplexen Wurzeln hat. Wären nämlich n_μ und n_ν 2 konjugiert komplexe Wurzeln, so müßten auch r_μ und r_ν konjugiert komplex sein:

$$(12)\quad \begin{array}{l} r_{\mu p} = u_p + i v_p, \\ r_{\nu p} = u_p - i v_p, \\ \hline r_{\mu p} r_{\nu p} = u_p^2 + v_p^2 \end{array} \qquad (p = 1, 2, 3\ \mu, \nu = I, II, III\ \mu \neq \nu)$$

Dann ist aber die Gl. (11) unmöglich.

Schreibe ich die Gl. (11) aus, so erhalte ich

$$(11)\quad \begin{cases} r_{I1}\ r_{II1} + r_{I2}\ r_{II2} + r_{I3}\ r_{II3} = 0, \\ r_{II1}\ r_{III1} + r_{II2}\ r_{III2} + r_{II3}\ r_{III3} = 0, \\ r_{III1} r_{I1} + r_{III2} r_{I2} + r_{III3} r_{I3} = 0. \end{cases}$$

Nun sind durch die homogenen Gleichungen (2) die r_μ nur bis auf eine Konstante bestimmt. Ich kann daher den r_μ noch folgende Bedingungen vorschreiben:

$$(13)\qquad \begin{cases} r_{I1}^2 + r_{I2}^2 + r_{I3}^2 = 1, \\ r_{II1}^2 + r_{II2}^2 + r_{II3}^2 = 1, \\ r_{III1}^2 + r_{III2}^2 + r_{III3}^2 = 1. \end{cases}$$

Die 3 Vektoren $r_I\, r_{II}\, r_{III}$ sind dann orthogonale Einheitsvektoren. Ich kann (11) und (13) in die eine Gleichung zusammenfassen:

$$(14)\qquad \sum_{p=1}^{3} r_{\mu p} r_{\nu p} = \begin{cases} 0 & \mu \neq \nu, \\ 1 & \mu = \nu, \end{cases} \quad (\mu, \nu = I, II, III).$$

Bilde ich die Determinante

$$(15)\qquad R = \begin{vmatrix} r_{I1} & r_{I2} & r_{I3} \\ r_{II1} & r_{II2} & r_{II3} \\ r_{III1} & r_{III2} & r_{III3} \end{vmatrix}$$

und multipliziere ich sie mit sich selbst, so erkenne ich wegen (11) und (13), daß:

$$(15\text{a})\qquad R = \pm 1$$

ist. Bezeichne ich ferner mit $R_{\mu p}$ die Unterdeterminante von R, so ist, wenn $R = +1$, wegen (11) und (13)

$$(15\text{b})\qquad R_{\mu p} = r_{\mu p}.$$

Da ich nun eine Determinante ebensogut nach Spalten als nach Zeilen entwickeln kann, folgt als Gegenstück zu (14)

$$(16)\qquad \sum_{\mu=I}^{III} r_{\mu p} r_{\mu q} = \begin{cases} 0 & p \neq q \\ 1 & p = q \end{cases} \quad (p, q = 1, 2, 3).$$

Ich fasse die 9 Großen $r_{\mu p}$ als Komponenten eines Tensors auf und bilde das folgende Tensorvektorprodukt:

$$(17)\qquad \begin{cases} x_1 = r_{I1} x_I + r_{II1} x_{II} + r_{III1} x_{III}, \\ x_2 = r_{I2} x_I + r_{II2} x_{II} + r_{III2} x_{III}, \\ x_3 = r_{I3} x_I + r_{II3} x_{II} + r_{III3} x_{III}, \end{cases} \quad x_p = \sum_{\mu=I}^{III} r_{\mu p} x_\mu \quad (p = 1, 2, 3).$$

Quadriere und addiere ich diese 3 Gleichungen, so ist wegen (14)

$$(17\text{a})\qquad x_1^2 + x_2^2 + x_3^2 = x_I^2 + x_{II}^2 + x_{III}^2 \qquad \sum_{p=1}^{3} x_p^2 = \sum_{\mu=I}^{III} x_\mu^2.$$

Der Tensor $r_{\mu p}$ stellt also eine Koordinatentransformation dar, die die Komponenten $x_I\, x_{II}\, x_{III}$ in die Komponenten $x_1\, x_2\, x_3$ verwandelt. Wegen (14) folgt aus (17) noch

$$(18) \begin{cases} x_I = r_{I1} x_1 + r_{I2} x_2 + r_{I3} x_3, \\ x_{II} = r_{II1} x_1 + r_{II2} x_2 + r_{II3} x_3, \quad x_\mu = \sum_{p=1}^{3} r_{\mu p} x_p \quad (\mu = I, II, III). \\ x_{III} = r_{III1} x_1 + r_{III2} x_2 + x_{III3} x_3. \end{cases}$$

Ich betrachte nun einen beliebigen Tensor d_{pq}

$$\begin{aligned} y_1 &= d_{11} x_1 + d_{12} x_2 + d_{13} x_3, \\ y_2 &= d_{21} x_1 + d_{22} x_2 + d_{23} x_3, \quad y_p = \sum_{q=1}^{3} d_{pq} x_q \quad (p = 1, 2, 3) \\ y_3 &= d_{31} x_1 + d_{32} x_2 + d_{33} x_3, \end{aligned}$$

Ich will die Gleichungen auf das Koordinatensystem I, II, III transformieren. Es ist nach (18) und (17)

$$y_\mu = \sum_{p=1}^{3} r_{\mu p} y_p = \sum_{p=1}^{3} \sum_{q=1}^{3} d_{pq} r_{\mu p} x_q = \sum_{\nu=I}^{III} \left(\sum_{p=1}^{3} \sum_{q=1}^{3} d_{pq} r_{\mu p} r_{\nu q} \right) x_\nu \quad (\mu = I, II, III)$$

$$y_\mu = \sum_{\nu=I}^{III} d_{\mu\nu} x_\nu \quad (\mu = I, II, III),$$

wobei

$$(20) \qquad d_{\mu\nu} = \sum_{p=1}^{3} \sum_{q=1}^{3} d_{pq} r_{\mu p} r_{\nu q} \quad (\mu, \nu = I, II, III).$$

Ganz entsprechend folgt

$$(19) \qquad d_{pq} = \sum_{\mu=I}^{III} \sum_{\nu=I}^{III} d_{\mu\nu} r_{\mu p} r_{\nu q} \quad (p, q = 1, 2, 3).$$

(19) und (20) stellen die Transformation der Tensorkomponenten dar wie (17) und (18) die der Vektorokmponenten.

Wende ich (26) auf den Tensor c_{pq} an, so folgt

$$c_{\mu\nu} = \sum_{p=1}^{3} \left(\sum_{q=1}^{3} c_{pq} r_{\nu q} \right) r_{\mu p} \quad (\mu, \nu = I, II, III).$$

Aus (4) folgt daher

$$c_{\mu\nu} = n_\nu \sum_{p=1}^{3} r_{\nu p} r_{\mu p} \quad (\mu, \nu = I, II, III).$$

Nach (14) ist daher

$$(21) \qquad c_{\mu\nu} = \begin{cases} 0 & \mu \neq \nu \\ n_\mu & \mu = \nu \end{cases} \quad (\mu, \nu = I, II, III),$$

$$c_{I,I} = n_I, \quad c_{II,II} = n_{II}, \quad c_{III,III} = n_{III},$$
$$c_{II,III} = 0, \quad c_{III,I} = 0, \quad c_{I,II} = 0.$$

Nach (19) ist daher

$$c_{pq} = \sum_{\mu=I}^{III} n_\mu r_{\mu p} r_{\mu q}.$$

$$(22)\ \begin{cases} \left.\begin{aligned} c_{11} &= n_I r_{I1}^2 + n_{II} r_{II1}^2 + n_{III} r_{III1}^2 \\ c_{22} &= n_I r_{I2}^2 + n_{II} r_{II2}^2 + n_{III} r_{III2}^2 \\ c_{33} &= n_I r_{I3}^2 + n_{II} r_{II3}^2 + n_{III} r_{III3}^2 \end{aligned}\right\} \text{Tensorkomponenten 1. Art,} \\ \left.\begin{aligned} c_{23} &= n_I r_{I2} r_{I3} + n_{II} r_{II2} r_{II3} + n_{III} r_{III2} r_{III3} \\ c_{31} &= n_I r_{I3} r_{I1} + n_{II} r_{II3} r_{II1} + n_{III} r_{III3} r_{III1} \\ c_{12} &= n_I r_{I1} r_{I2} + n_{II} r_{II1} r_{II2} + n_{III} r_{III1} r_{III2} \end{aligned}\right\} \text{Tensorkomponenten 2. Art.} \end{cases}$$

Auf diese Weise sind die Tensorkomponenten ausgedrückt durch die 3 Wurzeln n_I, n_{II}, n_{III} der charakteristischen Gleichung und die 9 Richtungskosinus r. Bei den 3 wichtigsten in der Physik auftretenden Tensoren haben die Tensorkomponenten folgende Bedeutung:

	Verzerrungstensor	Spannungstensor	Tragheitstensor
1. Art:	Einfache Dehnung oder Verkurzung	Einfacher Zug oder Druck	Tragheitsmoment um eine Achse
2. Art:	Scherung	Schubspannung	Deviationsmoment

Wende ich (20) auf den Tensor C_{pq} an, so folgt ganz entsprechend

$$(23)\qquad C_{\mu\nu} = \begin{cases} 0 & \mu \neq \nu \\ \dfrac{1}{n_\mu} & \mu = \nu \end{cases} \qquad (\mu, \nu = I, II, III),$$

$$(24)\qquad C_{pq} = \sum_{\mu=I}^{III} \frac{1}{n_\mu} r_{\mu p} r_{\mu q} \qquad (p, q = 1, 2, 3).$$

Wende ich den Tensor c_{pq} 2mal hintereinander an, so erhalte ich:

$$X_\gamma = \sum_{q=1}^{3} c_{\gamma q} x_q \qquad (\gamma = 1, 2, 3),$$

$$y_p = \sum_{\gamma=1}^{3} c_{p\gamma} X_\gamma \qquad (p = 1, 2, 3),$$

$$y_p = \sum_{q=1}^{3} \left(\sum_{\gamma=1}^{3} c_{p\gamma} c_{q\gamma} \right) x_q \qquad (p = 1, 2, 3).$$

Den Tensor

$$c_{pq}^{(2)} = \sum_{\gamma=1}^{3} c_{p\gamma} c_{q\gamma} \qquad (p, q = 1, 2, 3)$$

kann ich als das Quadrat des Tensors c oder als den iterierten Tensor c bezeichnen. Wende ich auf ihn die Formel (20) an, so ist:

$$c^{(2)}_{\mu\nu} = \sum_{p=1}^{3}\sum_{q=1}^{3} c^{(2)}_{pq} r_{\mu p} r_{\nu q} = \sum_{\gamma=1}^{3}\sum_{p=1}^{3} c_{p\gamma} r_{\mu p} \sum_{q=1}^{3} c_{q\gamma} r_{\nu q} \qquad (\mu, \nu = I, II, III).$$

Nach (4) kann ich dafür schreiben

$$c^{(2)}_{\mu\nu} = \sum_{\gamma=1}^{3} n_\mu r_{\mu\gamma} n_\nu r_{\nu\gamma} = n_\mu n_\nu \sum_{\gamma=1}^{3} r_{\mu\gamma} r_{\nu\gamma} \qquad (\mu, \nu = I, II, III).$$

Nach (14) ist daher:

$$(25) \qquad c^{(2)}_{\mu\nu} = \begin{cases} 0 & \mu \neq \nu \\ n_\mu^2 & \mu = \nu \end{cases} \qquad (\mu, \nu = I, II, III).$$

Ganz entsprechend folgt:

$$(26) \qquad C^{(2)}_{\mu\nu} = \begin{cases} 0 & \mu \neq \nu \\ \dfrac{1}{n_\mu^2} & \mu = \nu \end{cases} \qquad (\mu, \nu = I, II, III).$$

Zahlenbeispiel:

$$\begin{cases} c_{11} = \dfrac{1}{32}(149 + 12\sqrt{3}) & c_{23} = -\dfrac{1}{32}\sqrt{2}(18 + 23\sqrt{3}) \\ c_{22} = \dfrac{1}{32}(149 - 12\sqrt{3}) & c_{31} = -\dfrac{1}{32}\sqrt{2}(18 - 23\sqrt{3}) \\ c_{33} = \dfrac{1}{32}150 & c_{12} = -\dfrac{1}{32}93 \end{cases}$$

$$\begin{cases} C_{11} = \dfrac{1}{32\cdot 36}(579 - 108\sqrt{3}) & C_{23} = \dfrac{1}{32\cdot 36}\sqrt{2}(162 + 47\sqrt{3}) \\ C_{22} = \dfrac{1}{32\cdot 36}(579 + 108\sqrt{3}) & C_{31} = \dfrac{1}{32\cdot 36}\sqrt{2}(162 - 47\sqrt{3}) \\ C_{33} = \dfrac{1}{32\cdot 36} & C_{12} = \dfrac{1}{32\cdot 36}357 \end{cases}$$

$$\begin{cases} P_1 = 14 & Q_1 = \dfrac{49}{36} & n_I = 1 \\ P_2 = 49 & Q_2 = \dfrac{14}{36} & n_{II} = 4 \\ P_3 = 36 & Q_3 = \dfrac{1}{36} & n_{III} = 9 \end{cases}$$

$$\begin{cases} r_{I1} = \frac{1}{8}\sqrt{2}\,(2\sqrt{3}-1) & r_{II1} = -\frac{1}{8}\sqrt{2}(2+\sqrt{3}) & r_{III1} = \frac{1}{4}\sqrt{6} \\ r_{I2} = \frac{1}{8}\sqrt{2}\,(2\sqrt{3}+1) & r_{II2} = -\frac{1}{8}\sqrt{2}(2-\sqrt{3}) & r_{III2} = -\frac{1}{4}\sqrt{6} \\ r_{I3} = \frac{1}{4}\sqrt{3} & r_{II3} = \frac{3}{4} & r_{III3} = \frac{1}{2} \end{cases}$$

$$\begin{cases} c_{11}^{(2)} = \frac{1}{32}(1097 + 60\sqrt{3}) & c_{23}^{(2)} = -\frac{1}{32}\sqrt{2}\,(90 + 275\sqrt{3}) \\ c_{22}^{(2)} = \frac{1}{32}(1097 - 60\sqrt{3}) & c_{31}^{(2)} = -\frac{1}{32}\sqrt{2}\,(90 - 275\sqrt{3}) \\ c_{33}^{(2)} = \frac{1}{32}\,942 & c_{12}^{(2)} = -\frac{1}{32}\,945 \end{cases}$$

$$\begin{cases} C_{11}^{(2)} = \frac{1}{32\cdot 36^2}(17\,607 - 4860\sqrt{3}) & C_{23}^{(2)} = \frac{1}{32\cdot 36^2}\sqrt{2}\,(7290 + 1475\sqrt{3}) \\ C_{12}^{(2)} = \frac{1}{32\cdot 36^2}(17\,607 + 4860\sqrt{3}) & C_{31}^{(2)} = \frac{1}{32\cdot 36^2}\sqrt{2}\,(7290 - 1475\sqrt{3}) \\ C_{33}^{(2)} = \frac{1}{32\cdot 36^2}\,9362 & C_{12}^{(2)} = \frac{1}{32\cdot 36^2}\,14\,145\,. \end{cases}$$

Sind $x_1\, x_2\, x_3$ Koordinaten im Raume, so stellen die Ausdrücke·

$$(27)\qquad \begin{cases} 2\,V_c = \sum_{p=1}^{3}\sum_{q=1}^{3} c_{pq}\, x_p\, x_q = 1\,, \\ 2\,V_C = \sum_{p=1}^{3}\sum_{q=1}^{3} C_{pq}\, x_p\, x_q = 1\,, \\ 2\,V_{c^{(2)}} = \sum_{p=1}^{3}\sum_{q=1}^{3} c_{pq}^{(2)}\, x_p\, x_q = 1\,, \\ 2\,V_{C^{(2)}} = \sum_{p=1}^{3}\sum_{q=1}^{3} C_{pq}^{(2)}\, x_p\, x_q = 1\,, \end{cases}$$

4 Flächen 2. Grades dar, die sogenannten Tensorellipsoide. Im Koordinatensystem I, II, III ist ihre Gleichung:

$$(28)\qquad \begin{cases} 2\,V_c = \sum_{\mu=I}^{III} n_\mu\, x_\mu^2 = 1\,, \\ 2\,V_C = \sum_{\mu=I}^{III} \frac{1}{n_\mu}\, x_\mu^2 = 1\,, \\ 2\,V_{c^{(2)}} = \sum_{\mu=I}^{III} n_\mu^2\, x_\mu^2 = 1\,, \\ 2\,V_{C^{(2)}} = \sum_{\mu=I}^{III} \frac{1}{n_\mu^2}\, x_\mu^2 = 1\,. \end{cases}$$

Sie sind dann auf die Hauptachsen bezogen. Die Bedeutung der 4 Tensorellipsoide für das Tensor-Vektorprodukt

$$(29)\qquad \begin{cases} y_p = \sum_{q=1}^{3} c_{pq} x_q, & (p = 1, 2, 3), \\ x_p = \sum_{q=1}^{3} C_{pq} y_q, & (p = 1, 2, 3) \end{cases}$$

beruht auf folgenden 4 Gleichungen:

$$(30)\qquad \begin{cases} y_p = \dfrac{\partial V_c(x_p x_q)}{\partial x_p}, & (p = 1, 2, 3), \\ x_p = \dfrac{\partial V_C(y_p y_q)}{\partial y_p}, & (p = 1, 2, 3), \\ 2\, V_{c^{(2)}}(x_p x_q) = \sum_{p=1}^{3} y_p^2, \\ 2\, V_{C^{(2)}}(y_p y_q) = \sum_{p=1}^{3} x_p^2, \end{cases}$$

Die geometrische Bedeutung dieser Gleichungen erhellt aus den Abb. 42 und 43. Das Ellipsoid (in der Abb. die Ellipse) $V_{c^{(2)}}$ geht durch den Tensor c in die Einheitskugel (Einheitskreis) über und die Zuordnung der einzelnen Vektoren wird dabei durch das Ellipsoid (Ellipse) V_c vermittelt. Ebenso geht die Einheitskugel (Ein-

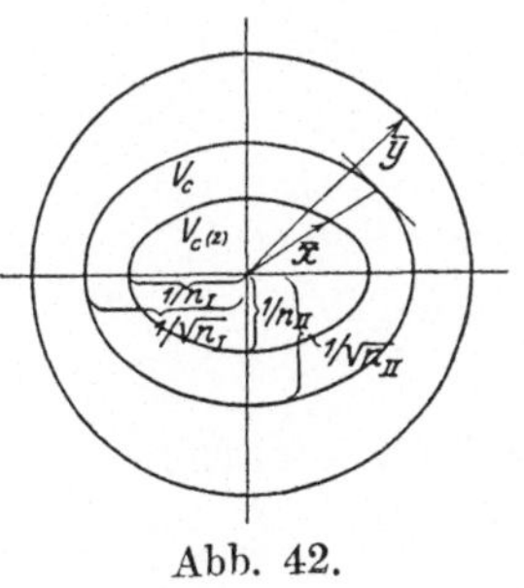

Abb. 42.

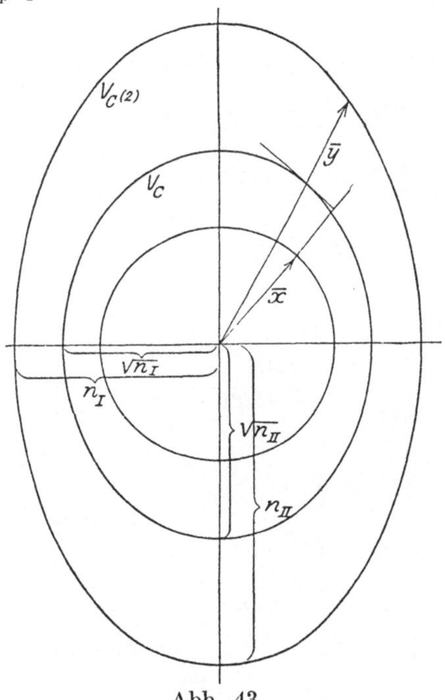

Abb. 43.

heitskreis) durch den Tensor in $V_{C^{(2)}}$ über und V_C gibt die Zuordnung der Vektoren an. Die Figuren sind gezeichnet für folgendes zweidimensionales Zahlenbeispiel:

$$\begin{cases} c_{11} = \dfrac{73}{36} & c_{12} = \frac{1}{4}\sqrt{3} \\ c_{22} = \dfrac{91}{36} \end{cases}$$

$$\begin{cases} C_{11} = \dfrac{9 \cdot 91}{1600} & C_{12} = -\dfrac{81}{1600}\sqrt{3} \\ C_{22} = \dfrac{9 \cdot 73}{1600} \end{cases}$$

$$\begin{cases} P_1 = \dfrac{41}{9} & Q_1 = \dfrac{369}{400} & n_I = \dfrac{16}{9} \\ P_2 = \dfrac{400}{81} & Q_2 = \dfrac{81}{400} & n_{II} = \dfrac{25}{9} \end{cases}$$

$$\begin{cases} r_{I\,1} = \frac{1}{2}\sqrt{3} & r_{II\,1} = \frac{1}{2} \\ r_{I\,2} = -\frac{1}{2} & r_{II\,2} = \frac{1}{2}\sqrt{3} \end{cases}$$

$$\begin{cases} c_{11}^{(2)} = \dfrac{1}{36^2}\,5572 & c_{12}^{(2)} = \dfrac{41}{36}\sqrt{3} \\ c_{22}^{(2)} = \dfrac{1}{36^2}\,8524 \end{cases}$$

$$\begin{cases} C_{11}^{(2)} = \dfrac{9^2 \cdot 2131}{800^2} & C_{12}^{(2)} = -\dfrac{9^2 \cdot 369\sqrt{3}}{800^2} \\ C_{22}^{(2)} = \dfrac{9^2 \cdot 1393}{800^2} \end{cases}$$

$$(I) \quad \begin{cases} x_1 = \frac{1}{2}\sqrt{2} \\ x_2 = \frac{1}{2}\sqrt{2} \end{cases} \qquad x_1^2 + x_2^2 = 1$$

$$(I) \quad \begin{cases} y_1 = \dfrac{73}{72}\sqrt{2} + \frac{1}{8}\sqrt{6} \\ y_2 = \dfrac{91}{72}\sqrt{2} + \frac{1}{8}\sqrt{6} \end{cases} \qquad y_1^2 + y_2^2 = \frac{1}{36}\left(\tfrac{1}{9}\,1762 + 41\sqrt{3}\right)$$

$$(II)\begin{cases} y_1 = \frac{1}{2}\sqrt{2} \\ y_2 = \frac{1}{2}\sqrt{2} \end{cases} \qquad y_1^2 + y_2^2 = 1$$

$$(II)\begin{cases} x_1 = \dfrac{9\sqrt{2}}{3200}(91 - 9\sqrt{3}) \\ x_2 = \dfrac{9\sqrt{2}}{3200}(73 - 9\sqrt{3}) \end{cases} \qquad x_1^2 + x_2^2 = \frac{81}{1600^2}(7048 - 9 \cdot 164\sqrt{3}).$$

§ 2. Integralgleichungen und Fouriersche Reihen[1]).

Die Entwicklungen des vorigen Paragraphen lassen sich ohne Muhe auf Systeme von beliebig vielen, etwa n, Differentialgleichungen übertragen. Es ist dann eben bloß überall die Summation von 1 bis n statt von 1 bis 3 zu erstrecken. Auch kann in den Differentialgleichungen auf der linken Seite statt des 1. Differentialquotienten ein beliebiger, etwa der i^{te} stehen Es tritt dann überall n^i an Stelle von n.

Ja die Entwicklungen lassen sich sogar ins kontinuierlich Unendliche übertragen, vorausgesetzt, daß die auftretenden unendlichen Reihen konvergieren. Es wird dann aus der Gleichung § 1 (6)

$$r_p = n\sum_q C_{pq} r_q,$$

die Integralgleichung

$$r(x) = \lambda \int_0^1 K(x, \xi)\, r(\xi)\, d\xi. \tag{1}$$

Es werden dabei:

aus den Indizes p und q	die Variablen x und ξ,
aus den Vektoren r_p	die Eigenfunktionen $r(x)$,
aus der Summe $\sum_q$	das Integral $\int_0^1 d\xi$,
aus dem Tensor C_{pq}	der Kern $K(x, \xi)$,
aus den Wurzeln n der charakteristischen Gleichung	die Eigenwerte λ.

---

[1]) Vgl. Kowalewski: „Einfuhrung in die Determinantentheorie, einschließlich der unendlichen und der Fredholmschen Determinanten". Leipzig, Veit & Comp. Kneser: „Die Integralgleichungen und ihre Anwendung in der mathematischen Physik". Braunschweig, Vieweg & Sohn.

Die Gleichung § 1 (14) wird

$$\int_0^1 r_\mu(x)\, r_\nu(x)\, dx = \begin{cases} 0 & \mu \neq \nu \\ 1 & \mu = \nu \end{cases}, \tag{2}$$

d. h. die Eigenfunktionen sind orthogonal und normiert

Die Gleichung § 1 (24) gibt die Bilinearform des Kernes

$$K(x\,\xi) = \sum_{\mu=1}^{\infty} \frac{r_\mu(x)\, r_\mu(\xi)}{\lambda_\mu}. \tag{3}$$

Die Gleichungen § 1 (17) und (18) werden

$$f(x) = \sum_{\mu=1}^{\infty} A_\mu r_\mu(x), \tag{4}$$

$$A_\mu = \int_0^1 f(x)\, r_\mu(x)\, dx. \tag{5}$$

Sie enthalten die Darstellung einer willkurlichen Funktion $f(x)$ durch die Funktionen $r_\mu(x)$.

Sind die Funktionen $r_\mu(x)$ speziell trigonometrische Funktionen, so ist

$$f(x) = \sum A_\mu \sin \mu \pi x, \qquad A_\mu = \int_0^1 f(x) \sin \mu \pi x\, dx, \tag{6}$$

$$f(x) = \sum A_\mu \cos \mu \pi x, \qquad A_\mu = \int_0^1 f(x) \cos \mu \pi x\, dx \tag{7}$$

oder, wenn man πx durch x ersetzt:

$$f(x) = \sum A_\mu \sin \mu x, \qquad A_\mu = \frac{1}{\pi}\int_0^\pi f(x) \sin \mu x\, dx, \tag{8}$$

$$f(x) = \sum A_\mu \cos \mu x, \qquad A_\mu = \frac{1}{\pi}\int_0^\pi f(x) \cos \mu x\, dx. \tag{9}$$

Die 1. Reihe stellt eine ungrade, die 2. eine grade Funktion von x dar. Eine beliebige Funktion kann dargestellt werden durch die Reihe

$$\begin{cases} f(x) = \tfrac{1}{2} a_0 + \sum_{\mu=1}^{\infty} (a_\mu \cos \mu x + b_\mu \sin \mu x), \\ a_\mu = \dfrac{1}{\pi}\displaystyle\int_0^{2\pi} f(x) \cos \mu x\, dx, \qquad b_\mu = \dfrac{1}{\pi}\displaystyle\int_0^{2\pi} f(x) \sin \mu x\, dx. \end{cases} \tag{10}$$

Ich lasse einige Beispiele für Reihen von der Form (8) und (9) folgen:

$$(11)\quad\begin{cases}\sin x+\dfrac{\sin 2x}{2}+\dfrac{\sin 3x}{3}+\dfrac{\sin 4x}{4}+\ldots=\dfrac{\pi}{2}-\dfrac{x}{2} & \text{im Interv. } 0<x<2\pi,\\[2mm] \sin x-\dfrac{\sin 2x}{2}+\dfrac{\sin 3x}{3}-\dfrac{\sin 4x}{4}+\ldots=\dfrac{x}{2} & \text{,, ,, } -\pi<x<\pi,\\[2mm] \sin x+\dfrac{\sin 3x}{3}+\dfrac{\sin 5x}{5}+\dfrac{\sin 7x}{7}+\ldots=\dfrac{\pi}{4} & \text{,, ,, } 0<x<\pi,\\[2mm] \cos x-\dfrac{\cos 3x}{3}+\dfrac{\cos 5x}{5}-\dfrac{\cos 7x}{7}+\ldots=\dfrac{\pi}{4} & \text{,, ,, } -\dfrac{\pi}{2}<x<\dfrac{\pi}{2}.\end{cases}$$

$$(12)\quad\begin{cases}\cos x+\dfrac{\cos 2x}{2^2}+\dfrac{\cos 3x}{3^2}+\dfrac{\cos 4x}{4^2}+\ldots=\dfrac{\pi^2}{6}-\dfrac{\pi x}{2}+\dfrac{x^2}{4} & \text{,, ,, } 0\leqq x\leqq 2\pi,\\[2mm] \cos x-\dfrac{\cos 2x}{2^2}+\dfrac{\cos 3x}{3^2}-\dfrac{\cos 4x}{4^2}+\ldots=\dfrac{\pi^2}{12}-\dfrac{x^2}{4} & \text{,, ,, } -\pi\leqq x\leqq\pi,\\[2mm] \cos x+\dfrac{\cos 3x}{3^2}+\dfrac{\cos 5x}{5^2}+\dfrac{\cos 7x}{7^2}+\ldots=\dfrac{\pi^2}{8}-\dfrac{\pi x}{4} & \text{,, ,, } 0\leqq x\leqq\pi,\\[2mm] \sin x-\dfrac{\sin 3x}{3^2}+\dfrac{\sin 5x}{5^2}-\dfrac{\sin 7x}{7^2}+\ldots=\dfrac{\pi x}{4} & \text{,, ,, } -\dfrac{\pi}{2}\leqq x\leqq\dfrac{\pi}{2}.\end{cases}$$

$$(13)\quad\begin{cases}\sin x+\dfrac{\sin 2x}{2^3}+\dfrac{\sin 3x}{3^3}+\dfrac{\sin 4x}{4^3}+\ldots=\dfrac{\pi^2 x}{6}-\dfrac{\pi x^2}{4}+\dfrac{x^3}{12} & \text{,, ,, } 0\leqq x\leqq 2\pi,\\[2mm] \sin x-\dfrac{\sin 2x}{2^3}+\dfrac{\sin 3x}{3^3}-\dfrac{\sin 4x}{4^3}+\ldots=\dfrac{\pi^2 x}{12}-\dfrac{x^3}{12} & \text{,, ,, } -\pi\leqq x\leqq\pi,\\[2mm] \sin x+\dfrac{\sin 3x}{3^3}+\dfrac{\sin 5x}{5^3}+\dfrac{\sin 7x}{7^3}+\ldots=\dfrac{\pi^2 x}{8}-\dfrac{\pi x^2}{8} & \text{,, ,, } 0\leqq x\leqq\pi,\\[2mm] \cos x-\dfrac{\cos 3x}{3^3}+\dfrac{\cos 5x}{5^3}-\dfrac{\cos 7x}{7^3}+\ldots=\dfrac{\pi^3}{32}-\dfrac{\pi x^2}{8} & \text{,, ,, } -\dfrac{\pi}{2}\leqq x\leqq\dfrac{\pi}{2}.\end{cases}$$

$$(14)\quad\begin{cases}\cos x+\dfrac{\cos 2x}{2^4}+\dfrac{\cos 3x}{3^4}+\dfrac{\cos 4x}{4^4}+\ldots=\dfrac{\pi^4}{90}-\dfrac{\pi^2 x^2}{12}+\dfrac{\pi x^3}{12}-\dfrac{x^4}{48} & 0\leqq x\leqq 2\pi,\\[2mm] \cos x-\dfrac{\cos 2x}{2^4}+\dfrac{\cos 3x}{3^4}-\dfrac{\cos 4x}{4^4}+\ldots=\dfrac{7\pi^4}{720}-\dfrac{\pi^2 x^2}{24}+\dfrac{x^4}{48} & -\pi\leqq x\leqq\pi,\\[2mm] \cos x+\dfrac{\cos 3x}{3^4}+\dfrac{\cos 5x}{5^4}+\dfrac{\cos 7x}{7^4}+\ldots=\dfrac{\pi^4}{96}-\dfrac{\pi^2 x^2}{16}+\dfrac{\pi x^3}{24} & 0\leqq x\leqq\pi,\\[2mm] \sin x-\dfrac{\sin 3x}{3^4}+\dfrac{\sin 5x}{5^4}-\dfrac{\sin 7x}{7^4}+\ldots=\dfrac{\pi^3 x}{32}-\dfrac{\pi x^3}{24} & -\dfrac{\pi}{2}\leqq x\leqq\dfrac{\pi}{2}.\end{cases}$$

Diese Reihe kann beliebig fortgesetzt werden. Die Formeln folgen aus den 4 ersten, indem man von 0 bis x integriert. Setzt man in den sin-Reihen $x = \frac{\pi}{2}$ und in den cos-Reihen $x = 0$, so ergeben sich die folgenden Reihen (vgl. Knopp: „Theorie und Anwendung der unendlichen Reihen". Berlin, Julius Springer, Siete 231):

$$(15)\qquad 1 - \frac{1}{3} + \frac{1}{5} - \frac{1}{7} + \quad . = \frac{\pi}{4};$$

$$(16)\qquad \begin{cases} 1 + \frac{1}{2^2} + \frac{1}{3^2} + \frac{1}{4^2} + \ldots = \frac{\pi^2}{6}, \\ 1 - \frac{1}{2^2} + \frac{1}{3^2} - \frac{1}{4^2} + . \ . = \frac{\pi^2}{12}, \\ 1 + \frac{1}{3^2} + \frac{1}{5^2} + \frac{1}{7^2} + \ .. = \frac{\pi^2}{8}, \end{cases}$$

$$(17)\qquad 1 - \frac{1}{3^3} + \frac{1}{5^3} - \frac{1}{7^3} + \quad = \frac{\pi^3}{32},$$

$$(18)\qquad \begin{cases} 1 + \frac{1}{2^4} + \frac{1}{3^4} + \frac{1}{4^4} + \quad = \frac{\pi^4}{90}, \\ 1 - \frac{1}{2^4} + \frac{1}{3^4} - \frac{1}{4^4} + \quad = \frac{7\pi^4}{120}, \\ 1 + \frac{1}{3^4} + \frac{1}{5^4} + \frac{1}{7^4} + . \ . = \frac{\pi^4}{96} \end{cases}$$

§ 3. $a_{11}\dot{y}_1 + a_{12}\dot{y}_2 + a_{13}\dot{y}_3 = c_{11}y_1 + c_{12}y_2 + c_{13}y_3,$ $a_{21}\dot{y}_1 + a_{22}\dot{y}_2 + a_{23}\dot{y}_3 = c_{21}y_1 + c_{22}y_2 + c_{23}y_3,$ $a_{31}\dot{y}_1 + a_{32}\dot{y}_2 + a_{33}\dot{y}_3 = c_{31}y_1 + c_{32}y_2 + c_{33}y_3,$ $a_{pq} = a_{qp},$ $c_{pq} = c_{qp}.$

Durch den Ansatz·

$$(1)\qquad \begin{cases} y_1 = r_1 e^{nt}, \\ y_2 = r_2 e^{nt}, \qquad y_p = r_p e^{nt} (p = 1, 2, 3), \\ y_3 = r_3 e^{nt}, \end{cases}$$

gehen die Differentialgleichungen über in

$$(2)\qquad \begin{cases} (a_{11}n - c_{11})r_1 + (a_{12}n - c_{12})r_2 + (a_{13}n - c_{13})r_3 = 0, \\ (a_{21}n - c_{21})r_1 + (a_{22}n - c_{22})r_2 + (a_{23}n - c_{23})r_3 = 0, \\ (a_{31}n - c_{31})r_1 + (a_{32}n - c_{32})r_2 + (a_{33}n - c_{33})r_3 = 0, \end{cases}$$

$$\sum_{q=1}^{3}(a_{pq}n - c_{pq})r_q = 0, \quad (p = 1, 2, 3).$$

Dieses System ist nur lösbar, falls die Determinante verschwindet:

$$(3)\qquad \begin{vmatrix} a_{11}n - c_{11}, & a_{12}n - c_{12}, & a_{13}n - c_{13} \\ a_{21}n - c_{21}, & a_{22}n - c_{22}, & a_{23}n - c_{23} \\ a_{31}n - c_{31}, & a_{32}n - c_{32}, & a_{33}n - c_{33} \end{vmatrix} = 0 .$$

Die Gl. (2) kann ich nun auch schreiben:

$$(4)\qquad \begin{cases} c_{11}r_1 + c_{12}r_2 + c_{13}r_3 = n\,(a_{11}r_1 + a_{12}r_2 + a_{13}r_3), \\ c_{21}r_1 + c_{22}r_2 + c_{23}r_3 = n\,(a_{21}r_1 + a_{22}r_2 + a_{23}r_3), \\ c_{31}r_1 + c_{32}r_2 + c_{23}r_3 = n\,(a_{31}r_1 + a_{32}r_2 + a_{33}r_3), \end{cases}$$

$$\sum_{q=1}^{3} c_{pq}r_q = n\sum_{q=1}^{3} a_{pq}r_q, \quad (p = 1, 2, 3)$$

Ich betrachte nun wieder $r_1 r_2 r_3$ als Komponenten eines Vektors und die a_{pq} resp. c_{pq} als Komponenten zweier Tensoren Auf beiden Seiten von (4) stehen dann Tensorvektorprodukte. Die auf der rechten Seite will ich mit $R_1\, R_2\, R_3$ bezeichnen.

$$(4\text{a})\quad \begin{cases} a_{11}r_1 + a_{12}r_2 + a_{13}r_3 = R_1, \\ a_{21}r_1 + a_{22}r_2 + a_{23}r_3 = R_2, \\ a_{31}r_1 + a_{32}r_2 + a_{33}r_3 = R_3, \end{cases} \qquad \sum_{q=1}^{3} a_{pq}r_q = R_p \quad (p=1,2,3).$$

$$(4\text{b})\quad \begin{cases} c_{11}r_1 + c_{12}r_2 + c_{13}r_3 = n\,R_1, \\ c_{21}r_1 + c_{22}r_2 + c_{23}r_3 = n\,R_2, \\ c_{31}r_1 + c_{32}r_2 + c_{33}r_3 = n\,R_3, \end{cases} \qquad \sum_{q=1}^{3} c_{pq}r_q = n\,R_p \;(p=1,2,3).$$

Ich löse diese Gleichungen nach den r auf. In der Determinante

$$(5)\qquad C = \begin{vmatrix} c_{11} & c_{12} & c_{13} \\ c_{21} & c_{22} & c_{23} \\ c_{31} & c_{32} & c_{33} \end{vmatrix}$$

bezeichne ich mit C_{pq} die zu c_{pq} gehörige Unterdeterminante dividiert durch C. Dann ist

$$(6)\quad \begin{cases} r_1 = n\,(C_{11}R_1 + C_{12}R_2 + C_{13}R_3), \\ r_2 = n\,(C_{21}R_1 + C_{22}R_2 + C_{23}R_3), \\ r_3 = n\,(C_{31}R_1 + C_{32}R_2 + C_{33}R_3), \end{cases} \qquad r_p = n\sum_{q=1}^{3} C_{pq}R_q \;(p = 1, 2, 3).$$

Setze ich nun (4a) in (6) ein, so ist, wenn ich berücksichtige, daß $a_{pq} = a_{qp}$ und $c_{pq} = c_{qp}$:

$$(6a)\begin{cases} r_1 = n\,[(C_{11}a_{11} + C_{12}a_{12} + C_{13}a_{13})\,r_1 + (C_{11}a_{21} + C_{12}a_{22} + C_{13}a_{23})\,r_2 \\ \qquad + (C_{11}a_{31} + C_{12}a_{32} + C_{13}a_{33})\,r_3]\,, \\ r_2 = n\,[(C_{21}a_{11} + C_{22}a_{12} + C_{23}a_{13})\,r_1 + (C_{21}a_{21} + C_{22}a_{22} + C_{23}a_{23})\,r_2 \\ \qquad + (C_{21}a_{31} + C_{22}a_{32} + C_{23}a_{33})\,r_3]\,, \\ r_3 = n\,[(C_{31}a_{11} + C_{32}a_{12} + C_{33}a_{13}),r_1 + (C_{31}a_{21} + C_{32}a_{22} + C_{33}a_{23})\,r_2 \\ \qquad + C_{31}a_{31} + C_{32}a_{32} + C_{33}a_{33})\,r_3]\,. \end{cases}$$

$$r_p = n\sum_{q=1}^{3}\left(\sum_{\iota=1}^{3} C_{p\iota}a_{q\iota}\right) r_q \qquad (p = 1,\ 2,\ 3)\,.$$

Bezeichne ich nun die runden Klammern zur Abkürzung mit k_{pq}.

$$(6b)\qquad k_{pq} = \sum_{\iota=1}^{3} C_{p\iota}a_{q\iota} \qquad (p,\ q = 1,\ 2,\ 3)\,,$$

so kann ich (6a) schreiben:

$$(6c)\begin{cases} r_1 = n\,(k_{11}r_1 + k_{12}r_2 + k_{13}r_3)\,, \\ r_2 = n\,(k_{21}r_1 + k_{22}r_2 + k_{23}r_3)\,, \\ r_3 = n\,(k_{31}r_1 + k_{32}r_2 + k_{33}r_3)\,, \end{cases} \qquad r_p = n\sum_{q=1}^{3} k_{pq}r_q \quad (p = 1,\ 2,\ 3)$$

Die k_{pq} kann ich nun als Komponenten eines neuen Tensors betrachten. Dieser ist im allgemeinen nicht symmetrisch, auch wenn die Tensoren a und c symmetrisch sind. Ich kann ihn nach (6b) als das Produkt der beiden Tensoren C und a bezeichnen Die Gl. (6c) sind nur lösbar, falls

$$(7)\qquad \begin{vmatrix} k_{11} - \frac{1}{n} & k_{12} & k_{13} \\ k_{21} & k_{22} - \frac{1}{n} & k_{23} \\ k_{31} & k_{22} & k_{33} - \frac{1}{n} \end{vmatrix} = 0\,.$$

Damit habe ich die Gl. (3) auf die Form § 1 (3) resp. (7) gebracht. Die Gl. (3) hat nun 3 Wurzeln: n_I, n_{II}, n_{III}. Sind n_μ und n_ν 2 verschiedene Wurzeln, so ist nach (6)

$$(8)\qquad \begin{aligned} r_{\mu p} &= n_\mu \sum_{q=1}^{3} C_{pq}R_{\mu q}\,, \\ r_{\nu p} &= n_\nu \sum_{q=1}^{3} C_{pq}R_{\nu q}\,, \end{aligned} \qquad (p = 1,\ 2,\ 3)\,(\mu,\ \nu = I, II, III \quad \mu \neq \nu)\,.$$

Die 1. Gleichung multipliziere ich mit $n_\nu R_{\nu p}$, die 2. mit $n_\mu R_{\mu p}$ und summiere uber p

$$(9)\qquad \begin{aligned} n_\nu \sum_{p=1}^{3} R_{\nu p} r_{\mu p} &= n_\mu n_\nu \sum_{p=1}^{3} \sum_{q=1}^{3} C_{pq} R_{\nu p} R_{\mu q}, \\ n_\mu \sum_{p=1}^{3} R_{\mu p} r_{\nu p} &= n_\mu n_\nu \sum_{p=1}^{3} \sum_{q=1}^{3} C_{pq} R_{\mu p} R_{\nu q}, \end{aligned} \qquad (\mu, \nu = I, II, III \quad \mu \neq \nu).$$

Da $c_{pq} = c_{qp}$ und folglich auch $C_{pq} = C_{qp}$ ist, sind die rechten Seiten einander gleich und es folgt:

$$(10)\qquad n_\nu \sum_{p=1}^{3} R_{\nu p} r_{\mu p} = n_\mu \sum_{p=1}^{3} R_{\mu p} r_{\nu p} \qquad (\mu, \nu = I, II, III \quad \mu \neq \nu).$$

Setze ich für die R die Werte aus (4a) ein, so ist:

$$\begin{aligned} \sum_{p=1}^{3} R_{\nu p} r_{\mu p} = \sum_{p=1}^{3} \sum_{q=1}^{3} a_{pq} r_{\mu p} r_{\nu q} &= a_{11} r_{\mu 1} r_{\nu 1} + a_{22} r_{\mu 2} r_{\nu 2} + a_{33} r_{\mu 3} r_{\nu 3} \\ &+ a_{23} (r_{\mu 2} r_{\nu 3} + r_{\mu 3} r_{\nu 2}) + a_{31} (r_{\mu 3} r_{\nu 1} + r_{\mu 1} r_{\nu 3}) \\ &+ a_{12} (r_{\mu 1} r_{\nu 2} + r_{\mu 2} r_{\nu 1}) \end{aligned}$$

Denselben Wert erhält man auch fur $\sum_{p=1}^{3} R_{\mu p} r_{\nu p}$ Daher ist, wenn $n_\mu \neq n_\nu$ die Gl (10) nur moglich, wenn

$$(11)\qquad \sum_{p=1}^{3} R_{\nu p} r_{\mu p} = 0, \qquad (\mu, \nu = I, II, III \quad \mu \neq \nu).$$

$$(11a)\qquad \sum_{p=1}^{3} \sum_{q=1}^{3} a_{pq} r_{\mu p} r_{\nu q} = 0, \qquad (\mu, \nu = I, II, III \quad \mu \neq \nu).$$

Mit Hilfe der Gl. (11a) kann ich nun zeigen, unter welchen Bedingungen die Gl. (3) nur reelle Wurzeln hat. Da die Koeffizienten von (3) reell sind, gehört zu jedem komplexen n eine konjugiert komplexe Wurzel $\bar{n}$ und auch die zugehorigen r sind konjugiert komplex. Für sie gilt dann also die Gl. (11a)

$$(11b)\qquad \sum_{p=1}^{3} \sum_{q=1}^{3} a_{pq} r_p \bar{r}_q = 0.$$

Es ist nun aber

$$(12)\qquad \begin{aligned} r_p &= u_p + i v_p, \\ \bar{r}_q &= u_q - i v_q. \end{aligned}$$

Setze ich das in (11b) ein, so fallt, da $a_{pq} = a_{qp}$, der imaginare Teil fort und es ist

$$(12a)\qquad \sum_{p=1}^{3} \sum_{q=1}^{3} a_{pq} (u_p u_q + v_p v_q) = 0.$$

Die Bedingung dafür, daß die n alle reell sind, ist also: Es muß

$$2E(x_1 x_2 x_3) = \sum_{p=1}^{3}\sum_{q=1}^{3} a_{pq} x_p x_q \tag{12b}$$

eine positive Form sein; denn dann ist die Gl. (12a) unmöglich, die Annahme, daß n komplex ist, führt dann also auf einen Widerspruch.

Ich kann nun den $r_{\mu p}$ noch 3 Bedingungen vorschreiben. Da die weiteren Ausführungen ähnlich sind wie im § 1, will ich mich ganz kurz fassen Die Gl. (11) und (11a) erweitere ich zu

$$\sum_{p=1}^{3}\sum_{q=1}^{3} a_{pq} r_{\mu p} r_{\nu q} = \begin{cases} 0 & \mu \neq \nu, \\ 1 & \mu = \nu, \end{cases} \quad (\mu, \nu = I, II, III). \tag{14}$$

$$\sum_{p=1}^{3} R_{\nu p} r_{\mu p} = \begin{cases} 0 & \mu \neq \nu, \\ 1 & \mu = \nu, \end{cases} \quad (\mu, \nu = I, II, III). \tag{14a}$$

Berücksichtige ich (4b), so ist

$$\sum_{p=1}^{3}\sum_{q=1}^{3} c_{pq} r_{\mu p} r_{\nu q} = \begin{cases} 0 & \mu \neq \nu, \\ n_\mu & \mu = \nu, \end{cases} \quad (\mu, \nu = I, II, III).$$

Bilde ich die Determinante

$$R = \begin{vmatrix} r_{I1} & r_{I2} & r_{I3} \\ r_{II1} & r_{II2} & r_{II3} \\ r_{III1} & r_{III2} & r_{III3} \end{vmatrix}, \tag{15}$$

so sind die $R_{\mu p}$ die Unterdeterminanten von R dividiert durch R. Da ich eine Determinante ebensogut nach Spalten als nach Zeilen entwickeln kann, folgt als Gegenstück zu (14a):

$$\sum_{\mu=I}^{II} R_{\mu p} r_{\mu q} = \begin{cases} 0 & p \neq q, \\ 1 & p = q, \end{cases} \quad (p, q = 1, 2, 3). \tag{16}$$

Bezeichne ich Vektoren durch wagerechte Striche, so kann ich (14a) schreiben

$$\begin{aligned} &\overline{R_I}\,\overline{r_I} = 1, && \overline{R_{II}}\,\overline{r_I} = 0, && \overline{R_{III}}\,\overline{r_I} = 0, \\ &\overline{R_I}\,\overline{r_{II}} = 0, && \overline{R_{II}}\,\overline{r_{II}} = 1, && \overline{R_{III}}\,\overline{r_{II}} = 0, \\ &\overline{R_I}\,\overline{r_{III}} = 0, && \overline{R_{II}}\,\overline{r_{III}} = 0, && \overline{R_{III}}\,\overline{r_{III}} = 1. \end{aligned}$$

Die 3 Vektoren $\overline{r_I}\,\overline{r_{II}}\,\overline{r_{III}}$ bilden eine körperliche Ecke. $\overline{R_I}\,\overline{R_{II}}\,\overline{R_{III}}$ bilden die Polarecke. Die Determinante R kann ich schreiben

$$R = \overline{r_I} \cdot \overline{r_{II} r_{III}} = \overline{r_{II}} \cdot \overline{r_{III} r_I} = \overline{r_{III}} \cdot \overline{r_I r_{II}}.$$

Entsprechend ist

$$P = \begin{vmatrix} R_{I1} & R_{I2} & R_{I3} \\ R_{II1} & R_{II2} & R_{II3} \\ R_{III1} & R_{III2} & R_{III3} \end{vmatrix} = \overline{R_I} \cdot \overline{R_{II}\, R_{III}} = \overline{R_{II}} \cdot \overline{R_{III}\, R_I} = \overline{R_{III}} \cdot \overline{R_I\, R_{II}} .$$

R ist der Eckensinus, P der Polareckensinus. Die Vektoren R kann ich schreiben:

$$\overline{R_I} = \frac{\overline{r_{II} r_{III}}}{\overline{r_I} \cdot \overline{r_{II} r_{III}}}, \qquad \overline{R_{II}} = \frac{\overline{r_{III} r_I}}{\overline{r_{II}} \cdot \overline{r_{III} r_I}}, \qquad \overline{R_{III}} = \frac{\overline{r_I r_{II}}}{\overline{r_{III}} \cdot \overline{r_I r_{II}}} .$$

Ich kann nun sowohl die 9 Größen r als auch die 9 Größen R als Komponenten eines Tensors auffassen. Diese beiden Tensoren stellen dann die Transformation auf ein schiefwinkliges Koordinatensystem dar. Sind $x_1\, x_2\, x_3$ die Komponenten eines Vektors im alten $x_I\, x_{II}\, x_{III}$ die Komponenten im neuen System, so ist

$$x_p = \sum_{\mu=I}^{III} r_{\mu p} x_\mu , \quad (p = 1, 2, 3) . \tag{17}$$

$$x_\mu = \sum_{p=1}^{3} R_{\mu p} x_p , \quad (\mu = I, II, III) . \tag{18}$$

Sind entsprechend d_{pq} und $d_{\mu\nu}$ die Komponenten eines Tensors im alten und neuen System, so ist

$$d_{pq} = \sum_{\mu=I}^{III} \sum_{\nu=I}^{III} d_{\mu\nu} r_{\mu p} R_{\nu q} , \quad (p, q = 1, 2, 3) . \tag{19}$$

$$d_{\mu\nu} = \sum_{p=1}^{3} \sum_{q=1}^{3} d_{pq} R_{\mu p} r_{\nu q} , \quad (\mu, \nu = I, II, III) . \tag{20}$$

Wende ich (20) auf den Tensor k_{pq} an, so ist wegen (6c)

$$k_{\mu\nu} = \sum_{p=1}^{3} \frac{1}{n_\nu} r_{\nu p} \cdot R_{\mu p} , \quad (\mu, \nu = I, II, III)$$

und daher wegen (14a)

$$k_{\mu\nu} = \begin{cases} 0 & \mu \neq \nu \\ \dfrac{1}{n_\mu} & \mu = \nu \end{cases} \quad (\mu, \nu = I, II, III) . \tag{23}$$

Nach (19) ist daher

$$k_{pq} = \sum_{\mu=I}^{III} \frac{1}{n_\mu} r_{\mu p} R_{\mu q} , \quad (p, q = 1, 2, 3) . \tag{24}$$

Nach (2) erkennt man, daß wir analoge Beziehungen herleiten können, indem wir a mit c und n mit $\frac{1}{n}$ vertauschen. Wir erhalten dann statt (6b) einen andern Tensor k'_{pq}

$$k'_{pq} = \sum_{i=1}^{3} A_{pi} c_{qi}, \quad (p, q = 1, 2, 3). \tag{6'b}$$

nach (23) und (24) ist

$$k'_{\mu\nu} = \begin{cases} 0 & \mu \neq \nu \\ n_\mu & \mu = \nu \end{cases} \quad (\mu, \nu = I, II, III). \tag{21}$$

$$k'_{pq} = \sum_{\mu=I}^{III} n_\mu r_{\mu p} R_{\mu q}, \quad (p, q = 1, 2, 3). \tag{22}$$

Wie im § 1 lassen sich auch hier alle Schlüsse wörtlich auf n Dimensionen übertragen.

§ 4. $\sum_q a_{pq} \ddot{y}_q + \sum_q b_{pq} \dot{y}_q + \sum_q c_{pq} y_q = 0.$

Die Ausführungen von II, § 6 und 10 können wir in folgender Weise verallgemeinern: Es sei E eine Funktion von $\dot{y}_q$ und V eine Funktion von y_q. Ich entwickle nach Potenzen und breche die Entwicklung nach den quadratischen Gliedern ab:

$$E = E_0 + \sum_q \left(\frac{\partial E}{\partial \dot{y}_q}\right)_0 \dot{y}_q + \frac{1}{2} \sum_p \sum_q \left(\frac{\partial^2 E}{\partial \dot{y}_p \partial \dot{y}_q}\right)_0 \dot{y}_p \dot{y}_q, \tag{1}$$

$$V = V_0 + \sum_q \left(\frac{\partial V}{\partial y_q}\right)_0 y_q + \frac{1}{2} \sum_p \sum_q \left(\frac{\partial^2 V}{\partial y_p \partial y_q}\right)_0 y_p y_q. \tag{2}$$

Dann bilde ich die Gleichung:

$$\frac{d}{dt}\left(\frac{\partial E}{\partial \dot{y}_p}\right) + \frac{\partial V}{\partial y_p} = 0. \tag{3}$$

Es ergibt sich:

$$\sum_q \left(\frac{\partial^2 E}{\partial \dot{y}_p \partial \dot{y}_q}\right)_0 \ddot{y}_q + \left(\frac{\partial V}{\partial y_p}\right)_0 + \sum_q \left(\frac{\partial^2 V}{\partial y_p \partial y_q}\right)_0 y_q = 0. \tag{4}$$

Vergleiche ich mit der Differentialgleichung:

$$\sum_q a_{pq} \ddot{y}_q + \sum_q c_{pq} y_q = 0,$$

so ist

$$\frac{\partial V}{\partial y_p} = 0\,. \tag{5}$$

$$\left\{\begin{aligned} \frac{\partial^2 E}{\partial \dot{y}_p \partial \dot{y}_q} &= a_{pq}\,,\\ \frac{\partial^2 V}{\partial y_p \partial y_q} &= c_{pq}\,. \end{aligned}\right. \tag{6}$$

Ist andererseits E eine Funktion von $y_p, \dot{y}_p$ und sind K_p Funktionen von $y_p, \dot{y}_p, \ddot{y}_p$, so ist.

$$\left\{\begin{aligned} E = E_0 &+ \sum_q \left(\frac{\partial E}{\partial y_q}\right)_0 y_q + \sum_q \left(\frac{\partial E}{\partial \dot{y}_q}\right)_0 \dot{y}_q + \frac{1}{2}\Bigg[\sum_p\sum_q \left(\frac{\partial^2 E}{\partial y_p \partial y_q}\right)_0 y_p y_q \\ &+ \sum_p\sum_q \left(\frac{\partial^2 E}{\partial \dot{y}_p \partial \dot{y}_q}\right)_0 \dot{y}_p \dot{y}_q + 2\sum_p\sum_q \left(\frac{\partial^2 E}{\partial y_p \partial \dot{y}_q}\right)_0 y_p \dot{y}_q\Bigg]\,, \end{aligned}\right. \tag{1'}$$

$$K_p = K_{p0} + \sum_q \left(\frac{\partial K_p}{\partial y_q}\right)_0 y_q + \sum_q \left(\frac{\partial K_p}{\partial \dot{y}_q}\right)_0 \dot{y}_q + \sum_q \left(\frac{\partial K_p}{\partial \ddot{y}_p}\right)_0 \ddot{y}_q\,. \tag{2'}$$

Bilde ich die Gleichungen

$$\frac{d}{dt}\left(\frac{\partial E}{\partial \dot{y}_p}\right) - \frac{\partial E}{\partial y_p} = K_p\,, \tag{3'}$$

so ist

$$\left\{\begin{aligned} &\sum_q \left(\frac{\partial^2 E}{\partial \dot{y}_p \partial \dot{y}_q}\right)_0 \ddot{y}_q + \sum_q \left(\frac{\partial^2 E}{\partial y_q \partial \dot{y}_p}\right)_0 \dot{y}_q \\ &\qquad - \left(\frac{\partial E}{\partial y_p}\right)_0 - \sum_q \left(\frac{\partial^2 E}{\partial y_p \partial y_q}\right)_0 y_q - \sum_q \left(\frac{\partial^2 E}{\partial y_p \partial \dot{y}_q}\right)_0 \dot{y}_q = K_p\,. \end{aligned}\right. \tag{4'}$$

Vergleiche ich hier mit den Differentialgleichungen der Überschrift, so ist

$$\left(\frac{\partial E}{\partial y_p}\right)_0 + K_{p0} = 0\,. \tag{5'}$$

$$\left\{\begin{aligned} \left(\frac{\partial^2 E}{\partial \dot{y}_p \partial \dot{y}_q}\right)_0 - \left(\frac{\partial K_p}{\partial \ddot{y}_q}\right)_0 &= a_{pq}\,,\\ \left(\frac{\partial^2 E}{\partial y_q \partial \dot{y}_p}\right)_0 - \left(\frac{\partial^2 E}{\partial y_p \partial \dot{y}_q}\right)_0 - \left(\frac{\partial K_p}{\partial \dot{y}_q}\right)_0 &= b_{pq}\,,\\ - \left(\frac{\partial^2 E}{\partial y_p \partial y_q}\right)_0 - \left(\frac{\partial K_p}{\partial y_q}\right)_0 &= c_{pq}\,. \end{aligned}\right. \tag{6'}$$

§ 5. $\sum\limits_{q=1}^{m}\sum\limits_{i=0}^{h} a_{pq}^{(i)}\dfrac{d^i y_q}{dt^i}=0 \quad (p=1\ldots m)$.

Unter $\dfrac{d^0 y_q}{dt^0}$ sei in dem obigen System von Differentialgleichungen y_q selbst verstanden. Ich setze: (vgl. II § 8).

(1) $$y_q = r_q k e^{nt} \quad (q = 1 \ldots m),$$

wobei r_q und n im allgemeinen komplex sind. Es ist

$$\frac{d^i y_q}{dt^i} = n^i r_q k e^{nt} \quad (q = 1 \ldots m).$$

und unsere Differentialgleichung geht über in:

(2) $$\sum_{q=1}^{m} f_{pq} r_q = 0 \quad (p = 1 \ldots m).$$

wobei

(2a) $$\sum_{i=0}^{h} a_{pq}^{(i)} n^i = f_{pq} \quad (p,\ q = 1 \ldots m),$$

(2) ist ein System von m homogenen linearen Gleichungen fur die r_q. Es ist nur lösbar, falls die Determinante verschwindet:

(3) $$F = |f_{pq}| = 0.$$

Das ist eine Gleichung $(h \cdot m)^{\text{ten}}$ Grades für n; die charakteristische Gleichung:

(4) $$\sum_{\nu=0}^{hm} P_\nu n^\nu = 0.$$

Ich setze nun zur Abkürzung:

(5) $$A^{(ik\,\ldots\, l)} = \begin{vmatrix} a_{11}^{(i)} & a_{12}^{(k)} \ldots a_{1m}^{(l)} \\ a_{21}^{(i)} & a_{22}^{(k)} \ldots a_{2m}^{(l)} \\ \cdot\;\cdot & \cdot \qquad \cdot \\ a_{m1}^{(i)} & a_{m2}^{(k)} \ldots a_{mm}^{(l)} \end{vmatrix}.$$

Ferner bedeute $\sum^{\nu} A^{(ik\,\ldots\, l)}$ die Summe aller Determinanten (7), bei denen $i + k + \ldots + l = \nu$ ist, also z. B.:

$$\begin{aligned}\sum\nolimits^{2} A^{(ik\,\ldots\, l)} = A^{(200\,\ldots\,0)} &+ A^{(020\,\ldots\,0)} + A^{(0020\,\ldots\,0)} + \ldots A^{(000\,\ldots\,02)} \\ + A^{(110\,\ldots\,0)} &+ A^{(101\,\ldots\,0)} + A^{(1001\,\ldots\,0)} + \ldots A^{(100\,\ldots\,01)} \\ &+ A^{(0110\,\ldots\,0)} + A^{(0101\,\ldots\,0)} + \ldots A^{(010\,\ldots\,01)} \\ &\qquad + A^{(0011\,\ldots\,0)} + \ldots A^{(001\,\ldots\,01)} \\ &\qquad \ldots\ldots\ldots\ldots \\ &\qquad\qquad A^{(000\,\ldots\,011)}\end{aligned}$$

Dann ist in (4) nach einfachen Determinantensatzen:

(6) $$P_\nu = \sum^\nu A^{(\iota k \quad l)} \qquad (\nu = 1 \,.\, . \, hm)$$

(vgl. das Beispiel $h = 2$, $m = 2$ in II, § 8).

Um die Gl. (2) aufzulosen bilde ich die Unterdeterminanten von F:

$$F_{pq} = \frac{\partial}{\partial f_{pq}} |f_{pq}| \qquad (p, q = 1 \,.\quad m)$$

Dann ist, wenn n_μ eine Wurzel der Gl. (3) ist

(7) $$r_{\mu q} = K F_{rq}(n_\mu) \qquad \begin{matrix} (q = 1 \ldots m), \quad (\mu = I \ldots hm), \\ (r \text{ beliebig} = 1 \;\ldots m). \end{matrix}$$

Die willkurliche Konstante K kann ich gleich 1 setzen, da in (1) ja schon eine willkurlich bleibende Konstante k vorhanden ist.

(7a) $$r_{\mu q} = F_{rq}(n_\mu) \qquad \begin{matrix} (q = 1 \ldots m), \\ (r \text{ beliebig} = 1 \ldots \; m) \end{matrix}$$

Nach (1) ist dann

(8) $$y_{\mu q} = k_\mu F_{rq}(n_\mu) e^{n_\mu t} \qquad \begin{matrix} (q = 1 \;.\; m), \\ (\mu = 1 \,.\quad mh), \\ (r = \text{beliebig} = 1 \ldots m). \end{matrix}$$

Addiere ich die mh-Losungen, so erhalte ich die allgemeine Losung mit mh willkürlichen Konstanten

(8a) $$y_q = \sum_{\mu=1}^{mh} k_\mu F_{rq}(n_\mu) e^{n_\mu t} \qquad (q = 1 \,.\quad m).$$

Sind unter den Wurzeln n_μ 2 konjugiert komplex, so setze ich

$$\begin{cases} n_\mu = \beta_\mu + \omega_\mu i, \\ k_\mu = |k_\mu| e^{i\varkappa_\mu}, \\ F_{rq}(n_\mu) = |F_{rq}(n_\mu)| e^{i\Phi_{rq}(n_\mu)}, \end{cases}$$

und bilde den reellen oder imaginaren Bestandteil der Partikularlosung (8). Der imaginare Bestandteil ist

(8b) $$y_{\mu q} = |k_\mu| \, |F_{rq}(n_\mu)| \, e^{\beta_\mu t} \sin(\varkappa_\mu + \Phi_{rq}(n_\mu) + \omega_\mu t).$$

Diese Partikularlosung mit den beiden willkürlichen Konstanten $|k_\mu|$ und $\varkappa_\mu$ ersetzt die beiden Partikularlosungen von der Form (8), die zu den konjugiert komplexen n_μ gehören.

Sind l Wurzeln n_μ einander gleich, so ist, wenn ich die zugehorigen l Partikularlösungen addiere, nach (8)

$$\sum y_{q\mu} = \sum k_\mu F_{rq}(n_\mu) e^{n_\mu t} = F_{rq}(n) e^{nt} \sum k_\mu \qquad (q = 1 \ldots m).$$

Die l Konstanten k_μ ziehen sich also in eine einzige zusammen, es gehen also $l - 1$ willkürliche Konstanten verloren. Sind die n_μ komplex, so sind auch die l Konstanten k_μ komplex, es gehen dann also $(l - 1)$ komplexe oder $2(l - 1)$ reelle willkurliche Konstanten verloren. Ich nehme nun zunachst einmal an, die l Wurzeln waren wenig voneinander verschieden und schreibe

$$n_\mu = n + \varepsilon_\mu .$$

Dann ist nach dem Taylorschen Satz

$$F_{rq}(n_\mu) = F_{rq}(n) + \left(\frac{\partial F_{rq}(n_\mu)}{\partial \varepsilon_\mu}\right)_{\varepsilon_\mu = 0} \cdot \varepsilon_\mu + \\ + \left(\frac{\partial^{l-2} F_{rq}(n_\mu)}{\partial \varepsilon_\mu^{l-2}}\right)_{\varepsilon_\mu = 0} \varepsilon_\mu^{l-2} + \left(\frac{\partial^{l-1} F_{rq}(n_\mu)}{\partial \varepsilon_\mu^{l-1}}\right) \varepsilon_\mu^{l-1} +$$

Die Koeffizienten von ε_μ ε_μ^2 usw. sind dabei von ε_μ unabhangig, also fur alle Indizes μ die gleichen. Daher ist

$$\sum y_{q\mu} = \left\{ F_{rq}(n) \sum k_\mu e^{\varepsilon_\mu t} + \left(\frac{\partial F_{rq}(n_\mu)}{\partial \varepsilon_\mu}\right)_{\varepsilon_\mu = 0} \sum k_\mu \varepsilon_\mu e^{\varepsilon_\mu t} + \ldots \right. \\ + \left(\frac{\partial^{l-2} F_{rq}(n_\mu)}{\partial \varepsilon_\mu^{l-2}}\right)_{\varepsilon_\mu = 0} \sum k_\mu \varepsilon_\mu^{l-2} e^{\varepsilon_\mu t} \\ \left. + \left(\frac{\partial^{l-1} F_{rq}(n_\mu)}{\partial \varepsilon_\mu^{l-1}}\right)_{\varepsilon_\mu = 0} \sum k_\mu \varepsilon_\mu^{l-1} e^{\varepsilon_\mu t} + \ldots \right\} e_{nt} \tag{9}$$

Entwickle ich nun auch $e^{\varepsilon_\mu t}$, so ist

$$\left\{ \begin{aligned} \sum k_\mu e^{\varepsilon_\mu t} &= \sum k_\mu + t \sum k_\mu \varepsilon_\mu + \frac{1}{2!} t^2 \sum k_\mu \varepsilon_\mu^2 + \ldots \\ &\quad + \frac{1}{(l-2)!} t^{l-2} \sum k_\mu \varepsilon_\mu^{l-2} + \frac{1}{(l-1)!} t^{l-1} \sum k_\mu \varepsilon_\mu^{l-1} + \ldots \\ \sum k_\mu \varepsilon_\mu e^{\varepsilon_\mu t} &= \sum k_\mu \varepsilon_\mu + t \sum k_\mu \varepsilon_\mu^2 + \frac{1}{2!} t^2 \sum k_\mu \varepsilon_\mu^3 + \ldots \\ &\ldots \\ \sum k_\mu \varepsilon_\mu^{l-2} e^{\varepsilon_\mu t} &= \sum k_\mu \varepsilon_\mu^{l-2} + t \sum k_\mu \varepsilon_\mu^{l-1} + \\ \sum k_\mu \varepsilon_\mu^{l-1} e^{\varepsilon_\mu t} &= \sum k_\mu \varepsilon_\mu^{l-1} . \end{aligned} \right. \tag{10}$$

Ich führe nun statt der Konstanten k_μ neue Konstanten ein durch die Gleichungen

$$(11)\quad \begin{cases} \sum k_\mu = k'_1, \\ \sum k_\mu \varepsilon_\mu = k'_2, \\ \sum k_\mu \varepsilon_\mu^2 = k'_3, \\ \dots\dots\dots \\ \sum k_\mu \varepsilon_\mu^{l-2} = k'_{l-1}, \\ \sum k_\mu \varepsilon_\mu^{l-1} = k'_l. \end{cases}$$

Die alten Konstanten k_μ denke ich mir nun unendlich groß von der Ordnung $(l - 1)$ jedoch derart, daß die k' endlich sind. Dann brechen die Reihen (10) mit dem letzten hingeschriebenen Gliede ab und es ist, wenn ich (11) in (10) einsetze

$$\sum k_\mu e^{\varepsilon_\mu t} = k'_1 + t k'_2 + \frac{1}{2!} t^2 k'_3 + \dots + \frac{1}{(l-2)!} t^{l-2} k'_{l-1} + \frac{1}{(l-1)!} t^{l-1} k'_l,$$

$$\sum k_\mu \varepsilon_\mu e^{\varepsilon_\mu t} = k'_2 + t k'_3 + \frac{1}{2!} t^2 k'_4 + \dots + \frac{1}{(l-2)!} t^{l-2} k'_l,$$

$$\dots\dots\dots\dots\dots$$

$$\sum k_\mu \varepsilon_\mu^{l-2} e^{\varepsilon_\mu t} = k'_{l-1} + t k'_l,$$

$$\sum k_\mu \varepsilon_\mu^{l-1} e^{\varepsilon_\mu t} = k'_l.$$

Setze ich diese Ausdrücke in (9) ein, so erhalte ich

$$\begin{aligned} \sum y_{q\mu} = &\left\{ F_{rq}(n) k'_1 + \left(\frac{\partial F_{rq}(n_\mu)}{\partial \varepsilon_\mu}\right)_{\varepsilon_\mu = 0} k'_2 + \dots \right. \\ &\left. + \left(\frac{\partial^{l-2} F_{rq}(n_\mu)}{\partial \varepsilon_\mu^{l-2}}\right)_{\varepsilon_\mu = 0} k'_{l-1} + \left(\frac{\partial^{l-1} F_{rq}(n_\mu)}{\partial \varepsilon_\mu^{l-1}}\right)_{\varepsilon_\mu = 0} k'_l \right\} e^{nt}, \\ &+ \left\{ F_{rq}(n) k'_2 + \left(\frac{\partial F_{rq}(n_\mu)}{\partial \varepsilon_\mu}\right)_{\varepsilon_\mu = 0} k'_3 + \dots + \left(\frac{\partial^{l-2} F_{rq}(n_\mu)}{\partial \varepsilon_\mu^{l-2}}\right)_{\varepsilon_\mu = 0} k'_l \right\} t e^{nt}, \\ &\dots\dots\dots\dots\dots \\ &+ \left\{ F_{rq}(n) k'_{l-1} + \left(\frac{\partial F_{rq}(n_\mu)}{\partial \varepsilon_\mu}\right)_{\varepsilon_\mu = 0} k'_l \right\} \frac{1}{(l-2)!} t^{l-2} e^{nt}, \\ &+ F_{rq}(n) k'_l \frac{1}{(l-1)!} t^{l-1} e^{nt}. \end{aligned}$$

Dieser Ausdruck enthält wieder die erforderliche Anzahl willkürlicher Konstanten. Ist der reelle Bestandteil von n negativ, so nimmt der Ausdruck mit der Zeit gegen Null ab, da die Exponentialfunktion dann rascher abnimmt als die Potenzen wachsen.

§ 6. Lose Kopplung.

Die Ausfuhrungen von II, § 11, kann man in folgender Weise verallgemeinern:

Ist
$$a_{pq}^{(\iota)} \text{ sehr klein, wenn } p \leqq k \quad q > k \quad k < m,$$

so bezeiche ich die kleinen $a_{pq}^{(\iota)}$ mit $\varepsilon a_{pq}^{(\iota)}$. Dann lautet die charakteristische Gleichung:

$$(1) \qquad F = \left| \begin{array}{cc|cc} f_{11} & \cdots f_{1k} & \varepsilon f_{1\,k+1} & \varepsilon f_{1m} \\ \cdot & \cdot & & \\ f_{k1} & \cdots f_{kk} & \varepsilon f_{k\,k+1} & \cdots\cdots \varepsilon f_{km} \\ \hline f_{k+1,\,1} & \cdots f_{k+1,\,k} & f_{k+1\;k+1} & \cdots\cdots f_{k+1,\,m} \\ \cdot\;\cdot\;\cdot & \cdot\;\cdot\;\cdot\;\cdot & & \\ f_{m1} \cdots & \cdot f_{mk} & f_{m\,k+1} & \cdots\cdots f_{mm} \end{array} \right| = 0\,.$$

Ist ε so klein, daß ε^2 vernachlassigt werden kann, so kann ich schreiben:

$$(2) \qquad n = n_0 + \left(\frac{dn}{d\varepsilon}\right)_{\varepsilon=0} \cdot \varepsilon,$$

wobei n_0 eine Wurzel der Gleichung

$$(3) \qquad F_{\varepsilon=0} = 0$$

ist. Statt (1) kann ich nun schreiben

$$(4) \qquad F_{\varepsilon=0} + \left(\frac{\partial F}{\partial \varepsilon}\right)_{\varepsilon=0} \cdot \varepsilon = 0$$

oder

$$(5) \qquad \left(\frac{\partial F}{\partial \varepsilon}\right)_{\substack{\varepsilon=0\\ n=n_0}} = 0\,.$$

Nun ist

$$\frac{\partial F}{\partial \varepsilon} = \sum_{p=1}^{m} \sum_{q=1}^{m} \frac{\partial f_{pq}}{\partial \varepsilon} F_{pq}\,.$$

Diese Doppelsumme zerlege ich nun nach der Einteilung von (1) in 4 Doppelsummen. Dann ist

$$(6)\quad \left\{\begin{aligned}\left(\frac{\partial F}{\partial \varepsilon}\right)_{\varepsilon=0} &= \sum_{p=1}^{k}\sum_{q=1}^{k}\frac{\partial f_{pq}}{\partial \varepsilon}(F_{pq})_{\varepsilon=0} + \sum_{p=1}^{k}\sum_{q=k+1}^{m} f_{pq}(F_{pq})_{\varepsilon=0} \\ &+ \sum_{p=k+1}^{m}\sum_{q=1}^{k}\frac{\partial f_{pq}}{\partial \varepsilon}(F_{pq})_{\varepsilon=0} + \sum_{p=k+1}^{m}\sum_{q=k+1}^{m}\frac{\partial f_{pq}}{\partial \varepsilon}(F_{pq})_{\varepsilon=0}\end{aligned}\right.$$

Nun zerfällt für $\varepsilon = 0$ die Determinante (1) in das Produkt der folgenden beiden Determinanten:

$$E = \begin{vmatrix} f_{11} & \cdot\, f_{1k} \\ \cdot & \cdot\ \cdot \\ f_{k1} & f_{kk} \end{vmatrix}$$

$$D = \begin{vmatrix} f_{k+1,\,k} & \cdot\ \cdot & f_{k+1,\,m} \\ \cdot & \cdot\ \cdot\ \cdot & \cdot \\ f_{m,\,k+1} & & f_{mm} \end{vmatrix}.$$

In der 1. Doppelsumme der Gl (6) ist daher

$$(F_{pq})_{\varepsilon=0} = E_{pq}\cdot D\,.$$

In der 3 Doppelsumme ist

$$(F_{pq})_{\varepsilon=0} = 0$$

und in der 4. Doppelsumme

$$(F_{pq})_{\varepsilon=0} = E\,D_{pq}\,.$$

Daher ist

$$(6\text{a})\quad \left\{\begin{aligned}\left(\frac{\partial F}{\partial \varepsilon}\right)_{\varepsilon=0} &= D\sum_{p=1}^{k}\sum_{q=1}^{k}\frac{\partial f_{pq}}{\partial \varepsilon}E_{pq} + \sum_{p=1}^{k}\sum_{q=k+1}^{m} f_{pq}(F_{pq})_{\varepsilon=0} \\ &+ E\sum_{p=k+1}^{m}\sum_{q=k+1}^{m}\frac{\partial f_{pq}}{\partial \varepsilon}D_{pq}\,.\end{aligned}\right.$$

Nun ist nach § 5 (2a):

$$\frac{\partial f_{pq}}{\partial \varepsilon} = \sum_{\iota=1}^{h} a_{pq}^{(\iota)}\,\iota\, n^{\iota-1}\frac{dn}{d\varepsilon}$$

und folglich·

$$(6\text{b})\left\{\begin{aligned}\left(\frac{\partial F}{\partial \varepsilon}\right)_{\varepsilon=0} = \frac{dn}{d\varepsilon}\sum_{i=1}^{h} i\,n^{i-1}\left(D\sum_{p=1}^{k}\sum_{q=1}^{k} a_{pq}^{(i)} E_{pq} + E\sum_{p=k+1}^{m}\sum_{q=k+1}^{m} a_{pq}^{(i)} D_{pq}\right)\\ + \sum_{p=1}^{k}\sum_{q=k+1}^{m} f_{pq}(F_{pq})_{\varepsilon=0}.\end{aligned}\right.$$

Nun zerfallen die Wurzeln von $F_{\varepsilon=0}=0$ in die Wurzeln $n_1 \ldots n_{\frac{kh}{2}}$ von $E=0$ und $n_{\frac{kh}{2}+1} \ldots n_{\frac{mh}{2}}$ von $D=0$. Setze ich diese Wurzeln in (6b) ein, so ist wegen (5), wenn ich die entstehenden Gleichungen nach $\frac{dn}{d\varepsilon}$ auflöse:

$$(7\text{a})\qquad \frac{dn_\mu}{d\varepsilon} = \frac{-\sum\limits_{p=1}^{k}\sum\limits_{q=k+1}^{m} f_{pq}(F_{pq})_{\varepsilon=0}}{D\sum\limits_{i=1}^{h} i\,n^{i-1}\sum\limits_{p=1}^{k}\sum\limits_{q=1}^{k} a_{pq}^{(i)} E_{pq}}\qquad \left(\mu = 1 \ldots \frac{kh}{2}\right),$$

$$(7\text{b})\qquad \frac{dn_\mu}{d\varepsilon} = \frac{-\sum\limits_{p=1}^{k}\sum\limits_{q=k+1}^{m} f_{pq}(F_{pq})_{\varepsilon=0}}{E\sum\limits_{i=1}^{h} i\,n^{i-1}\sum\limits_{p=k+1}^{m}\sum\limits_{q=k+1}^{m} a_{pq}^{(i)} D_{pq}}\qquad \left(\mu = \left(\frac{kh}{2}+1\right) \ldots \frac{mh}{2}\right).$$

§ 7. Geringe Dämpfung.

Die Ausführungen von II, § 12 kann man in folgender Weise verallgemeinern: Die $a_{pq}^{(i)}$ seien klein, wenn i ungerade ist. Ich will sie dann mit $\varepsilon a_{pq}^{(i)}$ bezeichnen. Ich führe die Abkürzungen ein:

$$\hat{f}_{pq} = f_{pq}(\varepsilon = 0) = \sum_{i=0}^{h} a_{pq}^{(i)} n^i \quad (i \text{ gerade}),$$

$$\bar{f}_{pq} = \sum_{i=1}^{h} a_{pq}^{(i)} n^i \quad (i \text{ ungerade}).$$

Die charakteristische Gleichung lautet

$$(1)\qquad F = \begin{vmatrix} \hat{f}_{11} + \varepsilon\bar{f}_{11} & \hat{f}_{12} + \varepsilon\bar{f}_{12} & \ldots \\ \hat{f}_{21} + \varepsilon\bar{f}_{21} & \hat{f}_{22} + \varepsilon\bar{f}_{22} & \ldots \\ \ldots & \ldots & \ldots \end{vmatrix} = 0.$$

Ist ε so klein, daß ε^2 vernachlässigt werden kann, so ist

$$(2)\qquad n = n_0 + \left(\frac{dn}{d\varepsilon}\right)_{\varepsilon=0}\cdot\varepsilon,$$

wobei n_0 eine Wurzel der Gleichung

(3) $$F_{\varepsilon=0} = 0$$

ist Statt (1) kann ich nun schreiben

(4) $$F_{\varepsilon=0} + \left(\frac{\partial F}{\partial \varepsilon}\right)_{\varepsilon=0} \cdot \varepsilon = 0$$

oder

(5) $$\left(\frac{\partial F}{\partial \varepsilon}\right)_{\substack{\varepsilon=0\\ n=n_0}} = 0 .$$

Nun ist

(6) $$\frac{\partial F}{\partial \varepsilon} = \sum_p \sum_q \frac{\partial f_{pq}}{\partial \varepsilon} F_{pq},$$

$$\left(\frac{\partial f_{pq}}{\partial \varepsilon}\right)_{\varepsilon=0} = \frac{\partial \hat{f}_{pq}}{\partial \varepsilon} + \bar{f}_{pq},$$

$$(F_{pq})_{\varepsilon=0} = \hat{F}_{pq}.$$

(6a) $$\left(\frac{\partial F}{\partial \varepsilon}\right)_{\varepsilon=0} = \sum_p \sum_q \frac{\partial \hat{f}_{pq}}{\partial \varepsilon} \hat{F}_{pq} + \sum_p \sum_q \bar{f}_{pq} \hat{F}_{pq}.$$

Weiter ist
$$\frac{d\hat{f}_{pq}}{d\varepsilon} = \frac{d\hat{f}_{pq}}{dn} \cdot \frac{dn}{d\varepsilon}.$$

Aus (6a) und (5) folgt daher:

(7) $$\left(\frac{dn}{d\varepsilon}\right)_{\varepsilon=0} = -\frac{\sum_p \sum_q \bar{f}_{pq}(n_0)\, \hat{F}_{pq}(n_0)}{\sum_p \sum_q \left(\frac{d\hat{f}_{pq}}{dn}\right)_{n=n_0} \hat{F}_{pq}(n_0)}$$

Da
$$\frac{d\hat{f}_{pq}}{dn} = \sum_{i=1}^{h} a_{pq}^{(i)}\, i\, n^{i-1},$$

hebt sich in (7) ein n fort und es bleiben nur gerade n übrig. Wenn also die Lösungen von (3) rein imaginär sind, ist (7) reell. Die $a_{pq}^{(i)}$ (ungerade) ändern dann wieder wie in *II*, § 13 die Frequenz nicht.

§ 8. $\sum_{q=1}^{m} \sum_{i=0}^{h} a_{pq}^{(i)} \frac{d^i y_q}{dt^i} = \sum_{\gamma=1}^{k} C_{p\gamma} e^{m_\gamma t} \quad (p = 1 \ldots m)$.

Ist im § 6 $\varepsilon = 0$, d. h.

(1) $$a_{pq}^{(i)} = 0 \quad \text{wenn} \quad p \leq k, \quad q > k, \quad k < m,$$

so kann ich die Differentialgleichungen § 5 schreiben:

$$(2)\qquad \sum_{q=1}^{k}\sum_{\iota=0}^{h} a_{pq}^{(\iota)} \frac{d^\iota y_q}{dt^\iota} = 0, \quad (p = 1 \ldots k).$$

$$(3)\qquad \sum_{q=k+1}^{m}\sum_{\iota=0}^{h} a_{pq}^{(\iota)} \frac{d^\iota y_q}{dt^\iota} = -\sum_{q=1}^{k}\sum_{\iota=0}^{h} a_{pq}^{(\iota)} \frac{d^\iota y_q}{dt^\iota}, \quad [p = (k+1) \;.\; m].$$

Berechne ich nun aus (2) $y_q (q = 1 \ldots k)$ und setze die gefundenen Werte auf der rechten Seite von (3) ein, so kann ich (3) auf die Form der in der Überschrift stehenden Gleichung bringen. Es sind die Gleichungen der erzwungenen Schwingungen. Die Anzahl $(m - k)$ der auf der linken Seite von (3) stehenden y wird die Anzahl m der Freiheitsgrade. Die Anzahl k der auf der rechten Seite von (3) stehenden y wird die Anzahl der einfachen Schwingungen, aus denen sich die erregenden Schwingungen zusammensetzen. Auf diese Weise kann man die Gleichungen unseres § als Spezialfall der Gleichungen § 5 betrachten, während in anderer Betrachtungsweise unsere Gleichungen als Erweiterungen der Gleichungen § 5 erscheinen.

Die Lösungen setzen sich nun wieder zusammen aus einem partikularen Integral y_{1q} und dem allgemeinen Integral y_{2q} der homogenen Gleichung:

$$y_{1q} = \sum_{\gamma=1}^{k} r_{\gamma q} e^{m_\gamma t},$$

$$y_{2q} = \sum_{\mu=1}^{mh} r_{\mu q} k_\mu e^{n_\mu t},$$

$$\sum_{q=1}^{m} f_{pq}(m_\gamma)\, r_{\gamma q} = C_{p\gamma}, \quad (p = 1 \ldots m)\,(\gamma = 1 \ldots k),$$

$$\sum_{q=1}^{m} f_{pq}(n_\mu)\, r_{\mu q} = 0, \quad (p = 1 \ldots m)\,(\mu = 1 \ldots hm).$$

Diese Gleichungen ergeben aufgelöst, wenn F_{pq} die zu f_{pq} gehörige Unterdeterminante von F ist

$$r_{\gamma q} = \frac{1}{F(n_\gamma)} \sum_{p=1}^{m} C_{p\gamma} F_{pq}(n_\gamma), \quad (q = 1 \ldots m)\,(\gamma = 1 \ldots k),$$

$$r_{\mu q} = F_{rq}(n_\mu), \quad (q = 1 \ldots m)\,(\mu = 1 \ldots hm),$$

$$(r \text{ beliebig} = 1 \ldots m).$$

Ist ein $C_{p\gamma}$, ich nenne es $C_{p\gamma'}$, wesentlich größer als die andern, so wird die erregende Schwingung im wesentlichen als eine Schwingung $C_{p\gamma'} e^{m_{\gamma'} t}$ erscheinen. Kommt ein m_γ, ich nenne es $m_{\gamma''}$, einer Wurzel der Gleichung $F(n_\mu) = 0$ sehr nahe, so wird das $r_{q\gamma''}$ sehr groß. y_{1q} wird dann im wesentlichen als eine Schwingung $r_{q\gamma''} = e^{m_{\gamma''} t}$ erscheinen. Es ruft dann scheinbar eine einfache Schwingung von der Periode $\omega_{\gamma'}$, und der Dämpfung $\beta_{\gamma'}$, eine erzwungene Schwingung hervor, die scheinbar auch eine einfache Schwingung ist, aber die ganz andere Periode $\omega_{\gamma''}$ und die ganz andere Dämpfung $\beta_{\gamma''}$ besitzt.

IV. Kapitel. Differentialgleichungen, die sich auf solche mit konstanten Koeffizienten zurückführen lassen.

§ 1. Änderung der unabhängigen Variablen.

Man kann aus jeder Differentialgleichung mit konstanten Koeffizienten beliebig viele Differentialgleichungen mit nicht konstanten Koeffizienten herleiten, die sich durch eine Substitution auf die Differentialgleichung mit konstanten Koeffizienten zurückführen lassen. Man braucht bloß statt der unabhängigen Variablen x oder statt der abhängigen Variablen y oder statt beider neue Variable einzuführen Der 1. Fall soll in diesem, der 2. im folgenden und der letzte im 3. Paragraph behandelt werden. Es sei also:

$$(1) \quad \xi = f(x), \qquad (1\text{a}) \quad x = g(\xi),$$

wobei (1a) die Auflösung von (1) nach x und (1) die Auflösung von (1a) nach ξ ist.

$$\frac{dy}{dx} = \frac{dy}{d\xi} \cdot \frac{d\xi}{dx} = \frac{dy}{d\xi} \cdot \frac{df}{dx}.$$

Bezeichne ich die Differentialquotienten von y nach ξ und die von f nach x durch Striche und bilde ich die weiteren Differentialquotienten von y nach x, so ist

$$(2) \quad \begin{cases} \dfrac{dy}{dx} = f' y', \\ \dfrac{d^2 y}{dx^2} = f'' y' + f'^2 y'', \\ \dfrac{d^3 y}{dx^3} = f''' y' + 3 f' f'' y'' + f'^3 y''', \\ \dfrac{d^4 y}{dx^4} = f'''' y' + (4 f' f''' + 3 f''^2) y'' + 6 f'^2 f'' y''' + f'^4 y'''', \\ \cdots\cdots\cdots\cdots\cdots\cdots \end{cases}$$

Allgemein kann ich schreiben:

$$\frac{d^i y}{dx^i} = \sum_{\gamma=1}^{i} \varphi_{i\gamma} \frac{d^\gamma y}{d\xi^\gamma}. \tag{3}$$

Für die Funktionen φ gilt dabei die Rekursionsformel

$$\varphi_{i+1,\gamma} = \varphi'_{i,\gamma} + f' \varphi_{i,\gamma-1}. \tag{4}$$

Setze ich nun (3) in die Differentialgleichung

$$\sum_{i=0}^{p} a_i \frac{d^i y}{dx^i} = F(x) \tag{5}$$

ein, so erhalte ich, wenn ich die Doppelsumme gleich etwas umordne:

$$\sum_{\gamma=0}^{p} \left(\sum_{i=\gamma}^{p} a_i \varphi_{i\gamma} \right) \frac{d^\gamma y}{d\xi^\gamma} = F(x). \tag{6}$$

In den $\varphi_{i\gamma}$ kommt wie in F x als Variable vor. Setze ich nach (1a) für x $g(\xi)$ ein, so erhalte ich schließlich die Gleichung

$$\sum_{\gamma=0}^{p} \left(\sum_{i=\gamma}^{p} a_i \varphi_{i\gamma}[g(\xi)] \right) \frac{d^\gamma y}{d\xi^\gamma} = F[g(\xi)]. \tag{7}$$

Setze ich:

$$\sum_{i=\gamma}^{p} a_i \varphi_{i\gamma}[g(\xi)] = \chi_\gamma(\xi); \quad F[g(\xi)] = G(\xi), \tag{8}$$

so kann ich (7) schreiben:

$$\sum_{\gamma=0}^{p} \chi_\gamma(\xi) \frac{d^\gamma y}{d\xi^\gamma} = G(\xi). \tag{9}$$

Das ist eine Differentialgleichung zwischen ξ und y, die nicht konstante Koeffizienten besitzt, die sich aber durch die Substitution (1) auf eine Differentialgleichung mit konstanten Koeffizienten zurückführen laßt.

Ist beispielsweise

$$(1') \quad \xi = e^x, \qquad (1'a) \quad x = ln\,\xi,$$

so werden die Gl (2):

$$
(2')\quad
\begin{cases}
\dfrac{dy}{dx} = e^{x}\, y', \\[2mm]
\dfrac{d^2 y}{dx^2} = e^{x}\, y' + e^{2x}\, y'', \\[2mm]
\dfrac{d^3 y}{dx^3} = e^{x}\, y' + 3\, e^{2x}\, y'' + e^{3x}\, y''', \\[2mm]
\dfrac{d^4 y}{dx^4} = e^{x}\, y' + 7\, e^{2x}\, y'' + 6\, e^{3x}\, y''' + e^{4x}\, y'''' \\
\cdot\ \cdot\ \cdot\ \cdot\ \cdot\quad \cdot\quad \cdot\quad \cdot\quad \cdot\ \cdot\ \cdot
\end{cases}
$$

Ich kann also schreiben:

$$
(3')\qquad \frac{d^{\iota} y}{dx^{\iota}} = \sum_{\gamma=1}^{\iota} b_{\iota\gamma}\, e^{\gamma x} \frac{d^{\gamma} y}{d\xi^{\gamma}}
$$

Fur die Konstanten $b_{\iota\gamma}$ gilt dabei nach (4) die Rekursionsformel

$$
(4')\qquad b_{\iota+1,\,\gamma} = \gamma\, b_{\iota\gamma} + b_{\iota,\,\gamma-1}
$$

Die folgende Tabelle enthalt die Werte von $b_{\iota\gamma}$ bis $i = 10$.

$b_{\iota\gamma}$	$\gamma=1$	2	3	4	5	6	7	8	9	10
$\iota=1$	1									
2	1	1								
3	1	3	1							
4	1	7	6	1						
5	1	15	25	10	1					
6	1	31	90	65	15	1				
7	1	63	301	350	140	21	1			
8	1	127	966	1701	1050	266	28	1		
9	1	255	3025	7770	6951	2646	462	36	1	
10	1	511	9330	34105	42525	22827	5880	750	45	1

Nach (6) und (7) ist dann

$$
(6')\qquad \sum_{\gamma=0}^{p} \left(\sum_{\iota=\gamma}^{p} a_{\iota} b_{\iota\gamma} \right) e^{\gamma x} \frac{d^{\gamma} y}{d\xi^{\gamma}} = F(x),
$$

$$
(7')\qquad \sum_{\gamma=0}^{p} \left(\sum_{\iota=\gamma}^{p} a_{\iota} b_{\iota\gamma} \right) \xi^{\gamma} \frac{d^{\gamma} y}{d\xi^{\gamma}} = F(\ln \xi).
$$

Setze ich:

$$
(8')\qquad \sum_{\iota=\gamma}^{p} a_{\iota} b_{\iota\gamma} = c_{\gamma}; \quad F(\ln \xi) = G(\xi),
$$

so kann ich diese Differentialgleichung schreiben:

$$\sum_{\gamma=0}^{p} c_\gamma \xi^\gamma \frac{d^\gamma y}{d\xi^\gamma} = G(\xi). \tag{9'}$$

Um also eine Gleichung von dieser Form aufzulösen, muß man zunächst aus den c die a berechnen, indem man (8′) nach a auflöst. Ist dann $y(x)$ eine Lösung von (5) so ist $y(\ln\xi)$ eine Lösung von (9′).

Statt dessen kann ich aber auch in (9′) die Substitution (1′) machen. Es ist dann, wenn ich jetzt die Differentialquotienten von y nach x durch Striche bezeichne

$$\left\{\begin{aligned} \frac{dy}{d\xi} &= \xi^{-1} y', \\ \frac{d^2 y}{d\xi^2} &= -\xi^{-2} y' + \xi^{-2} y'', \\ \frac{d^3 y}{d\xi^3} &= 2\xi^{-3} y' - 3\xi^{-3} y'' + \xi^{-3} y''', \\ \frac{d^4 y}{d\xi^4} &= -6\xi^{-4} y' + 11\xi^{-4} y'' - 6\xi^{-4} y''' + \xi^{-4} y'''', \\ & \ldots\ldots\ldots\ldots\ldots \end{aligned}\right. \tag{2'a}$$

Ich kann also schreiben:

$$\frac{d^\gamma y}{d\xi^\gamma} = \xi^{-\gamma} \sum_{i=1}^{\gamma} (-1)^{i+\gamma} B_{\gamma i} \frac{d^i y}{dx^i}. \tag{3'a}$$

Für die Konstanten $B_{\gamma i}$ gilt dabei die Rekursionsformel:

$$B_{\gamma+1,i} = \gamma B_{\gamma i} + B_{\gamma,i-1} \quad (B_{11} = 1,\ B_{\gamma 0} = B_{\gamma,\gamma+1} = 0). \tag{4'a}$$

Die folgende Tabelle enthält die Werte der B bis $\gamma = 10$.

$B_{\gamma i}$	$i=1$	2	3	4	5	6	7	8	9	10
$\gamma=1$	1									
2	1	1								
3	2	3	1							
4	6	11	6	1						
5	24	50	35	10	1					
6	120	274	225	85	15	1				
7	720	1764	1624	735	175	21	1			
8	5040	13068	13132	6769	1960	322	28	1		
9	40320	109584	118124	67284	22449	4536	546	36	1	
10	362880	1026576	1172700	723680	269325	63273	9450	870	45	1

Setze ich (3'a) in (9') ein, so erhalte ich

$$(9'a)\qquad \sum_{\iota=0}^{p}\left(\sum_{\gamma=\iota}^{p}(-1)^{\iota+\gamma}c_\gamma B_{\gamma\iota}\right)\frac{d^\iota y}{dx^\iota}=G(e^x).$$

Diese Gleichung muß mit (5) übereinstimmen. Es ist also

$$(8'a)\qquad \sum_{\gamma=\iota}^{p}(-1)^{i+\gamma}c_\gamma B_{\gamma\iota}=a_\iota;\qquad G(e^x)=F(x),$$

(8'a) ist also die Auflosung des Gleichungssystems (8').

Ich betrachte nun zunächst die homogene Differentialgleichung

$$(9'')\qquad \sum_{\gamma=0}^{p}c_\gamma\,\xi^\gamma\frac{d^\gamma y}{d\xi^\gamma}=0.$$

Ein Integral ist

$$(10'')\qquad y=k\,e^{n\ln\xi}=k\,\xi^n,$$

wobei n eine Wurzel der Gleichung

$$(11'')\qquad \sum_{\iota=0}^{p}a_\iota n^\iota=\sum_{\iota=0}^{p}\left(\sum_{\gamma=\iota}^{p}(-1)^{\iota+\gamma}c_\gamma B_{\gamma\iota}\right)n^\iota=0$$

ist. Ich kann natürlich auch den Ansatz $y=k\,\xi^n$ direkt in (9'') einsetzen. Dann ist:

$$\frac{d^\gamma y}{d\xi^\gamma}=n(n-1)\ldots(n-\gamma+1)\,k\,\xi^{n-\gamma},$$

$$\sum_{\gamma=0}^{p}c_\gamma\,\xi^\gamma\frac{d^\gamma y}{d\xi^\gamma}=k\,\xi^n\sum_{\gamma=0}^{p}c_\gamma n(n-1)\ldots(n-\gamma+1).$$

Ordne ich die Summe nach Potenzen von n, so erhalte ich als Koeffizienten wieder die Ausdrücke (8'a). Ist n eine $(r+1)$-fache Wurzel der Gl. (11''), so lautet das zugehörige Integral

$$(12'')\qquad y=\xi^n\sum_{\nu=0}^{r}k_\nu(\ln\xi)^\nu.$$

Es hat also $(r+1)$ willkürliche Konstanten. Habe ich z. B. die Gleichung

$$(9''')\qquad \xi^2\frac{d^2y}{d\xi^2}+\xi\frac{dy}{d\xi}=0,$$

so lautet die zugehörige Gl. (11'')

$$(11''')\qquad n^2=0.$$

Das Integral von (9''') ist also

$$(12''')\qquad y=k_0+k_1\ln\xi.$$

Sind unter den Wurzeln von (11″) 2 konjugiert komplex

$$n_\mu = \beta_\mu \pm i\,\omega_\mu\,,$$

so ist das zugehörige Partikularintegral

$$y = k_\mu\,\xi^{\beta_\mu} \sin(\varkappa_\mu + \omega_\mu \ln \xi)$$

Haben wir statt der homogenen Differentialgleichung die Gleichung

$$\sum c_i\,\xi^\iota \frac{d^\iota y}{d\xi^\iota} = \sum_\gamma \sum_\mu C_{\gamma\mu}\,\xi^\gamma\,e^{m_\mu \xi}\,, \tag{9″a}$$

so setzt sich nach I § 17 (2) das partikulare Integral zusammen aus Ausdrücken von der Form

$$y_{\gamma\mu} = \xi^{m_\mu} \sum_{\nu=0}^{\gamma} r_\nu (\ln \xi)^\nu\,,$$

wobei die r_ν aus § 17 (5) und (6) zu berechnen und die a_ι aus (8′a) einzusetzen sind.

§ 2. Änderung der abhängigen Variablen.

Ich will nun statt der abhängigen Variablen y eine neue Variable η einführen. Es sei

$$y = f(x, \eta)\,. \tag{1}$$

Es ist dann

$$\left\{\begin{aligned}
\frac{dy}{dx} &= \frac{\partial f}{\partial x} + \frac{\partial f}{\partial \eta}\frac{d\eta}{dx}\,,\\
\frac{d^2 y}{dx^2} &= \frac{\partial^2 f}{\partial x^2} + 2\,\frac{\partial^2 f}{\partial x\,\partial \eta}\frac{d\eta}{dx} + \frac{\partial^2 f}{\partial \eta^2}\left(\frac{d\eta}{dx}\right)^2 + \frac{\partial f}{\partial \eta}\frac{d^2\eta}{dx^2}\,,\\
\frac{d^3 y}{dx^3} &= \frac{\partial^3 f}{\partial x^3} + 3\,\frac{\partial^3 f}{\partial x^2\,\partial \eta}\frac{d\eta}{dx} + 3\,\frac{\partial^3 f}{\partial x\,\partial \eta^2}\left(\frac{d\eta}{dx}\right)^2 + \frac{\partial^3 f}{\partial \eta^3}\left(\frac{d\eta}{dx}\right)^3\\
&\quad + 3\,\frac{\partial^2 f}{\partial x\,\partial \eta}\frac{d^2\eta}{dx^2} + 3\,\frac{\partial^2 f}{\partial \eta^2}\frac{d\eta}{dx}\frac{d^2\eta}{dx^2} + \frac{\partial f}{\partial \eta}\frac{d^3\eta}{dx^3}\,.\\
&\quad \cdots\qquad \cdots
\end{aligned}\right. \tag{2}$$

Setze ich diese Werte in die Differentialgleichung

$$\sum_{\iota=0}^{p} a_\iota \frac{d^\iota y}{dx^\iota} = f(x) \tag{3}$$

ein, so erhalte ich eine neue Differentialgleichung zwischen η und x, die keine konstanten Koeffizienten besitzt und sich durch die Substitution (1) auf eine Differentialgleichung mit konstanten Koeffizienten zuruckfuhren läßt. Ist z. B.

$$y = F(x) \cdot \eta \,, \tag{4}$$

so ist nach der Regel uber die Differentiation eines Produktes

$$\frac{d^i y}{d x^i} = \sum_{\gamma=0}^{i} \binom{i}{\gamma} \frac{d^{i-\gamma} F}{d x^{i-\gamma}} \frac{d^\gamma \eta}{d x^\gamma} . \tag{5}$$

Setze ich das in (3) ein, so ist

$$\sum_{\gamma=0}^{p} \left[\sum_{i=\gamma}^{p} a_i \binom{i}{\gamma} \frac{d^{i-\gamma} F}{d x^{i-\gamma}} \right] \frac{d^\gamma \eta}{d x^\gamma} = f(x) . \tag{6}$$

Setze ich also in dieser Gleichung

$$\eta = \frac{y}{F(x)} , \tag{7}$$

so geht sie in eine Differentialgleichung mit konstanten Koeffizienten uber. Ist speziell

$$y = x^n \cdot \eta \,, \tag{8}$$

so ist nach (5)

$$\frac{d^i y}{d x^i} = \sum_{\gamma=0}^{i} \binom{i}{\gamma} n(n-1) \ldots (n-i+\gamma+1) \, x^{n-i+\gamma} \frac{d^\gamma \eta}{d x^\gamma} . \tag{9}$$

Ist etwa $n = 1$, so ist

$$\frac{d^i y}{d x^i} = i \frac{d^{i-1} \eta}{d x^{i-1}} + x \frac{d^i \eta}{d x^i} . \tag{10}$$

Setze ich das in (3) ein, so ist

$$\sum_{i=0}^{h} [(i+1)\, a_{i+1} + a_i x] \frac{d^i \eta}{d x^i} = f(x) . \tag{11}$$

Ist speziell $a_i = 0$ falls $i > 2$, so ist

$$(a_1 + a_0 x)\,\eta + (2 a_2 + a_1 x) \frac{d \eta}{d x} + a_2 x \frac{d^2 \eta}{d x^2} = f(x) . \tag{12}$$

Diese Gleichung wird also durch die Substitution

$$\eta = \frac{y}{x} \tag{13}$$

auf die Form

$$a_2 \frac{d^2 y}{d x^2} + a_1 \frac{d y}{d x} + a_0 y = f(x) \tag{14}$$

gebracht. Haben wir statt (12) die spezielle Gleichung

$$2 \frac{d \eta}{d x} + x \frac{d^2 \eta}{d x^2} = 0 , \tag{12'}$$

so ist

$$\frac{d^2 y}{d x^2} = 0 , \tag{14'}$$

$$y = K x + L ,$$

$$\eta = K + \frac{L}{x} .$$

§ 3. Änderung beider Variablen.

Es sollen nun sowohl für x als auch fur y neue Variable ξ und η eingeführt werden Der Ausdruck für y soll dabei außer ξ und η auch noch $\frac{d\eta}{d\xi}$ enthalten.

$$y = f\left(\xi, \eta, \frac{d \eta}{d \xi}\right) , \tag{1}$$

$$x = g(\xi, \eta) . \tag{2}$$

Dann ist

$$\frac{d y}{d x} = \left(\frac{\partial f}{\partial \xi} + \frac{\partial f}{\partial \eta} \frac{d \eta}{d \xi} + \frac{\partial f}{\partial \frac{d \eta}{d \xi}} \frac{d^2 \eta}{d \xi^2}\right) \frac{d \xi}{d x} , \tag{3}$$

$$\frac{d x}{d \xi} = \frac{\partial g}{\partial \xi} + \frac{\partial g}{\partial \eta} \frac{d \eta}{d \xi} . \tag{4}$$

Ich will mich hier auf die Differentialgleichungen 1. Ordnung beschränken. Setze ich also (1), (2), (3). (4) in

$$a \frac{d y}{d x} + b y = F(x) \tag{5}$$

ein, so erhalte ich

$$a \frac{\frac{\partial f}{\partial \xi} + \frac{\partial f}{\partial \eta} \frac{d \eta}{d \xi} + \frac{\partial f}{\partial \frac{d \eta}{d \xi}} \frac{d^2 \eta}{d \xi^2}}{\frac{\partial g}{\partial \xi} + \frac{\partial g}{\partial \eta} \frac{d \eta}{d \xi}} + b f\left((\xi, \eta, \frac{d \eta}{d \xi}\right) = F[g(\xi \eta)] . \tag{6}$$

Um also diese Differentialgleichung zu integrieren, muß ich y aus (5) berechnen und dann (1) und (2) nach η auflosen (1) ist allerdings fur η wieder eine Differentialgleichung. Es ist hier also im Gegensatz zu den beiden vorigen Paragraphen nur gelungen, eine Differentialgleichung, die nicht linear ist und keine konstanten Koeffizienten besitzt, auf eine Differentialgleichung der gleichen Art zurückzuführen, die aber unter Umständen leichter zu diskutieren ist als die ursprüngliche Gleichung

Ist beispielsweise

$$(1') \qquad y = \left(\frac{d\eta}{d\xi}\right)^2,$$

$$(2') \qquad x = \eta,$$

so ist·

$$(3') \qquad \frac{dy}{dx} = 2\frac{d\eta}{d\xi}\frac{d^2\eta}{d\xi^2}\frac{d\xi}{dx},$$

$$(4') \qquad \frac{dx}{d\xi} = \frac{d\eta}{d\xi}.$$

Ist ferner speziell:

$$(5') \qquad a\frac{dy}{dx} + by = -cx,$$

so ist nach (6)

$$(6') \qquad 2a\frac{d^2\eta}{d\xi^2} + b\left(\frac{d\eta}{d\xi}\right)^2 + c\eta = 0$$

Diese Differentialgleichung erhält man, wenn bei Schwingungen die Dämpfung nicht konstant wie in I, § 12 und nicht proportional der Geschwindigkeit wie in I, § 5, sondern proportional dem Quadrat der Geschwindigkeit angenommen wird. Besitzt z. B. ein Schiff Schlingerkiele, so ist der Reibungswiderstand proportional dem Quadrat der Geschwindigkeit (Hort: T. Schw. § 68). ξ bedeutet dann die Zeit. Die Dämpfung ist nun so anzunehmen, daß sie stets der Geschwindigkeit entgegenwirkt, also positiv, wenn $\frac{d\eta}{d\xi}$ neg. und neg., wenn $\frac{d\eta}{d\xi}$ positiv ist.

$$(6'a) \qquad 2a\frac{d^2\eta}{d\xi^2} + b\left(\frac{d\eta}{d\xi}\right)^2 + c\eta = 0 \qquad \text{für neg. } \frac{d\eta}{d\xi}.$$

$$(6'b) \qquad 2a\frac{d^2\eta}{d\xi^2} - b\left(\frac{d\eta}{d\xi}\right)^2 + c\eta = 0 \qquad \text{für pos. } \frac{d\eta}{d\xi}.$$

Ein Partikularintegral der inhomogenen Differentialgleichung (5′) ist:

$$y = \frac{ac}{b^2} - \frac{c}{b} x. \tag{7}$$

Das allgemeine Integral ist daher

$$y = \frac{ac}{b^2} - \frac{c}{b} x + k e^{nx} \quad \left(n = -\frac{b}{a}\right). \tag{8}$$

Nach (1′) und (2′) folgt daraus

$$\frac{d\eta}{d\xi} = \sqrt{\frac{ac}{b^2} - \frac{c}{b}\eta + k e^{n\eta}} \quad \left(n = -\frac{b}{a}\right). \tag{9}$$

Wenn es nun auch nicht möglich ist, diese Gleichung zu ıntegrieren, so kann man doch einige Schlüsse aus ihr ziehen. Ist z. B. fur $\xi = 0$: $\eta = -\eta_0$ und $\frac{d\eta}{d\xi} = 0$, so bestimmt sich die Konstante k folgendermaßen:

$$\frac{ac}{b^2} + \frac{c}{b}\eta_0 + k e^{n\eta_0} = 0,$$

$$k = -\left(\frac{ac}{b^2} + \frac{c}{b}\eta_0\right) e^{-n\eta_0}, \tag{10}$$

$$\frac{d\eta}{d\xi} = \sqrt{\left(\frac{ac}{b^2} - \frac{c}{b}\eta\right) - \left(\frac{ac}{b^2} + \frac{c}{b}\eta_0\right) e^{n(\eta - \eta_0)}} \quad \left(n = -\frac{b}{a}\right). \tag{11}$$

Diese Gleichung gilt solange bis $\frac{d\eta}{d\xi}$ wieder Null wird. Der zugehörige Wert von η sei η_1. Dann ist

$$\left(\frac{ac}{b^2} - \frac{c}{b}\eta_1\right) - \left(\frac{ac}{b^2} + \frac{c}{b}\eta_0\right) e^{n(\eta_1 - \eta_0)} = 0 \quad \left(n = -\frac{b}{a}\right). \tag{12a}$$

Aus dieser Gleichung kann η_1 berechnet werden, wenn η_0 gegeben ist. Von nun ab gilt die Gl. (6′b) statt (6′a). Es ist also b durch $-b$ zu ersetzen. Nenne ich dann den Wert von η, fur den wieder $\frac{d\eta}{d\xi} = 0$ wird, η_2, so ist außerdem in (18) $-\eta_0$ durch η_1 und η_1 durch $-\eta_2$ zu ersetzen und es ist

$$\left(\frac{ac}{b^2} - \frac{c}{b}\eta_2\right) - \left(\frac{ac}{b^2} + \frac{c}{b}\eta_1\right) e^{-n(\eta_2 - \eta_1)} = 0 \quad \left(n = \frac{b}{a}\right). \tag{12b}$$

V. Kapitel. Partielle Differentialgleichungen.

§ 1. $a\frac{\partial^2 w}{\partial x^2} - b\frac{\partial^2 w}{\partial t^2} = 0$.

Ich nehme w in folgender Form an:

$$w = X\,T, \tag{1}$$

wobei X eine Funktion von x allein und T eine Funktion von t allein ist. Dann wird aus unserer Differentialgleichung

$$a\frac{d^2 X}{dx^2}T - bX\frac{d^2 T}{dt^2} = 0. \tag{2}$$

Diese Gleichung ist erfüllt, wenn folgende beiden Gleichungen erfüllt sind:

$$\begin{cases} a\frac{d^2 X}{dx^2} + CX = 0, \\ b\frac{d^2 T}{dt^2} + CT = 0, \end{cases} \tag{3}$$

wobei C eine willkürliche Konstante ist. Damit ist die partielle Differentialgleichung auf 2 gewöhnliche Differentialgleichungen zurückgeführt.

Nach I, § 1 (1) und § 3 (1) folgt daraus, je nachdem C positiv, negativ oder 0 ist:

$$\begin{matrix} X = K\cos\omega x + L\sin\omega x, \\ T = K'\cos\omega' t + L'\sin\omega' t, \end{matrix} \tag{4}$$

$$\begin{matrix} X = K\mathfrak{Cof}\,\omega x + L\mathfrak{Sin}\,\omega x, \\ T = K'\mathfrak{Cof}\,\omega' t + L'\mathfrak{Sin}\,\omega' t, \end{matrix} \tag{4'}$$

$$\begin{matrix} X = K + Lx, \\ T = K' + L't. \end{matrix} \tag{4''}$$

In (4) ist nach I, § 1 (3) und § 3 (3)

$$\begin{matrix} -a\omega^2 + C = 0, \\ -b\omega'^2 + C = 0, \end{matrix} \tag{5}$$

$$\begin{matrix} a\omega^2 + C = 0, \\ b\omega'^2 + C = 0. \end{matrix} \tag{5'}$$

Eliminiert man C aus (5), so erhält man die Beziehung, die zwischen ω und ω' bestehen muß, nämlich

$$a\omega^2 - b\omega'^2 = 0. \tag{6}$$

Zu der Differentialgleichung treten nun noch Grenzbedingungen und Anfangsbedingungen. Es kann z. B. gefordert werden:

$$(7)\qquad \begin{cases} w = 0 \quad \text{oder} \quad \dfrac{\partial w}{\partial x} = 0 \quad \text{für} \begin{cases} x = x_0, \\ x = x_1; \end{cases} \\ \left.\begin{aligned} w &= F(x) \\ \frac{\partial w}{\partial t} &= G(x) \end{aligned}\right\} \quad \text{für} \quad t = t_0, \end{cases}$$

wobei $F(x)$ und $G(x)$ beliebig vorgeschriebene Funktionen sind. Man bestimmt dann die ω so, daß die Grenzbedingungen erfüllt werden (vgl. I, § 2) und dann die Konstanten so, daß die Anfangsbedingungen erfüllt werden, (vgl. III, § 2).

In I, § 2 waren allerdings als Intervallgrenzen 0 und 1 statt x_0 und x_1 angenommen. Ich will daher noch die dort gefundenen Resultate erweitern. Nehme ich y in der Form I, § 1 (1) an, so ergibt sich im Falle I, § 2 (2a).

$$K \cos \omega x_0 + L \sin \omega x_0 = 0,$$
$$K \cos \omega x_1 + L \sin \omega x_1 = 0.$$

Das sind 2 homogene Gleichungen für K und L. Daher ist:

$$\begin{vmatrix} \cos \omega x_0 & \sin \omega x_0 \\ \cos \omega x_1 & \sin \omega x_1 \end{vmatrix} = \sin \omega (x_1 - x_0) = 0,$$

$$K = + k \sin \omega x_0,$$
$$L = - k \cos \omega x_0.$$

Berucksichtige ich ebenso die Bedingungen I, § 2 (2b, c, d), so erhalte ich:

$$(8\text{a})\qquad y = k(\sin \omega x_0 \cos \omega x - \cos \omega x_0 \sin \omega x),$$
$$\omega = \frac{\nu \pi}{x_1 - x_0} \quad (\nu = 1, 2, 3 \ldots)$$

$$(8\text{b})\qquad y = k(\sin \omega x_0 \cos \omega x - \cos \omega x_0 \sin \omega x),$$
$$\omega = \frac{(2\nu - 1)\pi}{2(x_1 - x_0)} \quad (\nu = 1, 2, 3 \ldots)$$

$$(8\text{c})\qquad y = k(\cos \omega x_0 \cos \omega x + \sin \omega x_0 \sin \omega x),$$
$$\omega = \frac{(2\nu - 1)\pi}{2(x_1 - x_0)} \quad (\nu = 1, 2, 3 \ldots)$$

$$(8\,\mathrm{d}) \qquad y = k(\cos\omega x_0 \cos\omega x + \sin\omega x_0 \sin\omega x),$$

$$\omega = \frac{\nu\pi}{x_1 - x_0} \quad (\nu = 1, 2, 3\ldots)$$

Ist speziell $x_0 = -a$ und $x_1 = +a$, so ist, wenn wir immer erst $\nu = 2\mu$ und dann $\nu = 2\mu - 1$ setzen:

$$(8'\mathrm{a}) \quad y = \begin{cases} k\sin\omega x & \omega = \dfrac{\mu\pi}{a}, \\ k\cos\omega x & \omega = \dfrac{(2\mu-1)\pi}{2a}, \end{cases}$$

$$(8'\mathrm{b}) \quad y = \begin{cases} k(\cos\omega x - \sin\omega x) & \omega = \dfrac{(4\mu-1)\pi}{4a}, \\ k(\cos\omega x + \sin\omega x) & \omega = \dfrac{(4\mu-3)\pi}{4a}, \end{cases}$$

$$(\mu = 1, 2, 3\ldots)$$

$$(8'\mathrm{c}) \quad y = \begin{cases} k(\cos\omega x + \sin\omega x) & \omega = \dfrac{(4\mu-1)\pi}{4a}, \\ k(\cos\omega x - \sin\omega x) & \omega = \dfrac{(4\mu-1)\pi}{4a}, \end{cases}$$

$$(8'\mathrm{d}) \quad y = \begin{cases} k\cos\omega x & \omega = \dfrac{\mu\pi}{a}, \\ k\sin\omega x & \omega = \dfrac{(2\mu-1)\pi}{2a}. \end{cases}$$

Beispiele:

I. Die Bezeichnungsweise dieses Paragraphen ist mit Rücksicht auf die folgenden Paragraphen gewählt worden. Sie paßt nun aber nicht ganz zu der Bezeichnung von I, § 1. Während nämlich in I, § 1 bei mechanischen Schwingungen das a die Masse bedeutete und c ganz verschiedene Bedeutungen hatte, bedeutet hier das b die spezifische Masse und a hat ganz verschiedene Bedeutungen.

1. Bei Transversalschwingungen einer Seite ist a die auf die Flächeneinheit des Querschnittes bezogene Spannung (Weber, Diffgl. II, 199; Schaefer, Th. Ph. I, 577).

2. Bei den Drillingsschwingungen von Stäben von kreisförmigem Querschnitt ist a der Torsionsmodul μ (Schaefer, Th. Ph. 680).

3. Bei transversalen Wellen in unendlich ausgedehnten festen Körpern ist a ebenfalls μ (Schaefer, 558).

4. Bei Dehnungsschwingungen von Stäben gilt unsere Differentialgleichung, wenn die Trägheit der Querbewegung vernachlässigt ist. a ist dabei der sogenannte Youngsche Modul:

$$E = \frac{\mu(3\lambda + 2\mu)}{\lambda + \mu} \quad \text{(Schaefer, 661).}$$

5. Bei longitudinalen Wellen in unendlich ausgedehnten festen Körpern ist $a = \lambda + 2\mu$ (Schaefer, 558).

6. Bei longitudinalen Wellen in Flüssigkeiten ist $a = \frac{3\lambda + 2\mu}{3}$ der Kompressionsmodul (Schaefer, 750).

7. Bei longitudinalen Wellen in Gasen ist $a = Pk$, wobei P der Druck und k das Verhältnis der spezifischen Wärme bei konstantem Druck und konstantem Volumen ist (Schaefer, 752).

II. Von der Form unserer Differentialgleichungen sind auch die Gleichungen der elektromagnetischen Wellen:

$$\varepsilon \frac{\partial^2 \mathfrak{E}}{\partial t^2} - \frac{c^2}{\mu} \frac{\partial^2 \mathfrak{E}}{\partial x^2} = 0,$$

$$\varepsilon \frac{\partial^2 \mathfrak{H}}{\partial t^2} - \frac{c^2}{\mu} \frac{\partial^2 \mathfrak{H}}{\partial x^2} = 0.$$

Vergleichen wir diese Gleichung mit der Gleichung für die elektrischen Schwingungen in I, § 1, so erkennen wir, daß dem Selbstinduktionskoeffizienten die Dielektrizitätskonstante und der Kapazität die Permeabilität entspricht. Der Faktor c^2 hingegen rührt nur von den Einheiten her, in denen die Größen gemessen werden (Abraham, Th. d. El., 270).

§ 2. Fortschreitende und stehende Wellen.

Setze ich im § 1 (4) in (1) ein, so erhalte ich mit anderer Bezeichnung der Konstanten:

$$(1) \qquad \begin{aligned} w = {} & k_1 \cos \omega x \cos \omega' t + k_2 \cos \omega x \sin \omega' t \\ & + k_3 \sin \omega x \cos \omega' t + k_4 \sin \omega x \sin \omega' t. \end{aligned}$$

Wie nun in I, § 1 der Ansatz (1) durch (9) ersetzt werden kann, so kann ich auch hier (1) durch folgenden Ansatz ersetzen:

$$(2) \qquad w = k \sin(\varkappa + \omega x + \omega' t) + k' \sin(\varkappa' + \omega x - \omega' t).$$

Zwischen den Konstanten von (1) und (2) bestehen dabei die Beziehungen

$$\begin{aligned} 2k \sin \varkappa &= k_1 - k_4, \\ 2k' \sin \varkappa' &= k_1 + k_4, \\ 2k \cos \varkappa &= k_2 + k_3, \\ 2k' \cos \varkappa' &= k_2 - k_3. \end{aligned}$$

Ich will nun ähnlich wie in I, § 1 die Lösung:

$$(2) \qquad w = k \sin(\varkappa + \omega x + \omega' t).$$

geometrisch deuten. Sind w_ξ und w_η 2 Lösungen, so ist auch $\overline{w} = w_\xi + i w_\eta$ eine Lösung. Ich schreibe:

$$(3) \qquad w_\xi = k \cos(\varkappa + \omega x + \omega' t),$$

$$(3') \qquad i w_\eta = i k \sin(\varkappa + \omega x + \omega' t)$$

$$(4a) \qquad \overline{w} = k e^{i(\varkappa + \omega x + \omega' t)}.$$

Ich nehme nun im Raume 3 zueinander senkrechte Achsen als x-, ξ- und η-Achse an und zeichne den Vektor $\bar{w}$ im Punkte x senkrecht zur x-Achse so, daß er mit der Parallelen zur ξ-Achse den Winkel $\varkappa + \omega x + \omega' t$ einschließt (Abb. 44). Die Endpunkte der $\bar{w}$ bilden dann für eine bestimmte Zeit t eine Schraubenlinie, und zwar eine Rechtsschraube (Abb. 45). Ebenso stellt

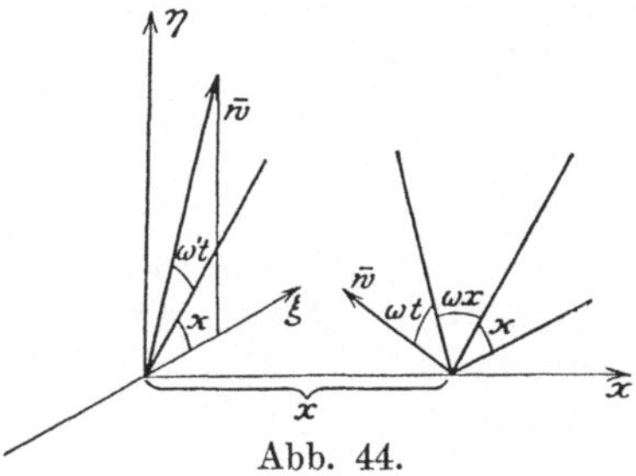

(4 b) $$\bar{w} = k e^{i(\varkappa - \omega x + \omega' t)}$$

Abb. 44.

eine Linksschraube dar. $\bar{w}$ ändert sich nach (3 a) und (3 b) nicht, wenn man x um $\frac{2\pi}{\omega}$ vermehrt.

(5) $$\lambda = \frac{2\pi}{\omega}$$

ist also die Ganghöhe der Schraubenlinie. Im Laufe der Zeit t dreht sich nun die Schraubenlinie mit der Winkelgeschwindig-

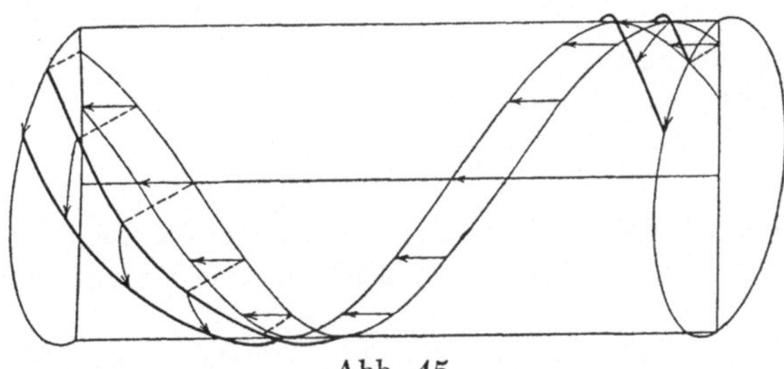

Abb. 45.

keit ω'. Eine Drehung der Schraubenlinie ist aber gleichbedeutend mit einer Verschiebung der Schraubenlinie parallel der x-Achse, und zwar nach links im Falle (3a) und (3 b) und nach rechts im Falle

(4 c) $$\bar{w} = k e^{i(\varkappa + \omega x - \omega' t)}.$$

(4 d) $$\bar{w} = k e^{i(\varkappa - \omega x - \omega' t)}.$$

$\bar{\omega}$ bleibt nun ungeändert, wenn man t um $\frac{2\pi}{\omega}$ vermehrt.

(6) $$\tau = \frac{2\pi}{\omega'}$$

ist also die Dauer einer vollen Umdrehung oder in der anderen Auffassung die Zeit. in der die Schraubenlinie um λ verschoben wird. Die Geschwindigkeit dieser Verschiebung ist also nach (5), (6) und § 1 (6):

$$\frac{\lambda}{\tau} = \frac{\omega'}{\omega} = \sqrt{\frac{a}{b}}. \tag{7}$$

In der Optik bezeichnet man (4a) und (4c) als links zirkular polarisierte Strahlen, (4b) und (4d) als rechts zirkular polarisierte Strahlen (3) und (3′) sind die Projektionen von (4a) auf die x, ξ- resp. x, η-Ebene Es sind 2 Wellen von der Wellenlange λ, die mit der Geschwindigkeit $\frac{\lambda}{\tau}$ von rechts nach links laufen In der Optik bezeichnet man sie als 2 gradlinig senkrecht zueinander polarisierte Strahlen. Vermehrt man in (3′) x um $\frac{\lambda}{4} = \frac{\pi}{2\omega'}$, so geht es in (3) über. Die beiden Strahlen sind also um eine Viertelwellenlänge gegeneinander verschoben. Addiere ich (4a) und (4d), so erhalte ich

$$\overline{w} = k e^{i\varkappa} \cos(\omega x + \omega' t) \tag{8}$$

Das ist ein gradlinig in der Richtung $e^{i\varkappa}$ polarisierter Strahl Addiere ich (4a) und (4b), so erhalte ich

$$\overline{w} = k \cos \omega x \, e^{i(\varkappa + \omega' t)}. \tag{9}$$

Das ist eine Kosinuslinie, die sich mit der Geschwindigkeit ω um die x-Achse dreht. Ihre Projektionen auf die $x\xi$- resp $x\eta$-Ebenen sind

$$\begin{cases} w_\xi = k \cos \omega x \cos(\varkappa + \omega' t), \\ w_\eta = k \cos \omega x \sin(\varkappa + \omega' t). \end{cases} \tag{10}$$

Das sind sogenannte stehende Wellen An den Stellen

$$x = \frac{\pi}{2\omega} + \mu \frac{\pi}{\omega} \qquad (\mu = 0, 1, 2 \ldots)$$

ist w zu allen Zeiten Null und zu den Zeiten

$$t = \mu \frac{\pi}{\omega'} - \frac{\varkappa}{\omega'}, \qquad (\mu = 0, 1, 2 \ldots)$$

ist w_η an allen Stellen Null.

§ 3. $\sum_i a_i \frac{\partial^i w}{\partial x^i} + \sum_\gamma b_\gamma \frac{\partial^\gamma w}{\partial t^\gamma} = 0.$

Die im § 1 angewandte Methode ist bei allen Gleichungen der obigen Form verwendbar. Durch den Ansatz

$$w = X\,T \tag{1}$$

erhält man

$$T \sum_\iota a_\iota \frac{d^\iota X}{dx^\iota} + X \sum_\gamma b_\gamma \frac{d^\gamma T}{dt^\gamma} = 0\,. \tag{2}$$

Dadurch zerfallt die partielle Differentialgleichung in die beiden gewohnlichen:

$$\left\{\begin{aligned} &\sum_\iota a_\iota \frac{d^\iota X}{dx^\iota} - C\,X = 0\,,\\ &\sum_\gamma b_\gamma \frac{d^\gamma T}{dt^\gamma} + C\,T = 0\,. \end{aligned}\right. \tag{3}$$

Die Konstante C kann auch komplex sein. Setze ich

$$\begin{aligned} X &= e^{n x}\,,\\ T &= e^{n' t}\,, \end{aligned} \tag{4}$$

so ist dann

$$\begin{aligned} &\sum_\iota a_\iota n^\iota - C_1 - i\,C_2 = 0\,,\\ &\sum_\gamma b_\gamma n'^\gamma + C_1 + i\,C_2 = 0\,. \end{aligned} \tag{5}$$

Setze ich hier etwa $n = \beta + i\,\omega$ und $n' = \beta' + i\,\omega'$, so zerfallen die beiden Gleichungen in 4 Gleichungen. Aus diesen kann man C_1 und C_2 eliminieren und erhält so 2 Gleichungen zwischen β, ω, β', ω'.

Beispiele:

$$a \frac{\partial^4 w}{\partial x^4} + b \frac{\partial^2 w}{\partial t^2} = 0\,. \tag{I}$$

Nach I, § 1 und § 8 ist, wenn a und b gleiches Zeichen haben:

$$\begin{aligned} X &= K \,\mathfrak{Cof}\, \omega x + L \cos \omega x + M \,\mathfrak{Sin}\, \omega x + N \sin \omega x\,,\\ T &= K' \cos \omega' t + L' \sin \omega' t\,, \end{aligned} \tag{4_I}$$

wobei

$$\begin{aligned} a\,\omega^4 - C &= 0\,,\\ b\,\omega'^2 - C &= 0\,, \end{aligned} \tag{5_I}$$

oder

$$a\,\omega^4 - b\,\omega'^2 = 0\,. \tag{6_I}$$

Die Gl. (I) tritt bei Biegungsschwingungen von Stäben auf. Dabei ist b die räumliche Dichte und $a = E k^2$ (E Youngscher Modul, k Trägheitsradius des Querschnittes bezuglich einer durch den Schwerpunkt gehenden, zur Biegungsebene senkrechten Achse) (Schaefer: Th. Ph. 686).

$$(II) \qquad a \frac{\partial^2 w}{\partial x^2} + b_2 \frac{\partial^2 w}{\partial t^2} + b_1 \frac{\partial w}{\partial t} = 0 .$$

Die Gl. (5) werden hier

$$(5_{II}) \qquad \begin{aligned} a n^2 - C_1 - i C_2 &= 0 , \\ b_2 n'^2 + b_1 n' + C_1 + i C_2 &= 0 . \end{aligned}$$

Setze ich hierin $n = \beta + i\omega$ und $n' = \beta' + i\omega'$ und eliminiere C_1 und C_2, so erhalte ich

$$(6_{II}) \qquad \begin{aligned} b_2(\beta'^2 - \omega'^2) + b_1\beta' + a(\beta^2 - \omega^2) &= 0 , \\ 2 b_2 \beta'\omega' + b_1\omega' + 2 a \beta\omega &= 0 . \end{aligned}$$

Die Gl. (II) erhält man, wenn bei den unter § 1 (I) genannten Problemen die Dämpfung mit berücksichtigt wird und sie proportional der Geschwindigkeit angenommen wird. Nach § 1 (II) erhält man entsprechend bei Berücksichtigung der Leitfähigkeit σ die sogenannte Telegraphengleichung

$$\varepsilon \frac{\partial^2 \mathfrak{E}}{\partial t^2} + 4\pi\sigma \frac{\partial \mathfrak{E}}{\partial t} = \frac{c^2}{\mu} \frac{\partial^2 \mathfrak{E}}{\partial x^2} .$$

(Weber: Diffgl. II, 304; Abraham, Th. d El. 276).

Die Gleichung für die Wärmeleitung in Stäben ist

$$(III) \qquad k q \frac{\partial^2 y}{\partial x^2} = q c \varrho \frac{\partial y}{\partial t} + h p y ,$$

wobei y die Temperatur,
k die Leitfähigkeit,
c die Wärmekapazität,
h das Strahlungsvermögen der Oberfläche,
q die Fläche
p die Peripherie } des Querschnittes.

(Weber: Diffgl. II, 89.)

Für Transversalschwingungen inkompressibler Flüssigkeiten gilt die Gleichung

$$(IV)\qquad k\frac{\partial^2 w}{\partial x^2}-\varepsilon\frac{\partial w}{\partial t}=0,$$

wobei ε die Dichte und k der Koeffizient der inneren Reibung ist. (Schaefer: Th. Ph. 984.)

§ 4. Variationsproblem I.

Ähnlich wie in den Abschnitten I und II die gewöhnlichen Differentialgleichungen durch Differentiation der Funktionen E und V erhalten wurden, kann man die partiellen Differentialgleichungen mit ihren Grenzbedingungen durch Variation eines Integrals erhalten In der Physik treten diese Variationen von Integralen beim Hamiltonschen Prinzip auf. Abgesehen davon ist die Zurückführung auf das Variationsproblem deshalb von Wichtigkeit, weil Ritz (Annalen der Physik, Bd. 28, 1909) eine Näherungsmethode angegeben hat, die auf das Variationsproblem zurückgeht.

Es sei V eine quadratische Funktion von w und den Ableitungen von w nach x w sei aber außerdem noch eine Funktion von t, so daß die Ableitungen partiell zu nehmen sind:

$$(1)\qquad V=\sum_{p=0}^{n}\sum_{q=0}^{n}a_{pq}\frac{\partial^p w}{\partial x^p}\frac{\partial^q w}{\partial x^q}\qquad a_{pq}=a_{qp}.$$

Ich betrachte die Gleichung:

$$(2)\qquad \delta\int_{x_0}^{x_1}dx\,V=0.$$

Durch partielle Integration ergibt sich:

$$(3)\qquad \left\{\begin{aligned}\delta\int_{x_0}^{x_1}dx\frac{\partial^p w}{\partial x^p}\frac{\partial^q w}{\partial x^q}=\Bigg|_{x_0}^{x_1}&\sum_{\mu=1}^{p}(-1)^{\mu-1}\frac{\partial^{p-\mu}\delta w}{\partial x^{p-\mu}}\frac{\partial^{q+\mu-1}w}{\partial x^{q+\mu-1}}\\&+\sum_{\mu=1}^{q}(-1)^{\mu-1}\frac{\partial^{q-\mu}\delta w}{\partial x^{q-\mu}}\frac{\partial^{p+\mu-1}w}{\partial x^{p+\mu-1}}\\&+\int_{x_0}^{x_1}dx\,\delta w[(-1)^p+(-1)^q]\frac{\partial^{p+q}w}{\partial x^{p+q}}.\end{aligned}\right.$$

Ich führe nun in den beiden Summen andere Summationsbuchstaben ein:

(4) $$\xi = p - \mu \qquad \mu = p - \xi\,,$$

(5) $$\xi = q - \mu \qquad \mu = q - \xi\,.$$

Dann ist:

(6) $$\left\{\begin{aligned} \delta\int_{x_0}^{x_1} dx \frac{\partial^p w}{\partial x^p}\frac{\partial^q w}{\partial x^q} = \Bigg|_{x_0}^{x_1} & \sum_{\xi=0}^{p-1}(-1)^{p-\xi-1}\frac{\partial^\xi \delta w}{\partial x^\xi}\frac{\partial^{p+q-\xi-1} w}{\partial x^{p+q-\xi-1}} \\ & + \sum_{\xi=0}^{q-1}(-1)^{q-\xi-1}\frac{\partial^\xi \delta w}{\partial x^\xi}\frac{\partial^{p+q-\xi-1} w}{\partial x^{p+q-\xi-1}} \\ & + \int_{x_0}^{x_1} dx\,\delta w[(-1)^p + (-1)^q]\frac{\partial^{p+q} w}{\partial x^{p+q}}\,. \end{aligned}\right.$$

Nach (1), (2), (6) ist, wenn ich die Summation immer gleich umordne:

(7) $$\left\{\begin{aligned} \delta\int_{x_0}^{x_1} dx\, V = \Bigg|_{x_0}^{x_1} \sum_{\xi=0}^{n-1}(-1)^{\xi+1}\frac{\partial^\xi \delta w}{\partial x^\xi} & \left[\sum_{p=\xi+1}^{n}\sum_{q=0}^{n}(-1)^p a_{pq}\frac{\partial^{p+q-\xi-1} w}{\partial x^{p+q-\xi-1}}\right. \\ & \left. + \sum_{p=0}^{n}\sum_{q=\xi+1}^{n}(-1)^q a_{pq}\frac{\partial^{p+q-\xi-1} w}{\partial x^{p+q-\xi-1}}\right] \\ + \int_{x_0}^{x_1} dx\,\delta w \sum_{p=0}^{n}\sum_{q=0}^{n}[(-1)^p + (-1)^q]\, a_{pq}\frac{\partial^{p+q} w}{\partial x^{p+q}}\,. & \end{aligned}\right.$$

Da $a_{pq} = a_{qp}$ ist, so sind die Doppelsummen in der eckigen Klammer einander gleich.

Ich kann dann die Bedingungen für w schließlich auf die Form bringen:

(8) $$\sum_{\xi=0}^{n-1}(-1)^{\xi+1}\frac{\partial^\xi \delta w}{\partial x^\xi}\sum_{p=\xi+1}^{n}\sum_{q=0}^{n}(-1)^p a_{pq}\frac{\partial^{p+q-\xi-1} w}{\partial x^{p+q-\xi-1}} = 0\,, \text{ für } \begin{cases} x = x_0, \\ x = x_1. \end{cases}$$

(9) $$\sum_{p=0}^{n}\sum_{q=0}^{n}[(-1)^p + (-1)^q]\, a_{pq}\frac{\partial^{p+q} w}{\partial x^{p+q}} = 0 \qquad \text{für } x_0 < x < x_1\,.$$

Ist

(10) $$E = \sum_{p=0}^{n} \sum_{q=0}^{n} b_{pq} \frac{\partial^p w}{\partial t^p} \frac{\partial^q w}{\partial t^q} \qquad b_{pq} = b_{qp}$$

und liegt das Integral

(11) $$\delta \int_{t_0}^{t_1} dt \int_{x_0}^{x_1} dx (V + E) = 0$$

vor, mit der Bedingung:

(12) $$\delta w = 0 \quad \text{für} \begin{cases} t = t_0, \\ t = t_1, \end{cases}$$

so bleibt die Gl. (8) bestehen. Dagegen tritt an Stelle von (9):

(12) $$\left\{ \begin{aligned} &\sum_{p=0}^{n} \sum_{q=0}^{n} [(-1)^p + (-1)^q] a_{pq} \frac{\partial^{p+q} w}{\partial x^{p+q}} \\ &+ \sum_{p=0}^{n} \sum_{q=0}^{n} [(-1)^p + (-1)^q] b_{pq} \frac{\partial^{p+q} w}{\partial t^{p+q}} = 0 \end{aligned} \right. \qquad \text{für} \begin{cases} x_0 < x < x_1, \\ t_0 < t < t_1. \end{cases}$$

§ 5. $\frac{\partial^2 w}{\partial x^2} + \frac{\partial^2 w}{\partial y^2} = 0$.

Das ist die sogenannte Laplacesche Differentialgleichung. Sie kann als Spezialfall der Gleichung des §1 angesehen werden für den Fall $a = -c$. Ich nehme wieder wie im §1 w in folgender Form an:

(1) $$w = XY,$$

wobei X eine Funktion von x allein und Y eine Funktion von y allein ist. Dann wird aus unserer Differentialgleichung

(2) $$\frac{d^2 X}{d x^2} Y + X \frac{d^2 Y}{d y^2} = 0.$$

Diese Gleichung ist erfüllt, wenn folgende beiden Gleichungen erfüllt sind:

(3) $$\begin{cases} \dfrac{d^2 X}{d x^2} - C X = 0. \\ \dfrac{d^2 Y}{d y^2} + C Y = 0. \end{cases}$$

Nach I, § 1 (1) und § 3 (1) folgt daraus, je nachdem C positiv, negativ oder Null ist:

$$(4)\quad \begin{array}{l} X = K\,\mathfrak{Cof}\,\omega x + L\,\mathfrak{Sin}\,\omega x, \\ Y = K'\cos\omega y + L'\sin\omega y, \end{array} \qquad (4')\quad \begin{array}{l} X = K\cos\omega x + L\sin\omega x, \\ Y = K'\,\mathfrak{Cof}\,\omega y + L'\,\mathfrak{Sin}\,\omega y, \end{array}$$

$$(4'')\quad \begin{array}{l} X = K + L x, \\ Y = K' + L' y, \end{array}$$

wobei $\omega^2 = C$, ω also ganz beliebig ist. Es gibt also unendlich viele Lösungen von der Form (1). Die Gleichungen (3) haben die schon in I, § 1 angeführte Eigenschaft, daß die Differentialquotienten der Lösungen wieder Lösungen sind. Ist also (1) eine Lösung unserer partiellen Differentialgleichung, so ist auch

$$(5)\qquad \bar{w} = \bar{X}\,\bar{Y}$$

eine Lösung, wenn

$$(6)\qquad \left\{ \begin{array}{l} \bar{X} = k\dfrac{dX}{dx}, \\[2ex] \bar{Y} = k\dfrac{dY}{dy}. \end{array} \right.$$

Die beiden Lösungen w und $\bar{w}$ bezeichnet man als konjugiert. Ich will die Beziehung (6), die zwischen den konjugierten Lösungen besteht, noch auf eine andere Form bringen. Es ist, wenn man (6) differenziert und (3) beachtet:

$$(7)\qquad \left\{ \begin{array}{l} \dfrac{d\bar{X}}{dx} = +kCX, \\[2ex] \dfrac{d\bar{Y}}{dy} = -kCY. \end{array} \right.$$

Ist nun $k = \dfrac{1}{\omega}$, so nehmen (6) und (7) die symmetrische Form an:

$$(6')\quad \left\{ \begin{array}{l} \dfrac{dX}{dx} = \omega\bar{X}, \\[2ex] \dfrac{dY}{dy} = \omega\bar{Y}, \end{array} \right. \qquad (7')\quad \left\{ \begin{array}{l} \dfrac{d\bar{X}}{dx} = +\omega X, \\[2ex] \dfrac{d\bar{Y}}{dy} = -\omega Y. \end{array} \right.$$

Aus (1), (5), (6′), (7′) folgt dann:

$$(8)\qquad \left\{ \begin{array}{l} \dfrac{\partial w}{\partial x} = -\dfrac{\partial \bar{w}}{\partial y} = \omega\bar{X}\,Y, \\[2ex] \dfrac{\partial w}{\partial y} = \dfrac{\partial \bar{w}}{\partial x} = \omega X\,\bar{Y}. \end{array} \right.$$

Diese Beziehungen zwischen w und $\overline{w}$ sind von dem Ansatz (1) unabhängig. Wir mussen nun die Grenzbedingungen betrachten.

Denke ich mir im § 4 x horizontal und t vertikal aufgetragen, so ist das Integral § 4 (11) zu erstrecken über das Innere eines Rechtecks, das begrenzt wird von den 4 Geraden: $x = x_0$, $x = x_1$, $t = t_0$, $t = t_1$. Der Funktion w war auf den Seiten $x = x_0$ und $x = x_1$ die Bedingung § 4 (8) vorgeschrieben. Auf der Seite $t = t_0$ waren im § 1 die beiden Bedingungen (7) vorgeschrieben. Auf der Seite $t = t_1$ schließlich ist w keiner Bedingung unterworfen. Bei der Laplaceschen Differentialgleichung ist nun gewohnlich auf dem ganzen Rande eines Gebietes, das natürlich kein Rechteck zu sein braucht, der Funktion w eine Bedingung vorgeschrieben.

Ist das Gebiet und die Randbedingung symmetrisch zur x- und y-Achse, so ist in (4), (4') und (4'')

$$L = L' = 0\,. \tag{9}$$

Soll z. B. $w = 0$ sein für $y = \pm b$, so ist nach § 1 (8'a):

$$\omega = \frac{(2\mu - 1)\pi}{2b}, \qquad (\mu = 1, 2, 3 \ldots) \tag{10}$$

Es ist also

$$\begin{cases} X = K \operatorname{Cof} \dfrac{(2\mu - 1)\pi x}{2b}, \\ Y = K' \cos \dfrac{(2\mu - 1)\pi y}{2b}, \end{cases} \qquad (\mu = 1, 2, 3 \ldots) \tag{11}$$

Es gibt also immer noch unendlich viele Lösungen von der Form (1). Die allgemeine Losung kann ich schreiben:

$$w = \sum_{\mu=1}^{\infty} k_\mu \operatorname{Cof} \frac{(2\mu - 1)\pi x}{2b} \cos \frac{(2\mu - 1)\pi y}{2b}. \tag{12}$$

Weiter werden die Grenzbedingungen im § 6 behandelt.

§ 6. $\frac{\partial^2 w}{\partial x^2} + \frac{\partial^2 w}{\partial y^2} = C$.

Man kann durch die Substitution

$$w = v + \tfrac{1}{4} C (x^2 + y^2) \tag{1}$$

die obige inhomogene Gleichung auf die homogene Gleichung des vorigen Paragraphen zuruckführen oder man kann, wie bei den inhomogenen gewöhnlichen Differentialgleichungen, auch hier das allgemeine Integral zusammensetzen aus einem partikulären Integral und dem allgemeinen Integral der homogenen Differentialgleichung. Ein partikuläres Integral ist:

$$w = K x^2 + L y^2 , \tag{2}$$

sofern

$$2(K + L) = C . \tag{3}$$

Als Grenzbedingung kommt nun zunächst der Fall in Betracht, daß w auf dem Rande eines Gebietes verschwinden soll, in dessen Innerem w obige inhomogene Differentialgleichung erfullt. Die durch (1) eingeführte Funktion v hat dann die Eigenschaft im Innern des fraglichen Gebietes die homogene Gleichung § 5 zu erfullen und auf dem Rande den Wert $-\frac{1}{4}C(x^2+y^2)$ anzunehmen. Um schließlich die Randbedingung aufzustellen, die die zu v konjugierte Funktion $\bar{v}$ erfüllen muß, differenziere ich die Gleichung

$$v + \tfrac{1}{1}C(x^2 + y^2) = 0$$

total und erhalte

$$\frac{\partial v}{\partial x} dx + \frac{\partial v}{\partial y} dy + \frac{1}{2} C(x dx + y dy) = 0 ,$$

oder nach § 5 (8)

$$-\frac{\partial \bar{v}}{\partial y} dx + \frac{\partial \bar{v}}{\partial x} dy + \frac{1}{2} C(x dx + y dy) = 0 . \tag{4}$$

Das ist die fragliche Randbedingung für $\bar{v}$.

Nehmen wir zu (2) noch das aus § 5 (4″) folgende Integral der homogenen Gleichung hinzu, so ist:

$$w = M + N x + O y + P x y + K x^2 + L y^2 . \tag{5}$$

Ist nun die Berandung symmetrisch zur x- und y-Achse, so muß in (5) $N = O = P = 0$ sein. Gehören speziell die Geraden $y = \pm b$ mit zur Berandung, d. h. ist:

$$w = 0 \quad \text{für} \begin{cases} y = -b , \\ y = +b , \end{cases}$$

so ist:

$$w = \tfrac{1}{2} C(y^2 - b^2) .$$

Nach § 5 (12) ist dann also das allgemeine Integral

$$w = \frac{1}{2} C(y^2 - b^2) + \sum_{\mu=1}^{\infty} k_\mu \operatorname{Cof} \frac{(2\mu - 1)\pi x}{2b} \cos \frac{(2\mu - 1)\pi y}{2b} . \tag{6}$$

Ist nun der Rand speziell ein Rechteck mit den Seiten $x = \pm a$ und $y = \pm b$, so muß

$$\sum_{\mu=1}^{\infty} k_\mu \operatorname{Cof} \frac{(2\mu-1)\pi a}{2b} \cos \frac{(2\mu-1)\pi y}{2b} = \frac{1}{2} C (b^2 - y^2)$$

sein, oder, wenn ich

$$\frac{\pi y}{2b} = \eta$$

setze:

$$\sum_{\mu=1}^{\infty} \left[k_\mu \operatorname{Cof} \frac{(2\mu-1)\pi a}{2b} \right] \cos (2\mu-1)\eta = \frac{2Cb^2}{\pi^2} \left(\frac{\pi^2}{4} - \eta^2 \right).$$

Vergleiche ich diese Reihe mit der Reihe III, § 2 (13d), die ich schreiben kann:

$$(7) \qquad \sum_{\mu=1}^{\infty} \frac{(-1)^{\mu+1} \cos (2\mu-1)x}{(2\mu-1)^3} = \frac{\pi}{8} \left(\frac{\pi^2}{4} - x^2 \right),$$

so folgt

$$\frac{\pi^2 k_\mu \operatorname{Cof} \frac{(2\mu-1)\pi a}{2b}}{2Cb^2} = \frac{(-1)^{\mu+1} 8}{(2\mu-1)^3 \pi}.$$

Daraus folgt:

$$(8) \qquad k_\mu = \frac{(-1)^{\mu+1} 16 C b^2}{(2\mu-1)^3 \pi^3 \operatorname{Cof} \frac{(2\mu-1)\pi a}{2b}}$$

Setze ich das in (6) ein, so erhalte ich schließlich

$$(9) \quad w = C \left\{ \frac{1}{2}(y^2 - b^2) + \frac{16 b^2}{\pi^3} \sum_{\mu=1}^{\infty} \frac{(-1)^{\mu+1}}{(2\mu-1)^3} \frac{\operatorname{Cof} \frac{(2\mu-1)\pi x}{2b}}{\operatorname{Cof} \frac{(2\mu-1)\pi a}{2b}} \cos \frac{(2\mu-1)\pi y}{2b} \right\}.$$

Für die Funktion v ergibt sich aus (1):

$$(10) \quad \begin{cases} v = C \left\{ \frac{1}{4}(y^2 - x^2) - \frac{1}{2} b^2 \right. \\ \left. \quad + \frac{16 b^2}{\pi^3} \sum_{\mu=1}^{\infty} \frac{(-1)^{\mu+1}}{(2\mu-1)^3} \frac{\operatorname{Cof} \frac{(2\mu-1)\pi x}{2b}}{\operatorname{Cof} \frac{(2\mu-1)\pi a}{2b}} \cos \frac{(2\mu-1)\pi y}{2b} \right\} \end{cases}$$

und für die zu v konjugierte Funktion v aus § 5 (8).

$$(11)\quad \bar{v}=C\left\{\frac{1}{2}xy-\frac{16b^2}{\pi^3}\sum_{\mu=1}^{\infty}\frac{(-1)^{\mu+1}}{(2\mu-1)^3}\frac{\mathfrak{Sin}\frac{(2\mu-1)\pi x}{2b}}{\mathfrak{Cof}\frac{(2\mu-1)\pi a}{2b}}\sin\frac{(2\mu-1)\pi y}{2b}\right\}.$$

Von Wichtigkeit ist noch das Integral

$$(12)\qquad M=2\int_{-a}^{+a}\int_{-b}^{+b}dx\,dy\,w\,.$$

Es ist nach (9)

$$(13)\quad M=C\left\{-\frac{8ab^3}{3}+\frac{512b^4}{\pi^5}\sum_{\mu=1}^{\infty}\frac{1}{(2\mu-1)^5}\mathfrak{Tg}\frac{(2\mu-1)\pi a}{2b}\right\}.$$

Zu den Gl. (9) bis (13) erhält man ganz entsprechende, wenn man a mit b und x mit y vertauscht.

Die Gleichungen (9) bis (13) finden sich als Lösungen des Torsionsproblems in jedem Lehrbuch der Elastizität. Was jedoch meist fehlt, ist eine Fehlerabschätzung. Ich will sie daher im folgenden geben.

Da $x < a$ und $y < b$ ist, so ist

$$\frac{\mathfrak{Cof}\frac{(2\mu-1)\pi x}{2b}}{\mathfrak{Cof}\frac{(2\mu-1)\pi a}{2b}}<1$$

Die in (9) und (10) auftretende Reihe ist daher kleiner als die folgende

$$\sum_{\mu=1}^{\infty}\frac{(-1)^{\mu+1}}{(2\mu-1)^3}\cos\frac{(2\mu-1)\pi y}{2b}\,.$$

Die Summe dieser Reihe ist aber nach (7)

$$\frac{\pi^3}{32}\left(1-\frac{y^2}{b^2}\right).$$

Brechen wir daher die Reihe nach dem n^{ten} Gliede ab, so ist der begangene Fehler sicher kleiner als

$$(14)\quad \frac{\pi^3}{32}\left(1-\frac{y^2}{b^2}\right)-\sum_{\mu=1}^{n}\frac{(-1)^{\mu+1}}{(2\mu-1)^3}\cos\frac{(2\mu-1)\pi y}{2b}\,.$$

Für die in (11) auftretende Reihe folgt, da $\mathfrak{Sin}\,\alpha < \mathfrak{Cos}\,\alpha$ ist

$$\frac{\mathfrak{Sin}\,\frac{(2\mu-1)\pi x}{2b}}{\mathfrak{Cos}\,\frac{(2\mu-1)\pi a}{2b}} < 1 .$$

Da ferner auch der sin stets kleiner als 1 ist, so ist die Reihe (11) kleiner als

$$\sum_{\mu=1}^{\infty} \frac{1}{(2\mu-1)^3} .$$

Breche ich die Reihe daher nach dem n^{ten} Gliede ab, so ist der begangene Fehler kleiner als

$$\frac{1}{(2n+1)^3} + \frac{1}{(2n+3)^3} + \cdots$$

Die Summe dieser Reihe ist kleiner als

$$\frac{1}{2n+1}\left\{\frac{1}{(2n+1)^2} + \frac{1}{(2n+3)^2} + \cdots\right\}.$$

Nach III, § 2 (16c) ist aber

$$\sum_{\mu=1}^{\infty} \frac{1}{(2\mu-1)^2} = \frac{\pi^2}{8} .$$

Der begangene Fehler ist also kleiner als

$$(15) \qquad \frac{1}{2n+1}\left\{\frac{\pi^2}{8} - \sum_{\mu=1}^{n} \frac{1}{(2\mu-1)^2}\right\}.$$

Fur die in (13) auftretende unendliche Reihe ist, da $\mathfrak{Tg}\,\alpha < 1$, der Fehler sicher kleiner als

$$\frac{1}{(2n+1)^5} + \frac{1}{(2n+3)^5} + \frac{1}{(2n+5)^5} + \cdots$$

Die Summe dieser Reihe ist kleiner als die der folgenden:

$$\frac{1}{2n+1}\left\{\frac{1}{(2n+1)^4} + \frac{1}{(2n+3)^4} + \frac{1}{(2n+5)^4} + \cdots\right\}$$

Nun ist aber nach III, § 2 (18d):

$$\sum_{\mu=1}^{\infty} \frac{1}{(2\mu-1)^4} = \frac{\pi^4}{96} .$$

Der Fehler ist daher sicher kleiner als

$$(16)\qquad \frac{1}{2n+1}\left\{\frac{\pi^4}{96}-\sum_{\mu=1}^{n}\frac{1}{(2\mu-1)^4}\right\}.$$

Wird die Reihe (13) z. B. nach dem 4 Gliede abgebrochen, so ist der entstehende Fehler kleiner als

$$\frac{1}{9}\left\{\frac{\pi^4}{96}-\left(1+\frac{1}{3^4}+\frac{1}{5^4}+\frac{1}{7^4}\right)\right\}=0{,}00003$$

Es ist ferner von Interesse, zu untersuchen, wie die Abbildungen aussehen, für die die abgebrochenen Reihen streng gültig sind Solche Überlegungen stellt Föppl in seiner Techn. Mechanik an Er erhalt aber meiner Meinung nach falsche Resultate. Breche ich die Reihen nach dem 1. Gliede ab, so hat die Abbildung nach (6) die Gleichung, wenn ich speziell $C = 2$ annehme:

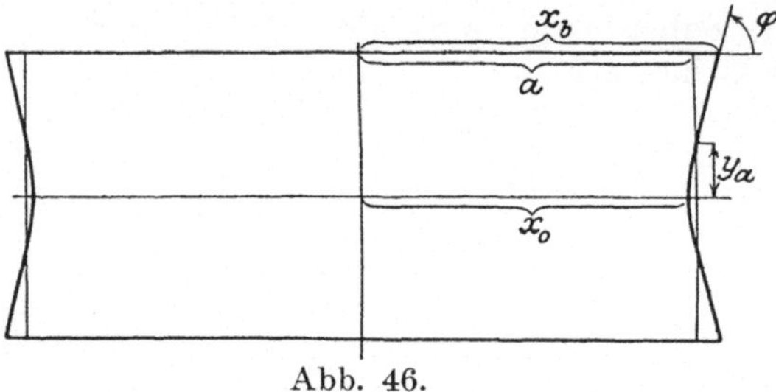

Abb. 46.

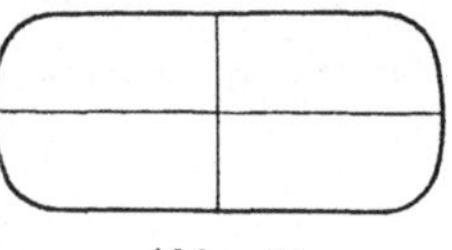
Abb. 47.

$$(17)\qquad y^2-b^2+k\,\mathfrak{Cof}\frac{\pi x}{2b}\cos\frac{\pi y}{2b}=0\,.$$

Die Schnittpunkte mit der x-Achse sind:

$$(18)\qquad x_0=\pm\frac{2b}{\pi}\,\mathfrak{ArCof}\frac{b^2}{k}\,.$$

Die Doppelpunkte der Kurve sind:

$$(19)\qquad x_b=\pm\frac{2b}{\pi}\,\mathfrak{ArCof}\frac{4b^2}{\pi k}\,;\qquad y=\pm b\,.$$

Da $\frac{4}{\pi}>1$, so ist auch stets $x_b>x_0$. Für die Tangente im Doppelpunkte ergibt sich

$$(20)\qquad \operatorname{tg}\varphi=k\left(\frac{\pi}{2b}\right)^2\mathfrak{Sin}\frac{\pi x_b}{2b}\,.$$

$\operatorname{tg}\varphi$ hat also das Vorzeichen von x_b. Die Randkurve hat also die Gestalt Abb. 46 und nicht, wie Föppl angibt, die Gestalt Abb. 47 (Techn. Mech. V, Abb. 19).

Setze ich in (17) für k den Wert ein, der sich aus (8) ergibt, nämlich:

$$k = \frac{32}{\pi^3} b^2 \frac{1}{\mathfrak{Cof}\,\frac{\pi a}{2b}},$$

so ergibt sich für die Schnittpunkte der Kurve (17) mit den Geraden $x = \pm a$

$$y^2 - b^2 + \frac{32}{\pi^3} b^2 \cos\frac{\pi y}{2b} = 0.$$

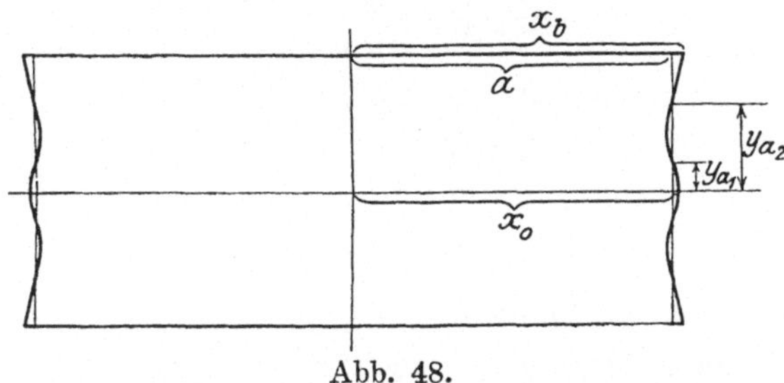

Abb. 48.

Die Wurzel dieser transzendenten Gleichung ist also unabhängig von a, und zwar ist

$$(21) \qquad y_a = 0{,}336 - b.$$

Die Abb. 46 ist gezeichnet für den Fall $b = \frac{a}{4}\sqrt{3}$. Dann ist nach (18), (19), (20)

$$x_0 = 0{,}9915\,a,$$

$$x_b = 1{,}658\,a,$$

$$\varphi = 72^\circ\,20'.$$

Breche ich die Reihe (9) nach dem 2. Gliede ab, so ist die Gleichung der Randkurve

$$y^2 - b^2 + \frac{32 b^2}{\pi^3}\left(\frac{\mathfrak{Cof}\,\frac{\pi x}{2b}}{\mathfrak{Cof}\,\frac{\pi a}{2b}}\cos\frac{\pi y}{2b} - \frac{1}{3^3}\frac{\mathfrak{Cof}\,\frac{3\pi x}{2b}}{\mathfrak{Cof}\,\frac{3\pi a}{2b}}\cos\frac{3\pi y}{2b}\right) = 0.$$

Für die Schnittpunkte dieser Kurve mit den Geraden $x = \pm a$ ergibt sich

$$y^2 - b^2 + \frac{32 b^2}{\pi^3}\left(\cos\frac{\pi y}{2b} - \frac{1}{3^3}\cos\frac{3\pi y}{2b}\right) = 0.$$

Die Wurzeln dieser Gleichung sind wieder unabhängig von a, und zwar ist

$$y_{a1} = 0{,}220\,b\,,$$
$$y_{a2} = 0{,}648\,b\,.$$

Die Abb. 49 ist wie Abb. 47 gezeichnet für den Fall $b = \frac{a}{4}\sqrt{3}$. Dann ist

$$x_0 = 1{,}0019\,a\,,$$
$$x_b = 1{,}024\,a\,.$$

Anmerkung:

Haben wir statt (6) die allgemeineren Grenzbedingungen:

(6a) $$w = 0 \quad \text{für} \begin{cases} y = y_0\,, \\ y = y_1\,, \end{cases}$$

(6b) $$\begin{cases} w = 0 & \text{für} \quad y = y_0\,, \\ w' = 0 & \text{für} \quad y = y_1\,, \end{cases}$$

(6c) $$\begin{cases} w' = 0 & \text{für} \quad y = y_0\,, \\ w = 0 & \text{für} \quad y = y_1\,, \end{cases}$$

so ist:

(7a) $$w = \tfrac{1}{2}C\,(y_0 y_1 - (y_0 + y_1)\,y + y^2)\,,$$

(7b) $$w = \tfrac{1}{2}C\,(2\,y_0 y_1 - y_0^2 - 2\,y_1 y + y^2)\,,$$

(7c) $$w = \tfrac{1}{2}C\,(2\,y_0 y_1 - y_1^2 - 2\,y_0 y + y^2)\,.$$

Ist speziell $y_0 = -b$, $y_1 = +b$, so ist:

(7'a) $$w = \tfrac{1}{2}C\,(y^2 - b^2)\,,$$

(7'b) $$w = \tfrac{1}{2}C\,(y^2 - 2\,b\,y - 3\,b^2)\,,$$

(7'c) $$w = \tfrac{1}{2}C\,(y^2 + 2\,b\,y - 3\,b^2)\,.$$

Ist andrerseits $y_0 = 0$, $y_1 = b$, so ist:

(7''a) $$w = \tfrac{1}{2}C\,y\,(y - b)\,,$$

(7''b) $$w = \tfrac{1}{2}C\,y\,(y - 2\,b)\,,$$

(7''c) $$w = \tfrac{1}{2}C\,(y^2 - b^2)\,.$$

§ 7. $a\left(\frac{\partial^2 w}{\partial x^2} + \frac{\partial^2 w}{\partial y^2}\right) + c\,w = 0$.

Durch den Ansatz:

(1) $$w = X\,Y$$

geht die Differentialgleichung über in

(2) $$a\left(\frac{d^2 X}{d x^2}\,Y + X\,\frac{d^2 Y}{d y^2}\right) + c\,X\,Y = 0\,.$$

Die ursprüngliche Differentialgleichung zerfällt also in die beiden Gleichungen:

$$(3)\qquad \begin{cases} a\dfrac{d^2 X}{d x^2}+C X=0, \\ a\dfrac{d^2 Y}{d y^2}+C' Y=0, \end{cases} \qquad C+C'=c.$$

Daraus folgt:

$$(4)\qquad \begin{aligned} X &= K\cos\omega x+L\sin\omega x, \\ Y &= K'\cos\omega' y+L'\sin\omega' y, \end{aligned}$$

wobei

$$(5)\qquad \begin{cases} -a\,\omega^2+C=0, \\ -a\,\omega'^2+C'=0, \end{cases}$$

$$(6)\qquad -a(\omega^2+\omega'^2)+c=0.$$

Es soll nun wieder wie im § 6 auf dem Rande des Integrationsgebietes w Null sein. Ist das Integrationsgebiet zur x- und y-Achse symmetrisch, so ist in (4):

$$(7)\qquad L=L'=0.$$

Ist das Integrationsgebiet speziell ein Rechteck mit den Seiten $x=\pm x_1$ und $y=\pm y_1$, so ist nach § 1 (8'a):

$$(8)\qquad \omega=\frac{(2\mu-1)\pi}{2x_1};\qquad \omega'=\frac{(2\nu-1)\pi}{2y_1},\qquad (\mu,\nu=1,2,3\ldots).$$

Nach (6) ist daher:

$$(9)\qquad c=a\pi^2\left[\frac{(2\mu-1)^2}{4x_1^2}+\frac{(2\nu-1)^2}{4y_1^2}\right],\qquad (\mu,\nu=1,2,3\ldots).$$

Diese Gleichung stellt unendlich viele, aber diskrete Werte von c dar, die von den Dimensionen des Rechtecks abhängen. Nur für diese Werte c ist unsere Differentialgleichung für das Rechteck lösbar.

Unsere Differentialgleichung tritt auf bei Transversalschwingungen von Membranen. Es ergibt sich da zunächst die Differentialgleichung

$$(9)\qquad a\left(\frac{\partial^2 w}{\partial x^2}+\frac{\partial^2 w}{\partial y^2}\right)=b\frac{\partial^2 w}{\partial t^2},$$

wobei w die transversale Verrückung, a die konstante Spannung und b die Masse der Flächeneinheit bedeuten (Schaefer: Th. Ph. 643). Durch den Ansatz:

$$w(x,y,t)=w(xy)\,e^{nt}$$

geht (9) in die obige Differentialgleichung über.

§ 8. Variationsproblem II. Doppelintegrale.

Es sei V eine Funktion von w und den Ableitungen von w nach x und y:

$$(1)\quad V = \sum_{p=0}^{n}\sum_{q=0}^{n}\sum_{r=0}^{n}\sum_{s=0}^{n} a_{pqrs}\frac{\partial^{p+q} w}{\partial x^p\,\partial y^q}\,\frac{\partial^{r+s} w}{\partial x^r\,\partial y^s} \qquad a_{pqrs} = a_{rspq}$$

Ich betrachte die Gleichung

$$(2)\qquad \delta\iint dx\,dy\,V = 0\,.$$

Durch partielle Integration ergibt sich:

$$(3)\quad \begin{cases} \delta\displaystyle\iint dx\,dy\,\frac{\partial^{p+q} w}{\partial x^p\,\partial y^q}\,\frac{\partial^{r+s} w}{\partial x^r\,\partial y^s} \\[2ex] = \displaystyle\int dy\,\Bigg|_1^2 \sum_{\mu=1}^{p}(-1)^{\mu-1}\frac{\partial^{p+q-\mu}\,\delta w}{\partial x^{p-\mu}\,\partial y^q}\,\frac{\partial^{r+s+\mu-1} w}{\partial x^{r+\mu-1}\,\partial y^s} \\[2ex] \qquad\qquad + \displaystyle\sum_{\mu=1}^{r}(-1)^{\mu-1}\frac{\partial^{r+s-\mu}\,\delta w}{\partial x^{r-\mu}\,\partial y^s}\,\frac{\partial^{p+q+\mu-1} w}{\partial x^{p+\mu-1}\,\partial y^q} \\[2ex] + \displaystyle\int dx\,\Bigg|_1^2 \sum_{\mu=1}^{q}(-1)^{p+\mu-1}\frac{\partial^{q-\mu}\,\delta w}{\partial y^{q-\mu}}\,\frac{\partial^{p+r+s+\mu-1} w}{\partial x^{p+r}\,\partial y^{s+\mu-1}} \\[2ex] \qquad\qquad + \displaystyle\sum_{\mu=1}^{s}(-1)^{r+\mu-1}\frac{\partial^{s-\mu}\,\delta w}{\partial y^{s-\mu}}\,\frac{\partial^{p+q+r+\mu-1} w}{\partial x^{p+r}\,\partial y^{q+\mu-1}} \\[2ex] + \displaystyle\iint dx\,dy\,\delta w\,[(-1)^{p+q} + (-1)^{r+s}]\,\frac{\partial^{p+q+r+s} w}{\partial x^{p+r}\,\partial y^{q+s}}\,. \end{cases}$$

Ich führe nun in den 4 Summen andere Summationsbuchstaben ein:

$$(4)\qquad \begin{aligned} \xi &= p - \mu \qquad & \mu &= p - \xi\,,\\ \xi &= r - \mu \qquad & \mu &= r - \xi\,; \end{aligned}$$

$$(5)\qquad \begin{aligned} \eta &= q - \mu \qquad & \mu &= q - \eta\,,\\ \eta &= s - \mu \qquad & \mu &= s - \eta\,. \end{aligned}$$

Dann ist:

$$
(6)\quad\left\{\begin{aligned}
&\delta\iint dx\,dy\,\frac{\partial^{p+q}w}{\partial x^p\,\partial y^q}\,\frac{\partial^{r+s}w}{\partial x^r\,\partial y^s}\\
&=\int dy\,\Bigg|_1^2\;\sum_{\xi=0}^{p-1}(-1)^{p-\xi+1}\frac{\partial^{q+\xi}\delta w}{\partial x^\xi\,\partial y^q}\,\frac{\partial^{p+r+s-\xi-1}w}{\partial x^{p+r-\xi-1}\,\partial y^s}\\
&\qquad+\sum_{\xi=0}^{r-2}(-1)^{r-\xi-1}\frac{\partial^{s+\xi}\delta w}{\partial x^\xi\,\partial y^s}\,\frac{\partial^{p+q+r-\xi-1}w}{\partial x^{p+r-\xi-1}\,\partial y^q}\\
&+\int dy\,\Bigg|_1^2\;\sum_{\eta=0}^{q-1}(-1)^{p+q-\eta-1}\frac{\partial^{\eta}\delta w}{\partial y^\eta}\,\frac{\partial^{p+q+r+s-\eta-1}w}{\partial x^{p+r}\,\partial y^{q+s-\eta-1}}\\
&\qquad+\sum_{\eta=0}^{s-1}(-1)^{r+s-\eta-1}\frac{\partial^{\eta}\delta w}{\partial y^\eta}\,\frac{\partial^{p+q+r+s-\eta-1}w}{\partial x^{p+r}\,\partial y^{q+s-\eta-1}}\\
&\qquad+\iint dx\,dy\,\delta w\,[(-1)^{p+q}+(-1)^{r+s}]\,\frac{\partial^{p+q+r+s}w}{\partial x^{p+r}\,\partial y^{q+s}}\,.
\end{aligned}\right.
$$

Nach (1), (2), (6) ist, wenn ich die Summationen immer gleich umordne:

$$
(7)\quad\left\{\begin{aligned}
&\delta\iint dx\,dy\,V=\int dy\,\Bigg|_1^2\;\sum_{\xi=0}^{n-1}(-1)^{\xi+1}\\
&\Bigg[\sum_{p=\xi+1}^{n}\sum_{q=0}^{n}\sum_{r=0}^{n}\sum_{s=0}^{n}(-1)^p a_{pqrs}\frac{\partial^{q+\xi}\delta w}{\partial x^\xi\,\partial y^q}\,\frac{\partial^{p+r+s-\xi-1}w}{\partial x^{p+r-\xi-1}\,\partial y^s}\\
&+\sum_{p=0}^{n}\sum_{q=0}^{n}\sum_{r=\xi+1}^{n}\sum_{s=0}^{n}(-1)^r a_{pqrs}\frac{\partial^{s+\xi}\delta w}{\partial x^\xi\,\partial y^s}\,\frac{\partial^{p+q+r-\xi-1}w}{\partial x^{p+r-\xi-1}\,\partial y^q}\Bigg]\\
&+\int dx\,\Bigg|_1^2\;\sum_{\eta=1}^{n-1}(-1)^{\eta+1}\frac{\partial^\eta\delta w}{\partial y^\eta}\\
&\Bigg[\sum_{p=0}^{n}\sum_{q=\eta+1}^{n}\sum_{r=0}^{n}\sum_{s=0}^{n}(-1)^{p+q}a_{pqrs}\frac{\partial^{p+q+r+s-\eta-1}w}{\partial x^{p+r}\,\partial y^{q+s-\eta-1}}\\
&+\sum_{p=0}^{n}\sum_{q=0}^{n}\sum_{r=0}^{n}\sum_{s=\eta+1}^{n}(-1)^{r+s}a_{pqrs}\frac{\partial^{p+q+r+s-\eta-1}w}{\partial x^{p+r}\,\partial y^{q+s-\eta-1}}\Bigg]\\
&+\iint dx\,dy\,\delta w\\
&\quad\sum_{p=0}^{n}\sum_{q=0}^{n}\sum_{r=0}^{n}\sum_{s=0}^{n}[(-1)^{p+q}+(-1)^{r+s}]\,a_{pqrs}\frac{\partial^{p+q+r+s}w}{\partial x^{p+r}\,\partial y^{q+s}}\,.
\end{aligned}\right.
$$

Da $a_{pqrs} = a_{rspq}$ ist, so sind die vierfachen Summen in den beiden obigen Klammern einander gleich. Es ist also

$$(8)\quad \delta\iint dx\,dy\,V = 2\left[\int dy\Big|_1^2 F_x + \int dx\Big|_1^2 F_y\right] + \iint dx\,dy\,\delta w\,f,$$

wobei

$$(9)\quad F_x = \sum_{\xi=0}^{n-1}(-1)^{\xi+1}$$

$$\sum_{p=\xi+1}^{n}\sum_{q=0}^{n}\sum_{r=0}^{n}\sum_{s=0}^{n}(-1)^p a_{pqrs}\frac{\partial^{q+\xi}\delta w}{\partial x^{\xi}\partial y^{q}}\frac{\partial^{p+r+s-\xi-1}w}{\partial x^{p+r-\xi-1}\partial y^{s}}.$$

$$(10)\quad F_y = \sum_{\eta=0}^{n-1}(-1)^{\eta+1}\frac{\partial^{\eta}\delta w}{\partial y^{\eta}}$$

$$\sum_{p=0}^{n}\sum_{q=\eta+1}^{n}\sum_{r=0}^{n}\sum_{s=0}^{n}(-1)^{p+q}a_{pqrs}\frac{\partial^{p+q+r+s-\eta-1}w}{\partial x^{p+r}\partial y^{q+s-\eta-1}}.$$

$$(11)\quad f = \sum_{p=0}^{n}\sum_{q=0}^{n}\sum_{r=0}^{n}\sum_{s=0}^{n}[(-1)^{p+q}+(-1)^{r+s}]a_{pqrs}\frac{\partial^{p+q+r+s}w}{\partial x^{p+r}\partial y^{q+s}}.$$

Ganz entsprechende Gleichungen erhält man, wenn man erst nach y statt nach x partiell integriert. Man braucht bloß überall x mit y, p mit q und r mit s zu vertauschen.

Nach Abb. 49 ist nun, wenn ds das Bogenelement der Randkurve und ν die äußere Normale ist

$$(12)\quad \begin{cases} dy = -\,ds\cos(x,\nu) & \text{für } P_1, \\ dy = +\,ds\cos(x,\nu) & ,,\ \ P_2, \\ dx = -\,ds\cos(y,\nu) & ,,\ \ Q_1, \\ dx = +\,ds\cos(y,\nu) & ,,\ \ Q_2. \end{cases}$$

Setze ich das in die eckige Klammer von (8) ein, so kann ich schreiben

$$(13)\quad \delta\iint dx\,dy\,V = 2\int ds\,[\cos(x\nu)F_x + \cos(y\nu)F_y] + \iint dx\,dy\,\delta w\,f.$$

Diese Gleichung ist erfüllt, wenn

$$(14)\quad \int ds[\cos(x\nu)F_x + \cos(y\nu)F_y] = 0 \text{ für } \begin{cases}\text{den Rand des Inte-}\\ \text{grationsgebietes.}\end{cases}$$

$$(15)\quad f = 0 \text{ für } \begin{cases}\text{das Innere des Inte-}\\ \text{grationsgebietes}\end{cases}$$

Ist das Integrationsgebiet speziell ein Rechteck, so lautet die Randbedingung

$$\text{(16)}\qquad \int\limits_{y_0}^{y_1} d\,y\,F_x = 0 \quad \text{für} \quad \begin{cases} x = x_0 \\ x = x_1 . \end{cases}$$

$$\text{(17)}\qquad \int\limits_{x_0}^{x_1} d\,x\,F_y = 0 \quad \text{für} \quad \begin{cases} y = y_0 \\ y = y_1 . \end{cases}$$

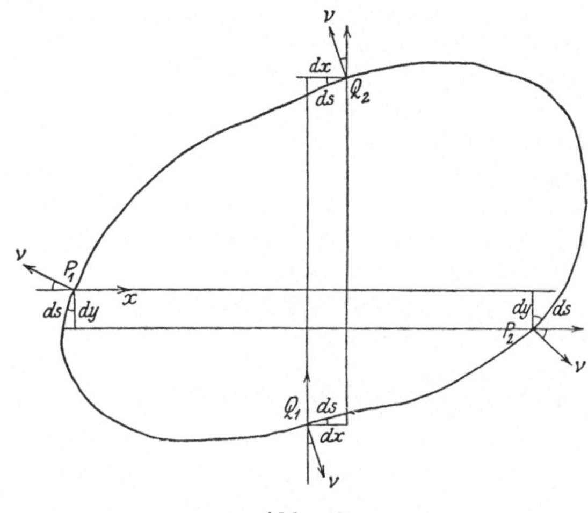

Abb. 49.

Aus (16) und (9) folgt durch partielle Integration

$$\text{(18)}\qquad \left\{ \begin{aligned} &\Bigg|_{y_0}^{y_1} \sum_{\xi=0}^{n-1} (-1)^{\xi+1} \sum_{p=\xi+1}^{n} \sum_{q=0}^{n} \sum_{r=0}^{n} \sum_{s=0}^{n} (-1)^p a_{pqrs} \sum_{\mu=1}^{q} \\ &\qquad (-1)^{\mu-1} \frac{\partial^{q+\xi-\mu}\,\delta w}{\partial x^{\xi}\,\partial y^{q-\mu}} \frac{\partial^{p+r+s-\xi+\mu-2}\,w}{\partial x^{p+r-\xi-1}\,\partial y^{s+\mu-1}} \\ &\qquad + \int \sum_{\xi=0}^{n-1} (-1)^{\xi+1} \sum_{p=\xi+1}^{n} \sum_{q=0}^{n} \sum_{r=0}^{n} \sum_{s=0}^{n} \\ &\qquad (-1)^{p+q} a_{pqrs} \frac{\partial^{\xi}\,\delta w}{\partial x^{\xi}} \frac{\partial^{p+q+r+s-\xi-1}\,w}{\partial x^{p+r-\xi-1}\,\partial y^{q+s}} . \end{aligned} \right.$$

Ändere ich im 1. Summanden den Summationsbuchstaben nach (5), so wird der 1. Summand·

$$
(19)\quad \left\{ \begin{aligned}
&\sum_{\xi=0}^{n-1}(-1)^{\xi+1}\sum_{p=\xi+1}^{n}\ \sum_{q=0}^{n}\sum_{r=0}^{n}\sum_{s=0}^{n} a_{pqrs}\sum_{\eta=0}^{q-1} \\
&\qquad (-1)^{p+q-\eta-1}\,\frac{\partial^{\xi+\eta}\,\delta w}{\partial x^{\xi}\,\partial y^{\eta}}\;\frac{\partial^{p+q+r+s-\xi-\eta-2}\,w}{\partial x^{p+r-\xi-1}\,\partial y^{q+s-\eta-1}}\,.
\end{aligned}\right.
$$

Damit kann ich die Bedingungen fur w schließlich auf die Form bringen:

$$
(20)\quad \left\{ \begin{aligned}
&\sum_{\xi=0}^{n-2}\sum_{\eta=0}^{n-2}(-1)^{\xi+\eta}\,\frac{\partial^{\xi+\eta}\,\delta w}{\partial x^{\xi}\,\partial y^{\eta}} \\
&\sum_{p=\xi+1}^{n}\ \sum_{q=\xi+1}^{n}\ \sum_{r=0}^{n}\sum_{s=0}^{n}(-1)^{p+q}\,a_{pqrs}\,\frac{\partial^{p+q+r+s-\xi-\eta-2}\,w}{\partial x^{p+r-\xi-1}\,\partial y^{q+s-\eta-1}} = 0\,, \\
&\qquad\qquad \text{für} \left\{ \begin{aligned} x &= x_0 \ y = y_0\,, \\ x &= x_0 \ y = y_1\,, \\ x &= x_1 \ y = y_0\,, \\ x &= x_1 \ y = y_1\,. \end{aligned}\right.
\end{aligned}\right.
$$

$$
(21)\quad \left\{ \begin{aligned}
&\sum_{\xi=0}^{n-1}(-1)^{\xi+1}\,\frac{\partial^{\xi}\,\delta w}{\partial x^{\xi}} \\
&\sum_{p=\xi+1}^{n}\ \sum_{q=0}^{n}\sum_{r=0}^{n}\sum_{s=0}^{n}(-1)^{p+q}\,a_{pqrs}\,\frac{\partial^{p+q+r+s-\xi-1}\,w}{\partial x^{p+r-\xi-1}\,\partial y^{q+1}} = 0\,, \\
&\qquad\qquad \text{für} \left\{ \begin{aligned} x &= x_0\,, \\ x &= x_1\,. \end{aligned}\right.
\end{aligned}\right.
$$

$$
(22)\quad \left\{ \begin{aligned}
&\sum_{\eta=0}^{n-1}(-1)^{\eta+1}\,\frac{\partial^{\eta}\,\delta w}{\partial y^{\eta}} \\
&\sum_{p=0}^{n}\ \sum_{q=\eta+1}^{n}\ \sum_{r=0}^{n}\sum_{s=0}^{n}(-1)^{p+q}\,a_{pqrs}\,\frac{\partial^{p+q+r+s-\eta-1}\,w}{\partial x^{p+r}\,\partial y^{q+s-\eta-1}} = 0\,, \\
&\qquad\qquad \text{für} \left\{ \begin{aligned} y &= y_0\,, \\ y &= y_1\,. \end{aligned}\right.
\end{aligned}\right.
$$

$$
(23)\quad \left\{ \begin{aligned}
&\sum_{p=0}^{n}\sum_{q=0}^{n}\sum_{r=0}^{n}\sum_{s=0}^{n}\left[(-1)^{p+q}+(-1)^{r+s}\right]a_{pqrs}\,\frac{\partial^{p+q+r+s}\,w}{\partial x^{p+r}\,\partial y^{q+s}} = 0\,, \\
&\qquad\qquad \text{für} \left\{ \begin{aligned} &\text{das Innere des} \\ &\quad\text{Rechtecks.} \end{aligned}\right.
\end{aligned}\right.
$$

Aus (23) erkennt man, daß nur die Differentialquotienten der graden Ordnung vorkommen und daß alle Glieder von (1) denselben Differentialquotienten ergeben, für die $p+r$ und $q+s$ gleich sind. Den Differentialquotienten $\frac{\partial^2 w}{\partial x^2}$ ergeben z. B. die Glieder, fur die $p+r=2$ und $q=s=0$ ist, also:

$$2\,a_{00\,20}\, w \frac{\partial^2 w}{\partial x^2} + a_{10\,10}\left(\frac{\partial w}{\partial x}\right)^2.$$

Den Differentialquotienten $\frac{\partial^4 w}{\partial x^4}$ ergeben:

$$2\,a_{00\,40}\, w \frac{\partial^4 w}{\partial x^4} + 2\,a_{10\,30}\frac{\partial w}{\partial x}\frac{\partial^3 w}{\partial x^3} + a_{20\,20}\left(\frac{\partial^2 w}{\partial x^2}\right)^2$$

und den Differentialquotienten $\frac{\partial^4 w}{\partial x^2\,\partial y^2}$ ergeben:

$$2\,a_{00\,22}\, w \frac{\partial^4 w}{\partial x^2\,\partial y^2} + 2\,a_{10\,12}\frac{\partial w}{\partial x}\frac{\partial^3 w}{\partial x\,\partial y^2} + 2\,a_{20\,02}\frac{\partial^2 w}{\partial x^2}\frac{\partial^2 w}{\partial y^2}$$
$$+ 2\,a_{01\,21}\frac{\partial w}{\partial y}\frac{\partial^3 w}{\partial x^2\,\partial y} + a_{11\,11}\left(\frac{\partial^2 w}{\partial x\,\partial y}\right)^2.$$

Beispiele:

Die unabhangigen Variablen brauchen naturlich nicht immer x und y zu heißen, sie können auch x und t sein. Im § 1, Beispiel *I*, 2 (Drillungsschwingungen eines Stabes) ist z. B. die Tragheit der Bewegung vernachlassigt worden, durch die die Querschnitte zu krummen Flachen deformiert werden. Berücksichtigen wir dieselbe, so ist die Variationsgleichung der Bewegung (L o v e: El. § 279):

$$(I)\qquad \delta\int dt\int dx\left[\tfrac{1}{2}\,C\left(\frac{\partial w}{\partial x}\right)^2 - \tfrac{1}{2}\,\varrho\,\omega\,K^2\left(\frac{\partial w}{\partial t}\right)^2 - \tfrac{1}{2}\,\varrho\left(\frac{\partial^2 w}{\partial x\,\partial t}\right)^2\int \Phi^2\,d\omega\right] = 0\,.$$

Hierbei bedeutet w den Winkel, um den 2 Querschnitte gegeneinander verdreht sind, C die sogenannte Drillungssteifigkeit, ω Flacheninhalt, K Tragheitsradius und Φ Torsionsfunktion fur den betreffenden Querschnitt. Es ergibt sich die Differentialgleichung

$$(23_I)\qquad \varrho\,\omega\,K^2\frac{\partial^2 w}{\partial t^2} - \varrho\left(\int \Phi^2\,d\omega\right)\frac{\partial^4 w}{\partial x^2\,\partial t^2} - C\frac{\partial^2 w}{\partial x^2} = 0\,.$$

Im § 1, Beispiel *I*, 3 (Biegungsschwingungen eines Stabes) ist die rotatorische Tragheit sowie die Tragheit der Bewegung vernachlassigt, die die Querschnitte in ihrer eigenen Ebene verzerrt. Wird diese berücksichtigt, so ist (L o v e: El. § 280):

$$(II)\quad \delta\int dt\int dx\left[\varrho\left(\frac{\partial w}{\partial t}\right)^2 + \sigma\,(k'^2 - k^2)\frac{\partial w}{\partial t}\frac{\partial^3 w}{\partial x^2\,\partial t} + k'^2\left(\frac{\partial^2 w}{\partial x\,\partial t}\right)^2 - E\,k'^2\left(\frac{\partial^2 w}{\partial x^2}\right)^2\right] = 0\,.$$

Hierbei bedeuten k resp. k' den Tragheitsradius des Querschnittes bezüglich einer durch den Schwerpunkt gehenden, in der Biegungsebene resp. senkrecht zur Biegungsebene gelegenen Achse. Es ergibt sich die Differentialgleichung:

$$(23_{II}) \qquad \varrho \frac{\partial^2 w}{\partial t^2} - \varrho\,[k'^2(1-\sigma) + k^2\sigma]\frac{\partial^4 w}{\partial x^2\,\partial t^2} + E\,k'^2\frac{\partial^4 w}{\partial x^4} = 0\,.$$

Im § 1, Beispiel I, 4 (Dehnungsschwingungen eines Stabes) ist die Tragheit der Querbewegung vernachlassigt. Wird sie berucksichtigt, so ist (Love: El. § 278):

$$(III) \quad \delta\int dt\int dx\left\{\tfrac{1}{2}\,\varrho\,\omega\left[\left(\frac{\partial w}{\partial t}\right)^2 + \sigma\,k'^2\left(\frac{\partial^2 w}{\partial x\,\partial t}\right)^2\right] - \tfrac{1}{2}\,E\,\omega\left(\frac{\partial w}{\partial x}\right)^2\right\} = 0\,,$$

Es ergibt sich die Differentialgleichung:

$$(23_{III}) \qquad \varrho\frac{\partial^2 w}{\partial t^2} - \varrho\,\sigma\,k'^2\frac{\partial^4 w}{\partial x^2\,\partial t^2} - E\frac{\partial^2 w}{\partial x^2} = 0\,.$$

Haben wir wie im § 4 noch eine 2. Funktion

$$(24) \qquad E = \sum_{p=0}^{n}\sum_{q=0}^{n} b_{pq}\frac{\partial^p w}{\partial t^p}\,\frac{\partial^q w}{\partial t^q} \qquad\qquad b_{pq} = b_{qp}\,,$$

so tritt an Stelle von (2) die Gleichung:

$$(25) \qquad \delta\int_{t_0}^{t_1} d\,t\iint dx\,dy\,(V+E) = 0\,.$$

Soll wieder wie im § 4 δw fur die Grenzen der Zeit verschwinden, so tritt an Stelle von (23) die Gleichung

$$(26)\quad \left\{\begin{aligned} &\sum_{p=0}^{n}\sum_{q=0}^{n}\sum_{r=0}^{n}\sum_{s=0}^{n}[(-1)^{p+q} + (-1)^{r+s}]\,a_{pqrs}\,\frac{\partial^{p+q+r+s} w}{\partial x^{p+r}\,\partial y^{q+s}}\\ &\qquad + \sum_{p=0}^{n}\sum_{q=0}^{n}[(-1)^p + (-1)^q]\,b_{pq}\,\frac{\partial^{p+q} w}{\partial t^{p+q}} = 0\,.\end{aligned}\right.$$

Haben wir z. B. die Gleichung

$$(IV) \qquad \delta\int dt\iint dx\,dy\,a\left[\left(\frac{\partial w}{\partial x}\right)^2 + \left(\frac{\partial w}{\partial y}\right)^2\right] + b\left(\frac{\partial w}{\partial t}\right)^2 = 0\,,$$

so ergibt sich daraus die Gleichung § 7 (9) mit der Randbedingung

$$(14_{IV}) \qquad \frac{\partial w}{\partial x}\cos(x\,\nu) + \frac{\partial w}{\partial y}\cos(y\,\nu) = 0\,.$$

Diese Bedingung ist erfullt, wenn, wie im § 9 angenommen wurde, w auf dem Rande des Integrationsgebietes verschwindet.

Haben wir die Gleichung

$$(V)\quad \left\{\begin{aligned} &\int dt\iint dx\,dy\,a\left[\left(\frac{\partial^2 w}{\partial x^2}\right)^2 + \left(\frac{\partial^2 w}{\partial y^2}\right)^2 + 2\mu\,\frac{\partial^2 w}{\partial x^2}\,\frac{\partial^2 w}{\partial y^2}\right.\\ &\qquad\qquad \left. + 2(1-\mu)\left(\frac{\partial^2 w}{dx\,dy}\right)^2\right] + b\left(\frac{\partial w}{\partial t}\right)^2 = 0\,,\end{aligned}\right.$$

und ist das Integrationsgebiet ein Rechteck, so ergeben sich die Bedingungen

$$(20_r)\qquad \delta w \frac{\partial^2 w}{\partial x\,\partial y} = 0 \quad \text{fur} \quad \begin{cases} x = x_0 & y = y_0\,, \\ x = x_0 & y = y_1\,, \\ x = x_1 & y = y_0\,, \\ x = x_1 & y = y_1\,. \end{cases}$$

$$(21_r)\qquad -\delta w\left[(2-\mu)\frac{\partial^3 w}{\partial x\,\partial y^2} + \frac{\partial^3 w}{\partial x^3}\right] + \frac{\partial\,\delta w}{\partial x}\left[\mu\frac{\partial^2 w}{\partial y^2} + \frac{\partial^2 w}{\partial x^2}\right] = 0 \quad \text{fur} \quad \begin{cases} x = x_0 \\ x = x_1\,. \end{cases}$$

$$(22_r)\qquad -\delta w\left[(2-\mu)\frac{\partial^2 w}{\partial y\,\partial x^2} + \frac{\partial^3 w}{\partial y^3}\right] + \frac{\partial\,\delta w}{\partial y}\left[\mu\frac{\partial^2 w}{\partial x^2} + \frac{\partial^2 w}{\partial y^2}\right] = 0 \quad \text{fur} \quad \begin{cases} y = y_0 \\ y = y_1\,. \end{cases}$$

$$(23_r)\qquad a\left(\frac{\partial^4 w}{\partial x^4} + 2\frac{\partial^4 w}{\partial x^2\,\partial y^2} + \frac{\partial^4 w}{\partial y^4}\right) + b\frac{\partial^2 w}{\partial t} = 0 \quad \text{fur} \quad \left\{ \begin{array}{l} \text{das Innere des} \\ \text{Rechteckes.} \end{array} \right.$$

Die Gleichung (V) ist die Gleichung fur die Transversalschwingungen einer Platte. Dabei ist $a = \frac{h^3 E}{12(1-\sigma^2)}$ die sogenannte Biegungssteifigkeit und $b = \varrho h$ die Masse der Flacheneinheit. (Schaefer: Th. Ph. 713, Foppl: T. M. V, 130, Love: El. 564.)

§ 9. Krummlinige Koordinaten in der Ebene.

Wie im Abschnitt IV aus den totalen Differentialgleichungen mit konstanten Koeffizienten solche mit nicht konstanten Koeffizienten hergeleitet wurden, indem statt x und y neue Variable ξ und η eingeführt wurden, so können auch aus den partiellen Differentialgleichungen mit konstanten Koeffizienten solche mit nicht konstanten Koeffizienten hergeleitet werden. Während aber bei den totalen Differentialgleichungen diejenigen mit konstanten Koeffizienten leichter zu lösen sind, ist es bei den partiellen Differentialgleichungen umgekehrt oft vorteilhafter, die Differentialgleichungen mit nicht konstanten Koeffizienten zu behandeln. Geometrisch entspricht nämlich der Einführung der neuen Variablen die Benutzung krummliniger Koordinaten und diese krummlinigen Koordinaten können nun so gewählt werden, daß die Randbedingungen sich in ihnen möglichst einfach ausdrücken. Ich wähle als Beispiel die Gleichung des § 5.

$$(1)\qquad \begin{cases} x = f(\xi, \eta)\,, \\ y = g(\xi, \eta)\,. \end{cases}$$

Daraus folgt durch Differentiation:

$$(2)\qquad \begin{cases} dx = \dfrac{\partial f}{\partial \xi} d\xi + \dfrac{\partial f}{\partial \eta} d\eta\,, \\[2ex] dy = \dfrac{\partial g}{\partial \xi} d\xi + \dfrac{\partial g}{\partial \eta} d\eta\,. \end{cases}$$

Ich nehme an, daß die Funktionen f und g speziell von der Art sind, daß

$$\frac{\partial f}{\partial \xi}\frac{\partial f}{\partial \eta}+\frac{\partial g}{\partial \xi}\frac{\partial g}{\partial \eta}=0, \tag{3}$$

d. h. die krummlinigen Koordinaten sollen orthogonal sein. Ferner setze ich zur Abkurzung:

$$\left\{\begin{aligned} \left(\frac{\partial f}{\partial \xi}\right)^2+\left(\frac{\partial g}{\partial \xi}\right)^2&=e_1,\\ \left(\frac{\partial f}{\partial \eta}\right)^2+\left(\frac{\partial g}{\partial \eta}\right)^2&=e_2. \end{aligned}\right. \tag{4}$$

Multipliziere ich die Gleichungen (2) erstens mit $\frac{\partial f}{\partial \xi}$ und $\frac{\partial g}{\partial \xi}$ und zweitens mit $\frac{\partial f}{\partial \eta}$ und $\frac{\partial g}{\partial \eta}$ und addiere dann jedesmal, so ist wegen (3) und (4)

$$\left\{\begin{aligned} e_1 d\xi&=\frac{\partial f}{\partial \xi}dx+\frac{\partial g}{\partial \xi}dy,\\ e_2 d\eta&=\frac{\partial f}{\partial \eta}dx+\frac{\partial g}{\partial \eta}dy. \end{aligned}\right. \tag{5}$$

Vergleiche ich diese Ausdrücke mit den folgenden:

$$\left\{\begin{aligned} d\xi&=\frac{\partial \xi}{\partial x}dx+\frac{\partial \xi}{\partial y}dy,\\ d\eta&=\frac{\partial \eta}{\partial x}dx+\frac{\partial \eta}{\partial y}dy, \end{aligned}\right. \tag{6}$$

so ergibt sich:

$$\left\{\begin{aligned} \frac{\partial \xi}{\partial x}&=\frac{1}{e_1}\frac{\partial f}{\partial \xi} \qquad & \frac{\partial \xi}{\partial y}&=\frac{1}{e_1}\frac{\partial g}{\partial \xi},\\ \frac{\partial \eta}{\partial x}&=\frac{1}{e_2}\frac{\partial f}{\partial \eta} \qquad & \frac{\partial \eta}{\partial y}&=\frac{1}{e_2}\frac{\partial g}{\partial \eta}. \end{aligned}\right. \tag{7}$$

Ist nun w eine beliebige Funktion von x und y, so ist

$$\left\{\begin{aligned} \frac{\partial w}{\partial x}&=\frac{\partial w}{\partial \xi}\frac{\partial \xi}{\partial x}+\frac{\partial w}{\partial \eta}\frac{\partial \eta}{\partial x},\\ \frac{\partial w}{\partial y}&=\frac{\partial w}{\partial \xi}\frac{\partial \xi}{\partial y}+\frac{\partial w}{\partial \eta}\frac{\partial \eta}{\partial y}. \end{aligned}\right. \tag{8}$$

Durch nochmalige Differentiation ergibt sich:

$$
(9)\quad \left\{
\begin{aligned}
\frac{\partial^2 w}{\partial x^2} &= \frac{\partial^2 w}{\partial \xi^2}\left(\frac{\partial \xi}{\partial x}\right)^2 + 2\frac{\partial^2 w}{\partial \xi \partial \eta}\frac{\partial \xi}{\partial x}\frac{\partial \eta}{\partial x} + \frac{\partial^2 w}{\partial \eta^2}\left(\frac{\partial \eta}{\partial x}\right)^2 \\
&\quad + \frac{\partial w}{\partial \xi}\left[\frac{\partial}{\partial \xi}\left(\frac{\partial \xi}{\partial x}\right)\frac{\partial \xi}{\partial x} + \frac{\partial}{\partial \eta}\left(\frac{\partial \xi}{\partial x}\right)\frac{\partial \eta}{\partial x}\right] \\
&\quad + \frac{\partial w}{\partial \eta}\left[\frac{\partial}{\partial \xi}\left(\frac{\partial \eta}{\partial x}\right)\frac{\partial \xi}{\partial x} + \frac{\partial}{\partial \eta}\left(\frac{\partial \eta}{\partial x}\right)\frac{\partial \eta}{\partial x}\right], \\
\frac{\partial^2 w}{\partial y^2} &= \frac{\partial^2 w}{\partial \xi^2}\left(\frac{\partial \xi}{\partial y}\right)^2 + 2\frac{\partial^2 w}{\partial \xi \partial \eta}\frac{\partial \xi}{\partial y}\frac{\partial \eta}{\partial y} + \frac{\partial^2 w}{\partial y^2}\left(\frac{\partial \eta}{\partial y}\right)^2 \\
&\quad + \frac{\partial w}{\partial \xi}\left[\frac{\partial}{\partial \xi}\left(\frac{\partial \xi}{\partial y}\right)\frac{\partial \xi}{\partial y} + \frac{\partial}{\partial \eta}\left(\frac{\partial \xi}{\partial y}\right)\frac{\partial \eta}{\partial y}\right] \\
&\quad + \frac{\partial w}{\partial \eta}\left[\frac{\partial}{\partial \xi}\left(\frac{\partial \eta}{\partial y}\right)\frac{\partial \xi}{\partial y} + \frac{\partial}{\partial \eta}\left(\frac{\partial \eta}{\partial y}\right)\frac{\partial \eta}{\partial y}\right].
\end{aligned}
\right.
$$

Ich führe nun die Ausdrücke (7) ein. Es ist dann

$$
\begin{aligned}
\frac{\partial}{\partial \xi}\left(\frac{\partial \xi}{\partial x}\right)\frac{\partial \xi}{\partial x} &= \frac{1}{e_1^2}\frac{\partial^2 f}{\partial \xi^2}\frac{\partial f}{\partial \xi} - \frac{1}{e_1^3}\frac{\partial e_1}{\partial \xi}\left(\frac{\partial f}{\partial \xi}\right)^2, \\
\frac{\partial}{\partial \eta}\left(\frac{\partial \xi}{\partial x}\right)\frac{\partial \eta}{\partial x} &= \frac{1}{e_1 e_2}\frac{\partial^2 f}{\partial \xi \partial \eta}\frac{\partial f}{\partial \eta} - \frac{1}{e_1^2 e_2}\frac{\partial e_1}{\partial \eta}\frac{\partial f}{\partial \xi}\frac{\partial f}{\partial \eta}, \\
\frac{\partial}{\partial \xi}\left(\frac{\partial \eta}{\partial x}\right)\frac{\partial \xi}{\partial x} &= \frac{1}{e_1 e_2}\frac{\partial^2 f}{\partial \xi \partial \eta}\frac{\partial f}{\partial \xi} - \frac{1}{e_1 e_2^2}\frac{\partial e_2}{\partial \xi}\frac{\partial f}{\partial \xi}\frac{\partial f}{\partial \eta}, \\
\frac{\partial}{\partial \eta}\left(\frac{\partial \eta}{\partial x}\right)\frac{\partial \eta}{\partial x} &= \frac{1}{e_2^2}\frac{\partial^2 f}{\partial \eta^2}\frac{\partial f}{\partial \eta} - \frac{1}{e_2^3}\frac{\partial e_2}{\partial \eta}\left(\frac{\partial f}{\partial \eta}\right)^2
\end{aligned}
$$

und entsprechende Ausdrücke, in denen nur x und f durch y und g zu ersetzen sind. Setze ich das in (9) ein und addiere die beiden Ausdrücke, so ist, wenn ich (3) und (4) beachte:

$$
(10)\quad \left\{
\begin{aligned}
&\frac{\partial^2 w}{\partial x^2} + \frac{\partial^2 w}{\partial y^2} = \frac{1}{e_1}\frac{\partial^2 w}{\partial \xi^2} + \frac{1}{e_2}\frac{\partial^2 w}{\partial \eta^2} \\
&+ \frac{\partial w}{\partial \xi}\left\{\frac{1}{e_1}\left[\frac{1}{e_1}\left(\frac{\partial^2 f}{\partial \xi^2}\frac{\partial f}{\partial \xi} + \frac{\partial^2 g}{\partial \xi^2}\frac{\partial g}{\partial \xi}\right)\right.\right. \\
&\left.\left. + \frac{1}{e_2}\left(\frac{\partial^2 f}{\partial \xi \partial \eta}\frac{\partial f}{\partial \eta} + \frac{\partial^2 g}{\partial \xi \partial \eta}\frac{\partial g}{\partial \eta}\right)\right] - \frac{1}{e_1^2}\frac{\partial e^2}{\partial \xi}\right\} \\
&+ \frac{\partial w}{\partial \eta}\left\{\frac{1}{e_2}\left[\frac{1}{e_1}\left(\frac{\partial^2 f}{\partial \xi \partial \eta}\frac{\partial f}{\partial \xi} + \frac{\partial^2 g}{\partial \xi \partial \eta}\frac{\partial g}{\partial \xi}\right)\right.\right. \\
&\left.\left. + \frac{1}{e_2}\left(\frac{\partial^2 f}{\partial \eta^2}\frac{\partial f}{\partial \eta} + \frac{\partial^2 g}{\partial \eta^2}\frac{\partial g}{\partial \eta}\right)\right] - \frac{1}{e_2^2}\frac{\partial e^2}{\partial \eta}\right\}.
\end{aligned}
\right.
$$

Nun folgt aus (4) durch Differentiation:

$$
(11)\quad \left\{
\begin{aligned}
&\frac{\partial f}{\partial \xi}\,\frac{\partial^2 f}{\partial \xi^2}+\frac{\partial g}{\partial \xi}\,\frac{\partial^2 g}{\partial \xi^2}=\frac{1}{2}\,\frac{\partial e_1}{\partial \xi},\\
&\frac{\partial f}{\partial \eta}\,\frac{\partial^2 f}{\partial \xi \partial \eta}+\frac{\partial g}{\partial \eta}\,\frac{\partial^2 g}{\partial \xi \partial \eta}=\frac{1}{2}\,\frac{\partial e_2}{\partial \xi},\\
&\frac{\partial f}{\partial \xi}\,\frac{\partial^2 f}{\partial \xi \partial \eta}+\frac{\partial g}{\delta \xi}\,\frac{\partial^2 g}{\partial \xi \partial \eta}=\frac{1}{2}\,\frac{\partial e_1}{\partial \eta},\\
&\frac{\partial f}{\partial \eta}\,\frac{\partial^2 f}{\partial \eta^2}+\frac{\partial g}{\partial \eta}\,\frac{\partial^2 g}{\partial \eta^2}=\frac{1}{2}\,\frac{\partial e_2}{\partial \eta}.
\end{aligned}
\right.
$$

Setze ich (11) in (10) ein, so ist:

$$
(12)\quad \left\{
\begin{aligned}
\frac{\partial^2 w}{\partial x^2}+\frac{\partial^2 w}{\partial y^2}&=\frac{1}{e_1}\,\frac{\partial^2 w}{\partial \xi^2}+\frac{1}{e_2}\,\frac{\partial^2 w}{\partial \eta^2},\\
&+\frac{\partial w}{\partial \xi}\left[\frac{1}{2e_1}\left(\frac{1}{e_1}\,\frac{\partial e_1}{\partial \xi}+\frac{1}{e_2}\,\frac{\partial e_2}{\partial \xi}\right)-\frac{1}{e_1^2}\,\frac{\partial e_1}{\partial \xi}\right],\\
&+\frac{\partial w}{\partial \eta}\left[\frac{1}{2e_2}\left(\frac{1}{e_1}\,\frac{\partial e_1}{\partial \eta}+\frac{1}{e_2}\,\frac{\partial e_2}{\partial \eta}\right)-\frac{1}{e_2^2}\,\frac{\partial e_2}{\partial \eta}\right].
\end{aligned}
\right.
$$

Nun ist

$$
\begin{aligned}
\frac{1}{2}\left(\frac{1}{e_1}\,\frac{\partial e_1}{\partial \xi}+\frac{1}{e_2}\,\frac{\partial e_2}{\partial \xi}\right)&=\frac{1}{2}\left(\frac{\partial \ln e_1}{\partial \xi}+\frac{\partial \ln e_2}{\partial \xi}\right)=\frac{1}{2}\,\frac{\partial}{\partial \xi}(\ln e_1+\ln e_2)\\
&=\frac{\partial}{\partial \xi}\ln\sqrt{e_1 e_2}=\frac{1}{\sqrt{e_1 e_2}}\,\frac{\partial}{\partial \xi}\sqrt{e_1 e_2}.
\end{aligned}
$$

Die erste in (12) auftretende eckige Klammer kann ich daher schreiben:

$$
\begin{aligned}
\frac{1}{\sqrt{e_1 e_2}}\cdot\frac{1}{e_1}\,\frac{\partial}{\partial \xi}\sqrt{e_1 e_2}+\frac{\partial \frac{1}{e_1}}{\partial \xi}&=\frac{1}{\sqrt{e_1 e_2}}\left(\frac{1}{e_1}\,\frac{\partial}{\partial \xi}\sqrt{e_1 e_2}+\sqrt{e_1 e_2}\,\frac{\partial \frac{1}{e_1}}{\partial \xi}\right)\\
&=\frac{1}{\sqrt{e_1 e_2}}\,\frac{\partial}{\partial \xi}\,\frac{\sqrt{e_1 e_2}}{e_1}=\frac{1}{\sqrt{e_1 e_2}}\,\frac{\partial}{\partial \xi}\sqrt{\frac{e_2}{e_1}}.
\end{aligned}
$$

Entsprechend kann ich die 2. in (12) auffallende eckige Klammer umformen, so daß ich schließlich die Gleichung (12) schreiben kann

$$
(13)\quad \left\{
\begin{aligned}
\frac{\partial^2 w}{\partial x^2}+\frac{\partial^2 w}{\partial y^2}&=\frac{1}{e_1}\,\frac{\partial^2 w}{\partial \xi^2}+\frac{1}{e_2}\,\frac{\partial^2 w}{\partial \eta^2}\\
&+\frac{1}{\sqrt{e_1 e_2}}\left[\left(\frac{\partial}{\partial \xi}\sqrt{\frac{e_2}{e_1}}\right)\frac{\partial w}{\partial \xi}+\left(\frac{\partial}{\partial \eta}\sqrt{\frac{e_1}{e_2}}\right)\frac{\partial w}{\partial \eta}\right].
\end{aligned}
\right.
$$

Es kommen also auf der rechten Seite nur die beiden Größen e_1 und e_2 vor. Um diese zu berechnen, kann man folgendermaßen verfahren: Ich multipliziere die beiden Gleichungen (2) mit sich selbst und addiere sie:

$$dx^2 + dy^2 = \left[\left(\frac{\partial f}{\partial \xi}\right)^2 + \left(\frac{\partial g}{\partial \xi}\right)^2\right] d\xi^2 + 2\left(\frac{\partial f}{\partial \xi}\frac{\partial f}{\partial \eta} + \frac{\partial g}{\partial \xi}\frac{\partial g}{\partial \eta}\right) d\xi\, d\eta$$
$$+ \left[\left(\frac{\partial f}{\partial \eta}\right)^2 + \left(\frac{\partial g}{\partial \eta}\right)^2\right] d\eta^2 .$$

Nach (3) und (4) folgt daraus:

$$dx^2 + dy^2 = e_1 d\xi^2 + e_2 d\eta^2 . \tag{14}$$

Geometrisch stellt dieser Ausdruck das Linienelement dar. Bilde ich also den Ausdruck für das Linienelement in den neuen krummlinigen Koordinaten ξ, η und drückt er sich allein durch die Quadrate $d\xi^2$, $d\eta^2$ aus, so ist die Gleichung (3) erfüllt und die Koeffizienten von $d\xi^2$ und $d\eta^2$ sind die Größen e_1 und e_2.

Beispiel: Polarkoordinaten

$$\begin{cases} x = r\cos\varphi, \\ y = r\sin\varphi. \end{cases} \tag{1'}$$

$$\begin{cases} dx = dr\cos\varphi - r\sin\varphi\, d\varphi, \\ dy = dr\sin\varphi + r\cos\varphi\, d\varphi. \end{cases} \tag{2'}$$

$$dx^2 + dy^2 = dr^2 + r^2 d\varphi^2. \tag{14'}$$

$$e_1 = 1,$$
$$e_2 = r^2.$$

$$\frac{\partial^2 w}{\partial x^2} + \frac{\partial^2 w}{\partial y^2} = \frac{\partial^2 w}{\partial r^2} + \frac{1}{r^2}\frac{\partial^2 w}{\partial \varphi^2} + \frac{1}{r}\frac{\partial w}{\partial r}. \tag{13'}$$

Setze ich die rechte Seite Null, so ergibt sich eine Differentialgleichung, die im folgenden Paragraph behandelt werden soll.

§ 10. $r^2 \frac{\partial^2 w}{\partial r^2} + r \frac{\partial w}{\partial r} + \frac{\partial^2 w}{\partial \varphi^2} = 0.$

Ich mache wieder den Ansatz:

$$w = R \cdot \Phi, \tag{1}$$

wobei R eine Funktion von r allein und Φ eine Funktion von φ allein ist.

$$\left(r^2 \frac{d^2 R}{dr^2} + r\frac{dR}{dr}\right)\Phi + R\frac{d^2\Phi}{d\varphi^2} = 0. \tag{2}$$

Diese Gleichung zerfällt in die beiden folgenden:

$$(3)\qquad \begin{cases} r^2\dfrac{d^2R}{dr^2}+r\dfrac{dR}{dr}-C\cdot R=0, \\ \dfrac{d^2\Phi}{d\varphi^2}+C\cdot\Phi=0. \end{cases}$$

Die 1. Gleichung hat die Form IV, § 1 (9″). Es ist daher:

$$(4)\qquad \begin{aligned} R&=r^{\omega}, \\ \Phi&=K\cos\omega\varphi+L\sin\omega\varphi, \end{aligned}$$

wobei $\omega^2=C$, also ganz beliebig ist. Eine Lösung unserer Differentialgleichung ist daher

$$(5)\qquad w=r^{\omega}(K\cos\omega\varphi+L\sin\omega\varphi).$$

Ist in (3) speziell $C=0$, so ist

$$(3')\qquad \begin{cases} r^2\dfrac{d^2R}{dr^2}+r\dfrac{dR}{dr}=0, \\ \dfrac{d^2\Phi}{d\varphi^2}=0. \end{cases}$$

Nach IV, § 1 (12‴) ist daher

$$(4')\qquad \begin{aligned} R&=K+L\ln r, \\ \Phi&=M+N\varphi. \end{aligned}$$

§ 11. $r^2\dfrac{\partial^2 w}{\partial r^2}+r\dfrac{\partial w}{\partial r}+\dfrac{\partial^2 w}{\partial\varphi^2}=Cr^2$.

Durch die Substitution

$$(1)\qquad w=v+\tfrac{1}{4}Cr^2$$

kann diese Gleichung auf die Gleichung § 10 zurückgeführt werden, oder anders ausgedrückt, man kann das allgemeine Integral zusammensetzen aus einem partikularen Integral

$$(2)\qquad w=k+\tfrac{1}{4}Cr^2$$

und dem allgemeinen Integral der homogenen Gleichung. Ich betrachte die Lösung:

$$(3)\qquad w=k+\tfrac{1}{4}Cr^2+r^{\omega}(K\cos\omega\varphi+L\sin\omega\varphi).$$

Setze ich die rechte Seite von (3) Null, so erhalte ich die Gleichung einer Kurve. w hat dann die Eigenschaft, im Innern dieser Kurve unsere Differentialgleichung zu erfullen und auf dem Rande zu verschwinden. Ich beschranke mich auf den Fall, daß $L=0$ und ω eine ganze Zahl ist.

(3a) $$w=k+\tfrac{1}{4}C r^2+K r\cos\varphi\,,$$

(3b) $$w=k+\tfrac{1}{4}C r^2+K r^2\cos 2\varphi\,,$$

(3c) $$w=k+\tfrac{1}{4}C r^2+K r^3\cos 3\varphi\,,$$

(3d) $$w=k+\tfrac{1}{4}C r^2+K r^4\cos 4\varphi\,.$$

Im 1. Falle lautet die Gleichung der Randkurve in rechtwinkligen Koordinaten:

(4a) $$k+\tfrac{1}{4}C(x^2+y^2)+Kx=0\,.$$

Das ist ein Kreis vom Mittelpunkt $x=-\frac{2K}{C}$ und vom Radius: $\frac{2}{C}\sqrt{K^2-Ck}$.

Im 2. Falle lautet die Gleichung

(4b) $$k+\tfrac{1}{4}C(x^2+y^2)+K(x^2-y^2)=0\,.$$

Das ist eine Ellipse mit den Halbachsen

$$\sqrt{\frac{-k}{\frac{1}{4}C+K}}\quad\text{und}\quad\sqrt{\frac{-k}{\frac{1}{4}C-K}}.$$

Im 3. Falle lautet die Gleichung

(4c) $$k+\tfrac{1}{4}C(x^2+y^2)+K(x^3-3xy^2)=0\,.$$

Ist speziell

$$K=\frac{C}{12},$$

$$k=-\frac{C}{3},$$

so zerfällt die Kurve in die 3 Geraden

$$x=1\,,$$

$$-\frac{x}{2}\pm\frac{y\sqrt{3}}{2}=1\,.$$

Im 4. Falle lautet die Gleichung

(4d) $$k+\tfrac{1}{4}C(x^2+y^2)+K(x^4-6x^2y^2+y^4)=0\,.$$

Ist speziell
$$K = \frac{1}{4} C \cdot \frac{1}{2 + 2\sqrt{2}},$$
$$k = -\frac{1}{4} C \cdot \frac{3 + 2\sqrt{2}}{2 + 2\sqrt{2}},$$
so zerfällt die Kurve in die beiden Hyperbeln:
$$x^2 - \frac{y^2}{3 + 2\sqrt{2}} = 1,$$
$$y^2 - \frac{x^2}{3 + 2\sqrt{2}} = 1.$$

§ 12. $a\left(\frac{\partial^2 w}{\partial x^2} + \frac{\partial^2 w}{\partial y^2} + \frac{\partial^2 w}{\partial z^2}\right) + cw = 0.$

Das ist die sogenannte Wellengleichung. Man behandelt sie statt in rechtwinkligen Koordinaten lieber in Polarkoordinaten, wie wir es nachher im § 15 für den Spezialfall $c = 0$ tun werden.

Beispiele:

Die eigentliche Wellengleichung lautet:

(1) $$a\left(\frac{\partial^2 w}{\partial x^2} + \frac{\partial^2 w}{\partial y^2} + \frac{\partial^2 w}{\partial z^2}\right) = b \frac{\partial^2 w}{\partial t^2}.$$

Durch den Ansatz $w(x, y, z, t) = w(xyz)\, e^{nt}$ wird (1) auf unsere Differentialgleichung zurückgeführt. Die Gl. (1) gilt z. B. für die beiden in einem festen Körper möglichen Wellenbewegungen (Schaefer, Th. Ph. 558). Es ist dabei b die Dichtigkeit, während

für die eine Wellenart: $w =$ div der Verrückung und $a = \lambda + 2\mu$,
„ „ andere „ $w = \frac{1}{2}$ rot „ „ „ $a = \mu$ ist.

Die Gl (1) gilt weiter für elektromagnetische Wellen, wobei w elektrische oder magnetische Feldstärke bedeutet und $a = \frac{c^2}{\mu}$, $b = \varepsilon$ ist. (Weber: II, 299.) Eine etwas allgemeinere Gleichung als (1) ist die folgende:

(2) $$a\left(\frac{\partial^2 w}{\partial x^2} + \frac{\partial^2 w}{\partial y^2} + \frac{\partial^2 w}{\partial z^2}\right) = b_1 \frac{\partial w}{\partial t} + b_2 \frac{\partial^2 w}{\partial t^2}.$$

Man erhält sie bei elektrischen Wellen, wenn die Leitfähigkeit σ des Mediums berücksichtigt wird. Es ist: $b_1 = 4\pi\sigma$ (Weber: II, 299),

Die Gleichung

(3) $$a\left(\frac{\partial^2 w}{\partial x^2} + \frac{\partial^2 w}{\partial y^2} + \frac{\partial^2 w}{\partial z^2}\right) = b \frac{\partial w}{\partial t}$$

ist die Gleichung der Wärmeleitung, wenn w die Temperatur, a die Leitfähigkeit und b das Produkt aus spezifischer Wärme und Dichtigkeit ist. (Weber: Differentialgleichung II, 82, Schaefer: Th. Ph. II, 20, Lorenz: T. Ph. II, 468).

§ 13. Variationsproblem III: Dreifache Integrale.

Es sei V eine quadratische Funktion von $\frac{\partial u_i}{\partial x_k}$ $(i,k=1,2,3)$:

$$V=\sum_{i=1}^{3}\sum_{k=1}^{3}\sum_{l=1}^{3}\sum_{m=1}^{3} a_{km}^{il}\frac{\partial u_i}{\partial x_k}\frac{\partial u_l}{\partial x_m} \qquad a_{km}^{il}=a_{mk}^{li}. \tag{1}$$

Ich betrachte die Gleichung

$$\delta\iiint dx_1\,dx_2\,dx_3\,V=0. \tag{2}$$

Durch partielle Integration ergibt sich

$$\begin{aligned}&\delta\iiint dx_1\,dx_2\,dx_3\frac{\partial u_i}{\partial x_k}\frac{\partial u_l}{\partial x_m}\\ &=\Big|_1^2\iint dx_{k_1}\,dx_{k_2}\,\delta u_i\frac{\partial u_l}{\partial x_m}-\iiint dx_1\,dx_2\,dx_3\,\delta u_i\frac{\partial^2 u_l}{\partial x_k\,\partial x_m}\\ &+\Big|_1^2\iint dx_{m_1}\,dx_{m_2}\,\delta u_l\frac{\partial u_i}{\partial x_k}-\iiint dx_1\,dx_2\,dx_3\,\delta u_l\frac{\partial^2 u_i}{\partial x_m\,\partial x_k}.\end{aligned}$$

Hierbei ist k wie m eine der Zahlen 1, 2, 3 und $k_1\,k_2$ wie $m_1\,m_2$ sind jedesmal die beiden anderen Zahlen.

Nach (1), (2) ist daher:

$$\left\{\begin{aligned}\delta\iiint dx_1\,dx_2\,dx_3\,V&=2\sum_{k=1}^{3}\Big|_1^2\iint dx_{k_1}\,dx_{k_2}\sum_{i=1}^{3}\delta u_i\left(\sum_{l=1}^{3}\sum_{m=1}^{3}a_{km}^{il}\frac{\partial u_l}{\partial x_m}\right)\\ &-2\iiint dx_1\,dx_2\,dx_3\sum_{i=1}^{3}\delta u_i\sum_{k=1}^{3}\sum_{l=1}^{3}\sum_{m=1}^{3}a_{km}^{il}\frac{\partial^2 u_l}{\partial x_k\,\partial x_m}.\end{aligned}\right. \tag{3}$$

Ist $d\omega$ das Oberflächenelement, dv das Volumenelement und ν die äußere Normale des Integrationsgebietes, so kann ich (3) schreiben:

$$\left\{\begin{aligned}\delta\int dv\,V&=2\int d\omega\sum_{i=1}^{3}\delta u_i\sum_{k=1}^{3}\left(\sum_{l=1}^{3}\sum_{m=1}^{3}a_{km}^{il}\frac{\partial u_l}{\partial x_m}\right)\cos(x_k\nu)\\ &-2\int dv\sum_{i=1}^{3}\delta u_i\left(\sum_{k=1}^{3}\sum_{l=1}^{3}\sum_{m=1}^{3}a_{km}^{il}\frac{\partial^2 u_l}{\partial x_k\,\partial x_m}\right)=0.\end{aligned}\right. \tag{4}$$

Setzen wir die Variationen δu_ι unabhängig voneinander voraus, so zerfällt die Gl. (4) in die folgenden 6 Gleichungen:

$$(5)\quad \sum_{k=1}^{3}\left(\sum_{l=1}^{3}\sum_{m=1}^{3} a_{km}^{\iota l}\frac{\partial u_l}{\partial x_m}\right)\cos(x_k\nu)=0 \quad (\iota=1,2,3)\left\{\begin{array}{l}\text{für die}\\ \text{Oberfläche,}\end{array}\right.$$

$$(6)\quad \sum_{k=1}^{3}\sum_{l=1}^{3}\sum_{m=1}^{3} a_{km}^{\iota l}\frac{\partial^2 u_l}{\partial x_k\,\partial x_m}=0 \quad (\iota=1,2,3)\left\{\begin{array}{l}\text{für das}\\ \text{Innere.}\end{array}\right.$$

Setze ich

$$(7)\quad \frac{\partial u_\iota}{\partial x_k}=e_{\iota k},$$

so werden die Gl. (2), (5), 6):

$$(8)\quad 2V=\sum_{\iota=1}^{3}\sum_{k=1}^{3}\sum_{l=1}^{3}\sum_{m=1}^{3} a_{km}^{\iota l}\, e_{\iota k}\, e_{lm}.$$

$$(9)\quad \sum_{k=1}^{3}\left(\sum_{l=1}^{3}\sum_{m=1}^{3} a_{km}^{\iota l}\, e_{lm}\right)\cos(x_k\nu)=0 \quad (\iota=1,2,3)\left\{\begin{array}{l}\text{für die}\\ \text{Oberflache,}\end{array}\right.$$

$$(10)\quad \sum_{k=1}^{3}\frac{\partial}{\partial x_k}\left(\sum_{l=1}^{3}\sum_{m=1}^{3} a_{km}^{\iota l}\, e_{lm}\right)=0 \quad (\iota=1,2,3)\left\{\begin{array}{l}\text{für das}\\ \text{Innere,}\end{array}\right.$$

oder

$$(11)\quad \sum_{k=1}^{3}\frac{\partial V}{\partial e_{\iota k}}\cos(x_k\nu)=0 \quad (\iota=1,\ 2,\ 3),\ \left\{\begin{array}{l}\text{für die}\\ \text{Oberflache,}\end{array}\right.$$

$$(12)\quad \sum_{k=1}^{3}\frac{\partial}{\partial x_k}\left(\frac{\partial V}{\partial e_{\iota k}}\right)=0 \quad (\iota=1,\ 2,\ 3)\ \left\{\begin{array}{l}\text{für das}\\ \text{Innere.}\end{array}\right.$$

Sind u_1, u_2, u_3 die Verschiebungen des Punktes x_1, x_2, x_3 eines elastischen Körpers, so ist

$$(13)\quad a_{km}^{\iota l}=a_{kl}^{\iota m}=a_{\iota m}^{kl}=a_{\iota l}^{km}.$$

Es stellen dann die $e_{\iota k}$ die Verzerrungskomponenten dar. V ist die Verzerrungsenergiefunktion. Die 21 Größen $a_{km}^{\iota l}$ sind die elastischen Konstanten des aolotropen Körpers (Love: El., Kap. III). Ich will sie hinschreiben:

$$\begin{array}{cccccc}
a_{11}^{11} & a_{22}^{11} & a_{33}^{11} & a_{23}^{11} & a_{31}^{11} & a_{12}^{11}, \\
 & a_{22}^{22} & a_{33}^{22} & a_{23}^{22} & a_{31}^{22} & a_{12}^{22}, \\
 & & a_{33}^{33} & a_{23}^{33} & a_{31}^{33} & a_{12}^{33}, \\
 & & & a_{23}^{23} & a_{31}^{23} & a_{12}^{23}, \\
 & & & & a_{31}^{31} & a_{12}^{31}, \\
 & & & & & a_{12}^{12}.
\end{array}$$

Ist speziell
$$a_{11}^{11} = a_{22}^{22} = a_{33}^{33} = a_1 ,$$
$$a_{23}^{23} = a_{31}^{31} = a_{12}^{12} = a_2 ,$$
$$a_{22}^{11} = a_{33}^{11} = a_{33}^{22} = a_3 ,$$

während alle übrigen a Null sind, so ist

$$(14) \quad 2V = a_1(e_{11}^2 + e_{22}^2 + e_{33}^2) + 2a_2(e_{22}e_{33} + e_{33}e_{11} + e_{11}e_{22}) + 4a_3(e_{23}^2 + e_{31}^2 + e_{12}^2) .$$

Bei isotropen Körpern drücken sich die 3 Konstanten a_1, a_2, a_3 durch 2 aus. Es ist:
$$a_1 = \lambda + 2\mu ,$$
$$a_2 = \lambda ,$$
$$a_3 = \mu .$$

§ 14. Krummlinige Koordinaten im Raume.

Ich will nun die Ergebnisse des § 9 auf 3 Dimensionen erweitern. Dabei sollen die Rechnungen unter Verwendung des Summenzeichens gleich so geführt werden, daß sie sich ohne Schwierigkeiten auf mehr als 3 Dimensionen übertragen lassen. Ich schreibe daher $x_1 x_2 x_3$ statt xyz und $\xi_1 \xi_2 \xi_3$ statt $\xi \eta \zeta$. Es sei also

$$(1) \quad x_p = f_p(\xi_1 \xi_2 \xi_3) , \qquad (p = 1, 2, 3) .$$

Daraus folgt durch Differentiation

$$(2) \quad dx_p = \sum_{q=1}^{3} \frac{\partial f_p}{\partial \xi_q} d\xi_q , \qquad (p = 1, 2, 3) .$$

Ich nehme nun an, daß die Funktionen $f_1 f_2 f_3$ speziell von der Art sind, daß

$$(3) \quad \sum_{p=1}^{3} \frac{\partial f_p}{\partial \xi_q} \frac{\partial f_p}{\partial \xi_r} = 0 , \qquad (q \neq r; \quad q, r = 1, 2, 3) ,$$

d. h. die krummlinigen Koordinaten sollen orthogonal sein. Ferner setze ich zur Abkürzung

$$(4) \quad \sum_{p=1}^{3} \left(\frac{\partial f_p}{\partial \xi_q}\right)^2 = e_q , \qquad (q = 1, 2, 3) .$$

Die Gleichungen (3) und (4) kann ich dann in die folgende zusammenfassen:

$$(3\text{a})\qquad \sum_{p=1}^{3}\frac{\partial f_p}{\partial \xi_q}\,\frac{\partial f_p}{\partial \xi_r}=\begin{cases}0 & q\neq r,\\ e_q & q=r,\end{cases}\qquad (q, r=1,2,3)\,.$$

Multipliziere ich die Gleichung (2) mit $\dfrac{\partial f_p}{\partial \xi_r}$ und summiere über p, so folgt wegen (3a)

$$(5)\qquad e_q\,d\,\xi_q=\sum_{p=1}^{3}\frac{\partial f_p}{\partial \xi_q}\,d\,x_p,\qquad (q=1,2,3)\,.$$

Vergleiche ich diese Gleichung mit der folgenden

$$(6)\qquad d\,\xi_q=\sum_{p=1}^{3}\frac{\partial \xi_q}{\partial x_p}\,d\,x_p,\qquad (q=1,2,3),$$

so ergibt sich

$$(7)\qquad \frac{\partial \xi_q}{\partial x_p}=\frac{1}{e_q}\,\frac{\partial f_p}{\partial \xi_q},\qquad (p, q=1,2,3)\,.$$

Ist nun w eine beliebige Funktion der x, so ist

$$(8)\qquad \frac{\partial w}{\partial x_p}=\sum_{q=1}^{3}\frac{\partial w}{\partial \xi_q}\,\frac{\partial \xi_q}{\partial x_p}\quad (p=1,2,3)\,.$$

Durch nochmalige Differentiation ergibt sich

$$(9)\quad \frac{\partial^2 w}{\partial x_p^2}=\sum_{q=1}^{3}\sum_{r=1}^{3}\frac{\partial^2 w}{\partial \xi_q\,\partial \xi_r}\,\frac{\partial \xi_q}{\partial x_p}\,\frac{\partial \xi_r}{\partial x_p}+\sum_{q=1}^{3}\sum_{r=1}^{3}\frac{\partial w}{\partial \xi_q}\,\frac{\partial}{\partial \xi_r}\left(\frac{\partial \xi_q}{\partial x_p}\right)\frac{\partial \xi_r}{\partial x_p}\,.$$

Ich führe nun die Ausdrücke (7) ein. Im 2. Summanden ist dann

$$\begin{aligned}\frac{\partial}{\partial \xi_r}\left(\frac{\partial \xi_q}{\partial x_p}\right)\frac{\partial \xi_r}{\partial x_p}&=\frac{\partial}{\partial \xi_r}\left(\frac{1}{e_q}\,\frac{\partial f_p}{\partial \xi_q}\right)\frac{1}{e_r}\,\frac{\partial f_p}{\partial \xi_r}\\&=\frac{1}{e_q e_r}\,\frac{\partial^2 f_p}{\partial \xi_r\,\partial \xi_q}\,\frac{\partial f_p}{\partial \xi_r}-\frac{1}{e_q^2 e_r}\,\frac{\partial e_q}{\partial \xi_r}\,\frac{\partial f_p}{\partial \xi_q}\,\frac{\partial f_p}{\partial \xi_r}\,.\end{aligned}$$

Setze ich das ein und summiere noch über p, so folgt

$$\begin{aligned}(10)\qquad \sum_{p=1}^{3}\frac{\partial^2 w}{\partial x_p^2}&=\sum_{q=1}^{3}\sum_{r=1}^{3}\frac{\partial^2 w}{\partial \xi_q\,\partial \xi_r}\,\frac{1}{e_q e_r}\sum_{p=1}^{3}\frac{\partial f_p}{\partial \xi_q}\,\frac{\partial f_p}{\partial \xi_r}\\&+\sum_{q=1}^{3}\frac{\partial w}{\partial \xi_q}\left(\frac{1}{e_q}\sum_{r=1}^{3}\frac{1}{e_r}\sum_{p=1}^{3}\frac{\partial^2 f_p}{\partial \xi_r\,\partial \xi_q}\,\frac{\partial f_p}{\partial \xi_r}-\frac{1}{e_q^2}\sum_{r=1}^{3}\frac{1}{e_r}\,\frac{\partial e_q}{\partial \xi_r}\sum_{p=1}^{3}\frac{\partial f_p}{\partial \xi_q}\,\frac{\partial f_p}{\partial \xi_r}\right).\end{aligned}$$

Nun folgt aus (4), wenn ich dort r statt q schreibe und nach ξ_q differenziere

$$(11)\qquad \sum_{p=1}^{3} \frac{\partial f_p}{\partial \xi_r} \frac{\partial^2 f_p}{\partial \xi_q \partial \xi_r} = \frac{1}{2} \frac{\partial e_r}{\partial \xi_q}.$$

Beachte ich (3a) und (11), so folgt aus (10):

$$(12)\qquad \sum_{p=1}^{3} \frac{\partial^2 w}{\partial x_p^2} = \sum_{q=1}^{3} \frac{1}{e_q} \frac{\partial^2 w}{\partial \xi_q^2} + \sum_{q=1}^{3} \frac{\partial w}{\partial \xi_q} \left(\frac{1}{2 e_q} \sum_{r=1}^{3} \frac{1}{e_r} \frac{\partial e_r}{\partial \xi_q} - \frac{1}{e_q^2} \frac{\partial e_q}{\partial \xi_q} \right).$$

Nun ist

$$\frac{1}{2} \sum_{r=1}^{3} \frac{1}{e_r} \frac{\partial e_r}{\partial \xi_q} = \frac{1}{2} \sum_{r=1}^{3} \frac{\partial \ln e_r}{\partial \xi_q} = \frac{1}{2} \frac{\partial}{\partial \xi_q} \sum_{r=1}^{3} \ln e_r$$

$$= \frac{\partial}{\partial \xi_q} \ln \sqrt{e_1 e_2 e_3} = \frac{1}{\sqrt{e_1 e_2 e_3}} \frac{\partial}{\partial \xi_q} \sqrt{e_1 e_2 e_3}.$$

Die im 2. Summanden von (12) auftretende Klammer kann ich also schreiben:

$$\frac{1}{\sqrt{e_1 e_2 e_3}} \frac{1}{e_q} \frac{\partial}{\partial \xi_q} \sqrt{e_1 e_2 e_3} - \frac{\partial \frac{1}{e_q}}{\partial \xi_q}$$

$$= \frac{1}{\sqrt{e_1 e_2 e_3}} \left(\frac{1}{e_q} \frac{\partial}{\partial \xi_q} \sqrt{e_1 e_2 e_3} - \sqrt{e_1 e_2 e_3} \frac{\partial \frac{1}{e_q}}{\partial \xi_q} \right)$$

$$= \frac{1}{\sqrt{e_1 e_2 e_3}} \frac{\partial}{\partial \xi_q} \frac{\sqrt{e_1 e_2 e_3}}{e_q}$$

Die Gleichung (12) wird daher

$$(13)\qquad \sum_{p=1}^{3} \frac{\partial^2 w}{\partial x_p^2} = \sum_{q=1}^{3} \frac{1}{e_q} \frac{\partial^2 w}{\partial \xi_q^2} + \frac{1}{\sqrt{e_1 e_2 e_3}} \sum_{q=1}^{3} \left(\frac{\partial}{\partial \xi_q} \frac{\sqrt{e_1 e_2 e_3}}{e_q} \right) \frac{\partial w}{\partial \xi_q},$$

oder ausführlich geschrieben

$$(13\text{a})\qquad \left\{ \begin{aligned} \frac{\partial^2 w}{\partial x_1^2} + \frac{\partial^2 w}{\partial x_2^2} + \frac{\partial^2 w}{\partial x_3^2} &= \frac{1}{e_1} \frac{\partial^2 w}{\partial \xi_1^2} + \frac{1}{e_2} \frac{\partial^2 w}{\partial \xi_2^2} + \frac{1}{e_3} \frac{\partial^2 w}{\partial \xi_3^2} \\ &+ \frac{1}{\sqrt{e_1 e_2 e_3}} \left[\left(\frac{\partial}{\partial \xi_1} \sqrt{\frac{e_2 e_3}{e_1}} \right) \frac{\partial w}{\partial \xi_1} + \left(\frac{\partial}{\partial \xi_2} \sqrt{\frac{e_1 e_3}{e_2}} \right) \frac{\partial w}{\partial \xi_2} \right. \\ &\left. + \left(\frac{\partial}{\partial \xi_3} \sqrt{\frac{e_1 e_2}{e_3}} \right) \frac{\partial w}{\partial \xi_3} \right] \end{aligned} \right.$$

Es kommen also auf der rechten Seite nur die drei Größen $e_1 e_2 e_3$ vor. Um diese zu berechnen, kann man folgendermaßen verfahren: Ich multipliziere (2) mit sich selbst und summiere über p:

$$\sum_{p=1}^{3} d x_p^2 = \sum_{q=1}^{3} \sum_{r=1}^{3} \left(\sum_{p=1}^{3} \frac{\partial f_p}{\partial \xi_q} \frac{\partial f_p}{\partial \xi_r} \right) d\xi_q d\xi_r .$$

Nach (5) folgt daraus

$$\sum_{p=1}^{3} d x_p^2 = \sum_{q=1}^{3} e_q d\xi_q^2 . \tag{14}$$

Geometrisch stellt dieser Ausdruck das Linienelement dar. Bilde ich also den Ausdruck für das Linienelement in den neuen krummlinigen Koordinaten ξ und drückt er sich allein durch die Quadrate $d\xi^2$ aus, so sind die Gleichungen (3) erfüllt und die Koeffizienten der Quadrate sind die Größen e.

Beispiel: Räumliche Polarkoordinaten

$$\left\{ \begin{aligned} x &= r \sin\vartheta \cos\varphi , \\ y &= r \sin\vartheta \sin\varphi , \\ z &= r \cos\vartheta . \end{aligned} \right. \tag{1'}$$

$$\left\{ \begin{aligned} dx &= dr \sin\vartheta \cos\varphi - r \sin\vartheta \sin\varphi \, d\varphi + r \cos\vartheta \cos\varphi \, d\vartheta , \\ dy &= dr \sin\vartheta \sin\varphi + r \sin\vartheta \cos\varphi \, d\varphi + r \cos\vartheta \sin\vartheta \, d\vartheta , \\ dz &= dr \cos\vartheta - r \sin\vartheta \, d\vartheta . \end{aligned} \right. \tag{2'}$$

$$dx^2 + dy^2 + dz^2 = dr^2 + r^2 \sin^2\vartheta \, d\varphi^2 + r^2 d\vartheta^2 . \tag{14'}$$

$$\begin{aligned} e_1 &= 1 , \\ e_2 &= r^2 \sin^2\vartheta , \\ e_3 &= r^2 . \end{aligned}$$

$$\left\{ \begin{aligned} \frac{\partial^2 w}{\partial x^2} + \frac{\partial^2 w}{\partial y^2} + \frac{\partial^2 w}{\partial z^2} &= \frac{\partial^2 w}{\partial r^2} + \frac{1}{r^2 \sin^2\vartheta} \frac{\partial^2 w}{\partial \varphi^2} \\ &+ \frac{1}{r^2} \frac{\partial^2 w}{\partial \vartheta^2} + \frac{2}{r} \frac{\partial w}{\partial r} + \frac{\cos\vartheta}{r^2 \sin\vartheta} \frac{\partial w}{\partial \vartheta} . \end{aligned} \right. \tag{13'}$$

Setze ich die rechte Seite Null, so ergibt sich eine Differentialgleichung, die im folgenden Paragraph behandelt werden soll.

§ 15. $r^2 \frac{\partial^2 w}{\partial r^2} + 2r \frac{\partial w}{\partial r} + \frac{\partial^2 w}{\partial \vartheta^2} + \operatorname{ctg} \vartheta \frac{\partial w}{\partial \vartheta} + \frac{1}{\sin^2 \vartheta} \frac{\partial^2 w}{\partial \varphi^2} = 0.$

Ich mache den Ansatz

$$w = R \cdot P(\vartheta \varphi), \tag{1}$$

wo R nur von r und P nur von ϑ und φ abhängen soll. Dann ist

$$\left(r^2 \frac{d^2 R}{dr^2} + 2r \frac{dR}{dr}\right) P + R\left(\frac{\partial^2 P}{\partial \vartheta^2} + \operatorname{ctg} \vartheta \frac{\partial P}{\partial \vartheta} + \frac{1}{\sin^2 \vartheta} \frac{\partial^2 P}{\partial \varphi^2}\right) = 0. \tag{2}$$

Ist P konstant, so ist die 2. Klammer 0 und die 1. Klammer gibt eine Differentialgleichung von der Form IV, § 1 (5').

Ist $R = r^n$, so wird (2):

$$\frac{\partial^2 P}{\partial \vartheta^2} + \operatorname{ctg} \partial \frac{\vartheta P}{\partial \vartheta} + \frac{1}{\sin^2 \vartheta} \frac{\partial^2 P}{\partial \varphi^2} + n(n+1) P = 0. \tag{3}$$

Die Funktionen P, die dieser partiellen Differentialgleichung zweier Variablen genügen, bezeichnet man als allgemeine Kugelfunktionen. Ist P nur von ϑ abhängig, so wird aus der partiellen Differentialgleichung eine gewöhnliche. Führe ich $x = \cos \vartheta$ statt ϑ als unabhängige Variable ein, so wird die Differentialgleichung

$$(1 - x^2) \frac{d^2 P}{dx^2} - 2x \frac{dP}{dx} + n(n+1) P = 0. \tag{4}$$

Die Lösung dieser Differentialgleichung bezeichnet man gewöhnlich mit P_n und nennt sie die Legendresche Kugelfunktion n^{ter} Ordnung.

VI. Kapitel. Differenzengleichungen.

§ 1. Differenzen.

Differenzen Δy definiere ich folgendermaßen:

$$\begin{cases} \Delta y(x) = y(x+h) - y(x), \\ \Delta^2 y(x) = \Delta y(x+h) - \Delta y(x) = y(x+2h) - 2y(x+h) + y(x), \\ \dots\dots\dots\dots\dots\dots \\ \Delta^i y(x) = (-1)^i \sum_{\gamma=0}^{i} (-1)^\gamma \binom{i}{\gamma} y(x+\gamma h). \end{cases} \tag{1}$$

Für diese Differenzen gelten ähnliche Rechenregeln wie für die Differentiale. Für das Produkt $f \cdot g$ zweier Funktionen gelten z. B. die Formeln [I, § 10 (7)]

$$(2)\quad \begin{cases} \Delta f g = f(x)\, \Delta g(x) + \Delta f(x)\, g(x+h)\,, \\ \Delta^2 f g = f(x)\, \Delta^2 g(x) + 2\Delta f(x)\, \Delta g(x+h) + \Delta^2 f(x)\, g(x+2h), \\ \dots\dots\dots\dots\dots\dots \\ \Delta^i f g = \sum_{\varkappa=0}^{i} \binom{i}{\varkappa} \Delta^{\varkappa} f(x)\, \Delta^{i-\varkappa} g(x+\varkappa h)\,. \end{cases}$$

Ich will nun die Differenzen einiger Funktionen betrachten

$$(3)\qquad \{x\}^r = x(x-h)(x-2h)\dots[x-(r-1)h].$$

Dieses Produkt spielt in der Differenzenrechnung dieselbe Rolle, die x^r in der Differentialrechnung spielt, daher die symbolische Bezeichnung auf der linken Seite. Es ist

$$(4)\qquad \lim_{h=0} \{x\}^r = x^r.$$

Nach (1) ist

$$\Delta\{x\}^r = (x+h)\,x(x-h)\dots[x-(r-2)h] \\ - x(x-h)(x-2h)\dots[x-(r-1)h]\,,$$

$$\Delta\{x\}^r = x(x-h)\dots[x-(r-2)h]\,\{(x+h)-[x-(r-1)h]\}\,.$$

Rechnen wir die letzte Klammer aus und dividieren noch durch h, so erhalten wir

$$(5)\quad \begin{cases} \dfrac{\Delta\{x\}^r}{h} = r\,\{x\}^{r-1}, \\ \dots\dots\dots\dots\dots\dots \\ \dfrac{\Delta^i\{x\}^r}{h^i} = r(r-1)\dots[r-(i-1)]\,\{x\}^{r-i} = \dfrac{r!}{(r-i)!}\{x\}^{r-i}. \end{cases}$$

Zweitens betrachte ich folgende Funktion:

$$(6)\qquad \{e\}^{nx} = (1+nh)^{\frac{x}{h}} = e^{\frac{x}{h}\ln(1+nh)}$$

Es ist wieder

$$(7)\qquad \lim_{h=0} \{e\}^{nx} = e^{nx}.$$

Nach (1) ist:

$$(8)\quad \begin{cases} \Delta\{e\}^{nx} = (1+nh)^{\frac{x}{h}}(1+nh) - (1+nh)^{\frac{x}{h}}, \\ \dfrac{\Delta\{e\}^{nx}}{h} = n\{e\}^{nx}, \\ \dots\dots\dots \\ \dfrac{\Delta^{\iota}\{e\}^{nx}}{h^{\iota}} = n^{\iota}\{e\}^{nx}. \end{cases}$$

Aus (2), (5) und (8) folgt nun:

$$(9)\quad \frac{\Delta^{\iota}\{x\}^{\mu}\{e\}^{nx}}{h^{\iota}} = \{e\}^{nx}\sum_{\varkappa=0}^{\iota}\binom{i}{\varkappa}\frac{\mu!}{(\mu-\varkappa)!}n^{\iota-\varkappa}\{x\}^{\mu-\varkappa}\{e\}^{n\varkappa h}.$$

Diese Formel entspricht der Formel I, § 10 (8).

Man kann nun auch Funktionen aufstellen, die den trigonometrischen und hyperbolischen Funktionen entsprechen:

$$(10)\quad \begin{cases} \{\sin\omega x\} = \dfrac{1}{2i}\left[(1+i\omega h)^{\frac{x}{h}} - (1-i\omega h)^{\frac{x}{h}}\right], \\ \{\cos\omega x\} = \frac{1}{2}\left[(1+i\omega h)^{\frac{x}{h}} + (1-i\omega h)^{\frac{x}{h}}\right]. \end{cases}$$

$$(11)\quad \begin{cases} \{\mathfrak{Sin}\,\omega x\} = \frac{1}{2}\left[(1+\omega h)^{\frac{x}{h}} - (1-\omega h)^{\frac{x}{h}}\right], \\ \{\mathfrak{Cos}\,\omega x\} = \frac{1}{2}\left[(1+\omega h)^{\frac{x}{h}} + (1-\omega h)^{\frac{x}{h}}\right]. \end{cases}$$

Es gelten dann die Formeln:

$$(12)\quad \begin{cases} \{\sin 0\} = 0, \\ \{\cos 0\} = 1. \end{cases}$$

$$(13)\quad \begin{cases} \{\mathfrak{Sin}\,0\} = 0, \\ \{\mathfrak{Cos}\,0\} = 1, \end{cases}$$

und

$$(14)\quad \begin{cases} \dfrac{\Delta\{\sin\omega x\}}{h} = \omega\{\cos\omega x\}, \\ \dfrac{\Delta\{\cos\omega x\}}{h} = -\omega\{\sin\omega x\}. \end{cases}$$

$$(15)\quad \begin{cases} \dfrac{\Delta\{\mathfrak{Sin}\,\omega x\}}{h} = \omega\{\mathfrak{Cos}\,\omega x\}, \\ \dfrac{\Delta\{\mathfrak{Cos}\,\omega x\}}{h} = \omega\{\mathfrak{Sin}\,\omega x\}. \end{cases}$$

Ich setze

(16)
$$1 = r\cos\varphi\,,\qquad \omega h = r\sin\varphi\,,$$

so daß

(17)
$$r^2 = 1 + (\omega h)^2\,,\qquad \operatorname{tg}\varphi = \omega h\,.$$

Dann kann ich (10) folgendermaßen schreiben:

(18)
$$\begin{cases}\{\sin\omega x\} = r^{\frac{x}{h}}\sin\varphi\,\dfrac{x}{h}\,,\\[2mm] \{\cos\omega x\} = r^{\frac{x}{h}}\cos\varphi\,\dfrac{x}{h}\end{cases}$$

$\{\sin\omega x\}$ wird also Null, wenn

(19)
$$x = \frac{h\mu\pi}{\varphi}\qquad (\mu = 0,\ 1,\ 2,\ 3\ \ .\,)$$

und $\{\cos\omega x\}$ wird Null, wenn

(20)
$$x = \frac{h\mu\pi}{2\varphi}\qquad (\mu = 1,\ 3,\ 5\ldots)$$

Ist z B $\omega h = 1$, so ist nach (17) $\varphi = \frac{\pi}{4}$ und nach (19) und (20)

(19′)
$$x = 4h\mu\qquad (\mu = 1,\ 2,\ 3\ldots)\,,$$

(20′)
$$x = 2h\mu\qquad (\mu = 1,\ 3,\ 5\ldots)$$

Rechne ich nach (10) $\{\sin\omega x\}$ fur $x = 4h,\ 8h,\ 12h\ldots$ und $\{\cos\omega x\}$ für $x = 2h,\ 6h,\ 10h\ ..$ wirklich aus, so erhalte ich:

$$\begin{aligned}
\{\sin 4\omega \mathrm{h}\} &= 4\omega h - 4\omega h^3,\\
\{\sin 8\omega \mathrm{h}\} &= 8\omega h - 56(\omega h)^3 + 56(\omega h)^5 - 8(\omega h)^7,\\
\{\sin 12\omega h\} &= 12\omega h - 220(\omega h)^3 + 792(\omega h)^5 - 792(\omega h)^7\\
&\quad + 220(\omega h)^9 - 12(\omega h)^{11}\\
&\ldots\ldots\ldots\ldots\\
\{\cos 2\omega h\} &= 1 - (\omega h)^2,\\
\{\cos 6\omega h\} &= 1 - 15(\omega h)^2 + 15(\omega h)^4 + (\omega h)^6,\\
\{\cos 10\omega h\} &= 1 - 45(\omega h)^2 + 210(\omega h)^4 - 210(\omega h)\\
&\quad + 45(\omega h)^8 - (\omega h)^{10}\\
&\ldots\ldots\ldots\ldots
\end{aligned}$$

Diese Ausdrücke verschwinden tatsächlich, wenn $\omega h = 1$ ist.

Schließlich führe ich noch folgende Funktionen ein:

$$(21)\quad \begin{cases} \{e^{\beta x}\sin\omega x\} = \dfrac{1}{2i}\left[(1+\beta h+i\omega h)^{\frac{x}{h}} - (1+\beta h-i\omega h)^{\frac{x}{h}}\right], \\ \{e^{\beta x}\cos\omega x\} = \dfrac{1}{2}\left[(1+\beta h+i\omega h)^{\frac{x}{h}} + (1+\beta h-i\omega h)^{\frac{x}{h}}\right], \end{cases}$$

$$(22)\quad \begin{cases} \{e^{\beta x}\mathfrak{Sin}\,\omega x\} = \dfrac{1}{2}\left[(1+\beta h+\omega h)^{\frac{x}{h}} - (1+\beta h-\omega h)^{\frac{x}{h}}\right], \\ \{e^{\beta x}\mathfrak{Cof}\,\omega x\} = \dfrac{1}{2}\left[(1+\beta h+\omega h)^{\frac{x}{h}} + (1+\beta h-\omega h)^{\frac{x}{h}}\right]. \end{cases}$$

Ich setze in (21):

$$(23)\quad \begin{cases} 1+\beta h = r\cos\varphi, \\ \omega h = r\sin\varphi, \end{cases}$$

$$(24)\quad \begin{cases} r^2 = (1+\beta h)^2 + (\omega h)^2, \\ \operatorname{tg}\varphi = \dfrac{\omega h}{1+\beta h}. \end{cases}$$

Dann kann ich (21) folgendermaßen schreiben:

$$(25)\quad \begin{cases} \{e^{\beta x}\sin\omega x\} = r^{\frac{x}{h}}\sin\dfrac{\varphi x}{h}, \\ \{e^{\beta x}\cos\omega x\} = r^{\frac{x}{h}}\cos\dfrac{\varphi x}{h}. \end{cases}$$

Ist speziell:

$$(26)\quad h(\beta^2+\omega^2) + 2\beta = 0,$$

so ist $r^2 = 1$.

Will ich (22) ähnlich umformen, so muß ich 2 Falle unterscheiden:

$|1+\beta h| > |\omega h|$

$$(27)\quad \begin{cases} 1+\beta h = r\,\mathfrak{Cof}\,\varphi, \\ \omega h = r\,\mathfrak{Sin}\,\varphi; \end{cases}$$

$$(28)\quad \begin{cases} r^2 = (1+\beta h)^2 - (\omega h)^2, \\ \mathfrak{Tg}\,\varphi = \dfrac{\omega h}{1+\beta h}, \end{cases}$$

$$(29)\quad \begin{cases} \{e^{\beta x}\mathfrak{Sin}\,\omega x\} = r^{\frac{x}{h}}\,\mathfrak{Sin}\dfrac{\varphi x}{h}, \\ \{e^{\beta x}\mathfrak{Cof}\,\omega x\} = r^{\frac{x}{h}}\,\mathfrak{Cof}\dfrac{\varphi x}{h}; \end{cases}$$

$|1+\beta h| < |\omega h|$

$$(27')\quad \begin{cases} 1+\beta h = r\,\mathfrak{Sin}\,\varphi, \\ \omega h = r\,\mathfrak{Cof}\,\varphi; \end{cases}$$

$$(28')\quad \begin{cases} r^2 = (\omega h)^2 - (1+\beta h)^2, \\ \mathfrak{Tg}\,\varphi = \dfrac{1+\beta h}{\omega h}; \end{cases}$$

$$(29')\quad \begin{cases} \{e^{\beta x}\mathfrak{Sin}\,\omega x\} = r^{\frac{x}{h}}\,\mathfrak{Cof}\dfrac{\varphi x}{h}, \\ \{e^{\beta x}\mathfrak{Cof}\,\omega x\} = r^{\frac{x}{h}}\,\mathfrak{Sin}\dfrac{\varphi x}{h}; \end{cases}$$

Ist

(30) $h(\beta^2 - \omega^2) + 2\beta = 0,$ (30′) $(\omega^2 - \beta^2)h^2 = 2(1 + \beta h),$

so ist: $r^2 = 1$.

§ 2. Differenzengleichungen 1. Form.

Nach den Ausführungen des vorigen Paragraphen ist es nun nicht schwer, die bisher über Differentialgleichungen gefundenen Resultate auf Differenzengleichungen zu übertragen. Die Lösung der Gleichung

$$a\,\frac{\Delta^2 y}{h^2} + c\,y = 0 \tag{1}$$

ist z. B. nach § 1 (14)

$$y = K\{\cos\omega x\} + L\{\sin\omega x\} \qquad \omega = \sqrt{\frac{c}{a}} \tag{2}$$

oder nach § 1 (18)

$$y = r^{\frac{x}{h}}\left(K\cos\frac{\varphi x}{h} + L\sin\frac{\varphi x}{h}\right). \tag{2'}$$

Die Konstanten K und L bestimmen sich nun aus den Anfangsbedingungen. Es seien z. B. $y(0)$ und $\left(\frac{\Delta y}{h}\right)_0$ vorgeschrieben. Nun ist nach § 1 (14)

$$\frac{\Delta y}{h} = \omega\left(-K\{\sin\omega x\} + L\{\cos\omega x\}\right). \tag{3}$$

Nach (2), (3) und § 1 (12) ist daher

$$\left\{\begin{aligned} y_0 &= K, \\ \left(\frac{\Delta y}{h}\right)_0 &= \omega L. \end{aligned}\right. \tag{4}$$

Daher ist

$$y = y(0)\{\cos\omega x\} + \frac{1}{\omega}\left(\frac{\Delta y}{h}\right)_0\{\sin\omega x\}. \tag{5}$$

Soll aber z. B.

$$y(0) = 0 \quad \text{und} \quad y(ph) = 0 \tag{6}$$

sein, so sind diese Bedingungen nicht jür jedes ω erfüllbar. Wegen der 1. Bedingung ist $K = 0$ und wegen der 2. Bedingung muß

$$y(p\cdot h) = L\{\sin\omega p h\} = 0 \tag{7}$$

sein. Daraus folgt nach § 1 (19)

$$p h = \frac{h \mu \pi}{\varphi} \qquad (\mu = 1, 2, 3 \ldots),$$

oder nach § 1 (17)

$$\omega = \frac{1}{h} \operatorname{tg} \frac{\mu \pi}{p} \qquad (\mu = 1, 2, 3 \ldots). \tag{8}$$

Entsprechend ist die Lösung der Gleichung

$$a \frac{\Delta^2 y}{h^2} - c y = 0, \tag{9}$$

nach § 1 (15)

$$y = K \{\mathfrak{Cof}\, \omega x\} + L \{\mathfrak{Sin}\, \omega x\} \qquad \omega = \sqrt{\frac{c}{a}}. \tag{10}$$

Die Lösung der Gleichung:

$$a \frac{\Delta^2 y}{h^2} + b \frac{\Delta y}{h} + c y = 0 \tag{11}$$

ist (vgl. I, § 5)

$$y = k_1 \{e\}^{n_1 x} + k_2 \{e\}^{n_2 x} = k_1 (1 + n_1 h)^{\frac{x}{h}} + k_2 (1 + n_2 h)^{\frac{x}{h}}, \tag{12}$$

$$n_{1,2} = \frac{1}{2a} \left(-b \pm \sqrt{b^2 - 4ac}\right). \tag{13}$$

I. $b^2 < 4ac$.

n ist komplex. Ich setze: [I, § 5 (4_I)]

$$\left\{\begin{aligned} \beta &= -\frac{b}{2a}, \\ \omega &= +\frac{1}{2a} \sqrt{4ac - b^2} \end{aligned}\right. \tag{14_I}$$

und weiter nach § 1 (24):

$$\left\{\begin{aligned} r^2 &= \frac{1}{a} (a - b h + c h^2) \\ \operatorname{tg} \varphi &= \frac{h \sqrt{4ac - b^2}}{2a - b h}. \end{aligned}\right. \tag{15_I}$$

Die Lösung (12) kann ich dann nach § 1 (25) mit anderer Bezeichnung der Integrationskonstanten schreiben:

$$y = r^{\frac{x}{h}} \left(K \cos \frac{\varphi x}{h} + L \sin \frac{\varphi x}{h}\right). \tag{16_I}$$

Ist speziell $b = c h$, so ist $r^2 = 1$.

Die Lösungen der Gl (11) sind dann einfach die trigonometrischen Funktionen. Bei den Differentialgleichungen war das der Fall, wenn $b = 0$ ist. Der Differentialgleichung

$$a \frac{d^2 y}{d x^2} + c y = 0$$

entspricht also in diesem Zusammenhange nicht die Gl. (1), sondern die Gl.:

$$a \frac{\Delta^2 y}{h^2} + c \Delta y + c y = 0 .$$

II. $b^2 > 4ac$.

Es sind nach § 1 (28) 2 Fälle zu unterscheiden:

$$|2a - bh| > + h\sqrt{b^2 - 4ac} \qquad |2a - bh| < + h\sqrt{b^2 - 4ac}$$

$$(15_{\mathrm{II}}) \begin{cases} r^2 = \frac{1}{a}(a - bh + ch^2), \\ \mathfrak{Tg}\,\varphi = \frac{h\sqrt{b^2 - 4ac}}{2a - bh}; \end{cases} \qquad (15'_{II}) \begin{cases} r^2 = \frac{1}{a}(-a + bh - ch^2), \\ \mathfrak{Tg}\,\varphi = \frac{2a - bh}{h\sqrt{b^2 - 4ac}}. \end{cases}$$

Die Losung (12) kann ich dann nach § 1 (29) mit anderer Bezeichnung der Integrationskonstanten schreiben:

$$(16_{\mathrm{II}}) \qquad y = r^{\frac{x}{h}} \left(K \mathfrak{Cof} \frac{\varphi x}{h} + L \mathfrak{Sin} \frac{\varphi x}{h} \right).$$

Ist in (15_{II}) $b = ch$ und in $(15'_{\mathrm{II}})$ $bh = 2a + ch^2$, so ist $r^2 = 1$. Nur in diesem Falle wird es sich lohnen, die Losung (12) auf die Form (16_{II}) zu bringen.

III. $b^2 = 4ac$.

Die charakteristische Gleichung hat dann die Doppelwurzel:

$$n = -\frac{b}{2a},$$

und das allgemeine Integral ist:

$$y = (K + Lx)(1 + nh)^{\frac{x}{h}} .$$

Die Lösung der allgemeinen Gleichung

$$\sum_{\iota=0}^{p} a_\iota \frac{\Delta^\iota y}{h^\iota} = 0, \tag{11}$$

ist nach § 1 (8)

$$y = k\{e\}^{nx}, \tag{12}$$

wenn n eine Wurzel der Gleichung

$$\sum_{\iota=0}^{p} a_\iota n^\iota = 0 \tag{13}$$

ist. Hat diese Gleichung eine $(r+1)$fache Wurzel n, so ist die zugehörige Losung von (11) nach § 1 (2) und (5):

$$y = \{e\}^{nx} \sum_{\mu=0}^{r} k_\mu \{x\}^\mu. \tag{14}$$

Eine partikulare Losung der Differentialgleichung

$$\sum_{\iota=0}^{p} a_i \frac{\Delta^\iota y}{h^\iota} = C\{e\}^{mx}\{x\}^\gamma \tag{15}$$

ist

$$y = \{e\}^{mx} \sum_{\mu=0}^{\gamma} r_\mu \{x\}^\mu, \tag{16}$$

wobei die r aus den Gl I, § 19 (5) und (6) zu bestimmen sind.

§ 3. Differenzengleichungen 2. Form: Zurückführung auf die 1. Form.

Nach § 1 (1) ist:

$$(1)\quad \begin{cases} \Delta y = y(x+h) - y(x), \\ \Delta^2 y = y(x+2h) - 2y(x+h) + y(x) \\ \ldots\ldots\ldots\ldots\ldots\ldots \\ \Delta^\iota y = (-1)^\iota \sum_{\gamma=0}^{\iota} (-1)^\gamma \binom{i}{\gamma} y(x+\gamma h). \end{cases}$$

Setze ich das in die Differenzengleichung

$$\sum_{i=0}^{p} a_i \frac{\Delta^i y}{h^i} = 0 \tag{2}$$

ein, so ist

$$\sum_{i=0}^{p} a_i \left(\frac{-1}{h}\right)^i \sum_{\gamma=0}^{i} (-1)^\gamma \binom{i}{\gamma} y(x+\gamma h) = 0$$

oder, wenn ich die Summation umordne:

$$\sum_{\gamma=0}^{p} \left(\sum_{i=\gamma}^{p} \frac{(-1)^{i+\gamma}}{h^i} \binom{i}{\gamma} a_i \right) y(x+\gamma h) = 0$$

Setze ich

$$\sum_{i=\gamma}^{p} (-1)^{i+\gamma} \binom{i}{\gamma} \frac{a_i}{h^i} = c_\gamma, \tag{3}$$

so kann ich (2) folgendermaßen schreiben:

$$\sum_{\gamma=0}^{p} c_\gamma y(x+\gamma h) = 0. \tag{4}$$

Diese Gleichung will ich als die 2. Form der Differentialgleichung bezeichnen. Ich kann auch (4) auf (2) zurückfuhren. Zu dem Zweck muß ich die Gl. (1) nach den y auflösen.

$$\left\{ \begin{aligned} y(x+h) &= \Delta y + y, \\ y(x+2h) &= \Delta^2 y + 2\Delta y + y, \\ &\ldots\ldots\ldots\ldots \\ y(x+\gamma h) &= \sum_{i=0}^{\gamma} \binom{\gamma}{i} \Delta^i y. \end{aligned} \right. \tag{5}$$

Setze ich (5) in (4) ein, so ist:

$$\sum_{\gamma=0}^{p} c_\gamma \sum_{i=0}^{\gamma} \binom{\gamma}{i} \Delta^i y = 0.$$

Ordne ich um und setze

$$\sum_{\gamma=i}^{p} \binom{\gamma}{i} c_\gamma = \frac{a_i}{h_i}, \tag{6}$$

so erhalte ich wieder die Form (2). (6) ist die Auflösung des Gleichungssystems (3) nach den a.

§ 4. Differenzengleichungen 2. Form: Direkte Lösung.

Um die Gleichung

$$\sum_{\gamma=0}^{p} c_\gamma\, y(x+\gamma h) = 0 \tag{1}$$

direkt zu lösen, setze ich:

$$y(x) = k\, n^{\frac{x}{h}}. \tag{2}$$

Daraus folgt:

$$y(x+\gamma h) = n^\gamma\, y(x) \tag{3}$$

und, wenn ich das in (1) einsetze:

$$\sum_{\gamma=0}^{p} c_\gamma\, n^\gamma = 0\,. \tag{4}$$

Ist also n eine Wurzel von (4), so ist (2) eine Lösung von (1). Habe ich also z. B. die Gleichung

$$a\,y(x+2h) + b\,y(x+h) + c\,y(x) = 0\,, \tag{5}$$

so lautet die Gl. (4)

$$a n^2 + b n + c = 0 \tag{6}$$

oder aufgelöst:

$$n = \frac{1}{2a}\left(-b \pm \sqrt{b^2 - 4ac}\right). \tag{7}$$

Ist nun $b^2 < 4ac$, so ist n komplex. Ich setze:

$$\left\{\begin{aligned} -\frac{b}{2a} &= r\cos\varphi\,,\\ \frac{1}{2a}\sqrt{4ac-b^2} &= r\sin\varphi\,, \end{aligned}\right. \tag{8}$$

so ist

$$\begin{aligned} r^2 &= \frac{c}{a}\,,\\ \operatorname{tg}\varphi &= -\frac{1}{b}\sqrt{4ac-b^2}\,. \end{aligned} \tag{9}$$

Die Lösung (2) kann man dann auf die Form bringen:

$$y = r^{\frac{x}{h}} \left(K \cos \frac{\varphi x}{h} + L \sin \frac{\varphi x}{h} \right). \tag{10}$$

Soll z. B.

$$y(0) = 0 \qquad \text{und} \qquad y(ph) = 0 \tag{11}$$

sein, so ist $K = 0$ und $\sin \varphi p = 0$. Daraus folgt:

$$\varphi = \frac{\mu \pi}{p} \quad (\mu = 1, 2, 3 \ldots p-1). \tag{12}$$

Die Grenzbedingungen (11) sind also nur erfüllbar, wenn

$$b = -2\sqrt{ac} \cos \frac{\mu \pi}{p} \quad (\mu = 1, 2, 3 \ldots p-1). \tag{13}$$

Dann ist nach (10) und (12):

$$y = r^{\frac{x}{h}} L_\mu \sin \frac{\mu \pi x}{ph} \, (\mu = 1, 2, 3 \ldots p-1). \tag{14}$$

Man kann die Differenzengleichung (5) aber noch auf ganz andere Weise lösen. Es sei etwa $h = 1$. Dann kann ich (5) schreiben:

$$a\,y(x+2) = -b\,y(x+1) - c\,y(x). \tag{15}$$

Schreibe ich kurz y statt $y(1)$, so folgt, da $y(0) = 0$ sein soll, aus (15) der Reihe nach:

$$\begin{cases} a\,y(2) = -b\,y, \\ a^2 y(3) = (b^2 - ac)\,y, \\ a^3 y(4) = (-b^3 + 2abc)\,y, \\ a^4 y(5) = (b^4 - 3ab^2c + a^2c^2)\,y, \\ a^5 y(6) = (-b^5 + 4ab^3c - 3a^2bc^2)\,y, \\ \ldots\ldots\ldots\ldots\ldots\ldots \end{cases} \tag{16}$$

Ist also in (11) etwa $p = 6$, so folgt

$$b^5 - 4acb^3 + 3a^2c^2b = 0. \tag{17}$$

Diese Gleichung hat die Lösungen

$$(18)\qquad \begin{cases} b = -\sqrt{3ac}, \\ b = -\sqrt{ac}, \\ b = 0, \\ b = +\sqrt{ac}, \\ b = +\sqrt{3ac}. \end{cases}$$

Diese Werte stimmen in der Tat überein mit den aus (13) folgenden Werten

$$\begin{aligned} b &= -2\sqrt{ac}\cos 30^\circ, \\ b &= -2\sqrt{ac}\cos 60^\circ, \\ b &= -2\sqrt{ac}\cos 90^\circ, \\ b &= -2\sqrt{ac}\cos 120^\circ, \\ b &= -2\sqrt{ac}\cos 150^\circ. \end{aligned}$$

Nach (16) und (18) ist

$$\begin{array}{llllll} y(1) = y_1 & ; +y_2 & ; +y_3 & ; +y_4 & ; +y_5 \\ a\,y(2) = y_1\sqrt{3ac} & ; +y_2\sqrt{ac} & ; \quad 0 & ; -y_4\sqrt{ac} & ; -y_5\sqrt{3ac} \\ a^2 y(3) = y_1\, 2ac & ; \quad 0 & , -y_3\, ac & ; \quad 0 & ; +y_5\, 2ac \\ a^3 y(4) = y_1\sqrt{3a^3c^3} & ; -y_2\sqrt{a^3c^3} & ; \quad 0 & ; +y_4\sqrt{a^3c^3} & ; -y_5\sqrt{3a^3c^3} \\ a^4 y(5) = y_1\, a^2c^2 & ; -y_2\, a^2c^2 & ; +y_3\, a^2c^2 & ; -y_4\, a^2c^2 & ; +y_5\, a^2c^2 \\ a^5 y(6) = 0 & ; \quad 0 & ; \quad 0 & ; \quad 0 & ; \quad 0 \end{array}$$

Diese Werte stimmen überein mit den aus (14) für $h = 1$ und $p = 6$ folgenden Lösungen:

$$y = r^x L_\mu \sin \mu x 30^\circ \quad (\mu = 1, 2, 3, 4, 5).$$

Ist z. B. in den Gl. III, § 4 (1) und (2)

$$E = \frac{a}{2}\sum_p \dot{y}_p^2,$$

$$V = c\left(\sum_p y_p^2 + \sum_p y_p y_{p+1}\right),$$

wobei a und c naturlich andere Konstanten sind als in (5), so wird die Gl. III, § 4

$$a\,\ddot{y}_p + c(-y_{p-1} + 2y_p - y_{p+1}) = 0.$$

Setze ich hierin

$$y_p = r_p (K \cos \omega t + L \sin \omega t),$$

so wird

$$c r_{p-1} + (a\omega^2 - 2c) r_p + c r_{p+1} = 0.$$

Das ist die Gl. (5), und zwar ist, wenn ich die Konstanten von (5) für den Augenblick mit einem Strich versehe:

$$a' = c' = c$$
$$b' = a\omega^2 - 2c.$$

Nach (9) ist dann $r^2 = 1$ und nach (8):

$$\sin\varphi = \sqrt{\frac{a}{c}\omega^2 - \frac{a^2}{4c^2}\omega^4} = 2\frac{\omega}{2}\sqrt{\frac{a}{c}}\sqrt{1 - \frac{\omega^2}{4}\frac{a}{c}},$$

$$\sin\frac{\varphi}{2} = \frac{\omega}{2}\sqrt{\frac{a}{c}}.$$

Nach (12) ist daher

$$\omega = 2\sqrt{\frac{c}{a}}\sin\frac{\mu\pi}{2p} \quad (\mu = 1, 2, 3 \ldots p-1).$$

Vgl. Hort: „Die Differentialgleichungen des Ingenieurs", S. 249: Schwingungsbewegung einer Kette von Massenpunkten.

Nach (9) ist $r^2 = 1$, wenn $c = a$ ist. Dann ist (6) eine reziproke Gleichung. Bei den Differentialgleichungen zweiter Ordnung ergaben sich die trigonometrischen Funktionen als Lösungen, wenn $b = 0$ war, d. h. in der charakteristischen Gleichung nur gerade Potenzen vorkamen. Dem entspricht also hier der Fall der reziproken Gleichung. Der Differentialgleichung I, § 9 wird also hier die folgende Differenzengleichung entsprechen:

$$(19)\quad a y(x + 4h) + b y(x + 3h) + c y(x + 2h) + b y(x + h) + a y(x) = 0.$$

Die Gleichung (4) lautet:

$$(20)\qquad a n^4 + b n^3 + c n^2 + b n + a = 0$$

oder aufgelost:

$$(21)\quad n_{1,2,3,4} = \frac{1}{4a}\Big(-b + \varepsilon\sqrt{b^2 - 4ac + 8a^2} \pm \sqrt{2b^2 - 4ac - 8a^2 - \varepsilon 2b\sqrt{b^2 - 4ac + 8a^2}}\Big) \quad (\varepsilon = \pm).$$

Sind diese Ausdrücke komplex, so kann ich, weil (20) eine reziproke Gleichung ist, die n folgendermaßen schreiben:

$$\begin{aligned} n_1 &= \beta + i\omega, \\ n_2 &= \beta - i\omega, \\ n_3 &= \frac{\beta + i\omega}{\beta^2+\omega^2}, \\ n_4 &= \frac{\beta - i\omega}{\beta^2+\omega^2}. \end{aligned}$$

Ich setze nun:

$$\text{(22)} \qquad \begin{cases} \beta = e^{\varphi_1}\cos\varphi_2, \\ \omega = e^{\varphi_1}\sin\varphi_2; \end{cases}$$

$$\text{(23)} \qquad \begin{cases} e^{2\varphi_1} = \beta^2+\omega^2, \\ \operatorname{tg}\varphi_2 = \dfrac{\omega}{\beta}. \end{cases}$$

Die 4 Partikularlösungen sind dann:

$$\text{(24)} \qquad \begin{cases} n_1^{\frac{x}{h}} = e^{\frac{\varphi_1 x}{h}} e^{i\frac{\varphi_2 x}{h}}, \\ n_2^{\frac{x}{h}} = e^{\frac{\varphi_1 x}{h}} e^{-i\frac{\varphi_2 x}{h}}, \\ n_3^{\frac{x}{h}} = e^{-\frac{\varphi_1 x}{h}} e^{i\frac{\varphi_2 x}{h}}, \\ n_4^{\frac{x}{h}} = e^{-\frac{\varphi_1 x}{h}} e^{-i\frac{\varphi_2 x}{h}}. \end{cases}$$

Das allgemeine Integral kann ich dann wie in I, § 9 (1_{I}) folgendermaßen schreiben:

$$\text{(25)} \qquad \begin{aligned} y = {} & K \operatorname{Cof}\frac{\varphi_1 x}{h}\cos\frac{\varphi_2 x}{h} + L\operatorname{Sin}\frac{\varphi_1 x}{h}\cos\frac{\varphi_2 x}{h} \\ & + M\operatorname{Cof}\frac{\varphi_1 x}{h}\sin\frac{\varphi_2 x}{h} + N\operatorname{Sin}\frac{\varphi_1 x}{h}\sin\frac{\varphi_2 x}{h}. \end{aligned}$$

§ 5. Partielle Differenzengleichungen.

Die Definitionen § 1 (1) erweiternd definiere ich Differenzen:

$$\text{(1)} \quad \Delta^{\xi+\eta} w(xy) = (-1)^{\xi+\eta} \sum_{i=0}^{\xi}\sum_{\gamma=0}^{\eta} (-1)^{i+\gamma}\binom{\xi}{i}\binom{\eta}{\gamma} w(x+ih,\ y+\gamma h),$$

die ich in Analogie zu den Differentialen als partielle Differenzen bezeichnen will. Partielle Differenzengleichungen lassen sich nun wieder entweder in der Form

$$\sum_{\xi}\sum_{\eta} a_{\xi\eta} \frac{\Delta^{\xi+\eta} w(xy)}{h^{\xi+\eta}} = 0 \tag{2}$$

oder

$$\sum_{\iota}\sum_{\gamma} c_{\iota\gamma} w(x+ih,\, y+\gamma h) = 0 \tag{2'}$$

schreiben. Setze ich in (2)

$$w(xy) = k(1+m)^{\frac{x}{h}}(1+n)^{\frac{y}{h}} \tag{3}$$

und in (2′)

$$w(xy) = k m^{\frac{x}{h}} n^{\frac{y}{h}} \tag{3'}$$

ein, so wird

$$\sum_{\xi}\sum_{\eta} a_{\xi\eta} m^{\xi} n^{\eta} = 0\,, \tag{4}$$

$$\sum_{\iota}\sum_{\gamma} c_{\iota\gamma} m^{\iota} n^{\gamma} = 0\,. \tag{4'}$$

Von den beiden Zahlen m und n ist also eine beliebig und die andere durch (4) resp. (4′) bestimmt. Ist z. B. (vgl. V, § 5)

$$\Delta^{2+0} w(xy) + \Delta^{0+2} w(xy) = 0\,, \tag{5}$$

$$w(x+2h,\, y) - 2w(x+h,\, y) + 2w(xy) - 2w(x,\, y+h) + w(x,\, y+2h) = 0\,, \tag{5'}$$

so ist

$$m = in\,, \tag{6}$$

$$m = 1 + i(n-1)\,. \tag{6'}$$

Ein partikulares Integral ist analog zu V, § 5 (4″)

$$w = K + Lx + My + Nxy\,. \tag{7}$$

Ist statt (5) die inhomogene Gleichung

$$\Delta^{2+0} w(xy) + \Delta^{0+2} w(xy) = C \tag{8}$$

gegeben, so ist analog zu V, § 6 (2) und (3) ein partikulares Integral

$$w = Kx(x-1) + Ly(y-1), \tag{9}$$

falls

$$2(K+L) = \frac{C}{h^2}. \tag{10}$$

Sind statt (2) und (2′) die inhomogenen Gleichungen

$$\sum_\xi \sum_\eta a_{\xi\eta} \frac{\Delta^{\xi+\eta} w(xy)}{h^{\xi+\eta}} = C(1+m)^{\frac{x}{h}}(1+n)^{\frac{y}{h}}. \tag{11}$$

$$\sum_\iota \sum_\gamma c_{\iota\gamma} w(x+ih, y+\gamma h) = C m^{\frac{x}{h}} n^{\frac{y}{h}} \tag{11'}$$

gegeben, so ist ein partikuläres Integral

$$w = r(1+m)^{\frac{x}{h}}(1+n)^{\frac{y}{h}}, \tag{12}$$

$$w = r m^{\frac{x}{h}} n^{\frac{y}{h}}, \tag{12'}$$

wobei die r sich aus den Gleichungen

$$r\sum_\xi \sum_\eta a_{\xi\eta} m^\xi n^\eta = C, \tag{13}$$

$$r\sum_\iota \sum_\gamma c_{\iota\gamma} m^\iota n^\gamma = C, \tag{13'}$$

berechnen.

§ 6. Angenäherte Integration von Differentialgleichungen.

Man kann die Differenzengleichungen benutzen, um Differentialgleichungen angenähert zu integrieren, indem man die Differentiale durch Differenzen ersetzt. Es ist dabei noch die Frage, ob man dy ersetzen soll durch

$$\Delta y(x) = y(x+h) - y(x),$$

oder durch

$$\Delta y(x-h) = y(x) - y(x-h),$$

und ob man $d^2 y$ ersetzen soll durch

$$\Delta^2 y(x) = y(x+2h) - 2y(x+h) + y(x),$$

oder durch

$$\Delta^2 y(x-h) = y(x+h) - 2y(x) + y(x-h),$$

oder durch

$$\Delta^2 y(x-2h) = y(x) - 2y(x-h) + y(x-2h).$$

Haben wir ein Differential gerader Ordnung $d^{2i} y$, so wird es sich empfehlen, dafür $\Delta^{2i}(y - ih)$ zu setzen. Liegt also z. B. die Gleichung

$$\frac{\partial^2 w}{\partial x^2} + \frac{\partial^2 w}{\partial y^2} = -1 \tag{1}$$

vor, so ersetze ich sie durch

$$\Delta^{2+0} w(x-h, y) + \Delta^{0+2} w(x, y-h) = -1, \tag{2}$$

oder in der anderen Form:

$$\begin{aligned} w(x+h, y) + w(x-h, y) + w(x, y+h) \\ + w(x, y-h) - 4w(xy) = -1. \end{aligned} \tag{2'}$$

Diese Gleichung benutzt C. Runge: (Zeitschrift für Math. und Physik, Bd. 56, Heft 3, 1908) um die Gl. (1) fur ein aus 5 Quadraten gebildetes Kreuz zu integrieren. Er benutzt dabei allerdings nicht die im § 5 gegebenen Ansätze, sondern berechnet die w sukzessiv, wie es in dem Beispiel am Schluß des § 4 geschehen ist.

VII. Anhang.

Da im vorhergehenden verschiedentlich von mechanischen und elektrischen Schwingungen die Rede war, lasse ich hier 3 physikalische Tabellen folgen. Die 1. zeigt Analogien, die zwischen den verschiedenen Gebieten der Physik bestehen, die 2. und 3. vergleichen die von den verschiedenen Autoren gebrauchten Bezeichnungsweisen in der Elastizitätstheorie und Elektrizitätslehre.

I. Tabelle der einander entsprechenden physikalischen Großen.

Verschiebung (Durchbiegung) d Konstante c Kraft (Belastung) $P = c \cdot d$ Arbeit (potentielle Energie) $\frac{1}{2} P d = \frac{1}{2} c d^2$	Verdrehungswinkel ϑ Direktionskraft c Drehmoment $M = c\vartheta$ Arbeit $\frac{1}{2} M \vartheta = \frac{1}{2} c \vartheta^2$	Deformationstensor $\operatorname{def} \mathfrak{q}$ [1]) Matrix der elastischen Konstanten (c) Spannungstensor $\Pi = (c) \operatorname{def} \mathfrak{q}$ Elastisches Potential $(\Pi \operatorname{def} \mathfrak{q}) = (c \operatorname{def} \mathfrak{q}^2)$
Geschwindigkeitsvektor $\mathfrak{v}$ [1]) Masse m Impulsvektor $J = m\mathfrak{v}$ Kinetische Energie $\frac{1}{2}(J\mathfrak{v}) = \frac{1}{2} m \mathfrak{v}^2$	Drehgeschwindigkeitsvektor $\mathfrak{w}$ [1]) Tragheitstensor K Impulsvektor $J = (K)\mathfrak{w}$ Kinetische Energie $\frac{1}{2}(J\mathfrak{w}) = (K \operatorname{tens} \mathfrak{w}^2)$	
Elektrizitatsmenge Q Reziproke Kapazitat $\frac{1}{K}$ Potential $V = \frac{1}{K} Q$ Elektrische Energie $\frac{1}{2} VQ = \frac{1}{2} \frac{1}{K} Q^2$	Stromstarke J Induktionskoeffizient L Induktionsfluß $\Psi = L \cdot J$ Magnetische Energie $\frac{1}{2} \Psi J = \frac{1}{2} L J^2$	Potential V Leitfahigkeit $\frac{1}{R}$ Stromstarke $J = \frac{1}{R} V$ Stromwarme $J \cdot V = \frac{1}{R} V^2$
Potential V Kapazitat K Elektrizitatsmenge $Q = K V$ Elektrische Energie $\frac{1}{2} Q V = \frac{1}{2} K V^2$		Stromstarke J Widerstand R Potential $V = R J$ Stromwarme $V \cdot J = R J^2$
Elektrische Feldstarke $\mathfrak{E}$ Dielektrizitatskonstante ε Elektrische Verschiebung $\mathfrak{D} = \varepsilon \mathfrak{E}$ Spez. elektrische Energie $\frac{1}{2}(\mathfrak{D} \cdot \mathfrak{E}) = \frac{1}{2} \varepsilon \mathfrak{E}^2$	Magnetische Feldstarke $\mathfrak{H}$ Permeabilitat μ Magnetische Induktion $\mathfrak{B} = \mu \mathfrak{H}$ Spez. magnetische Energie $\frac{1}{2}(\mathfrak{B} \cdot \mathfrak{H}) = \frac{1}{2} \mu \mathfrak{H}^2$	Elektrische Feldstarke $\mathfrak{E}$ Leitfahigkeit σ Stromdichte $\mathfrak{i} = \sigma \mathfrak{E}$ Spezifische Stromwarme $(\mathfrak{i}\mathfrak{E}) = \sigma \mathfrak{E}^2$

[1]) Die Bezeichnungsweise ist die von Gans: Einfuhrung in die Vektoranalysis.

Tabelle II. Elastizitats-

Franz Neumann	Clebsch	Clebsch-St.-Venant	Kirchhoff	Helmholtz
k	$\frac{E\mu}{(1+\mu)(1-2\mu)}$	$\frac{E\eta}{(1+\eta)(1-2\eta)}$	$2K\Theta$	$H-\frac{2}{3}K$
k	$F=\frac{E}{2(1+\mu)}$	$G=\frac{E}{2(1+\eta)}$	K	K
$\frac{5}{2}k$	E	E	$2K\frac{1+3\Theta}{1+2\Theta}$	$E=\frac{9HK}{3H+K}$
$\frac{1}{4}$	μ	η	$\frac{\Theta}{1+2\Theta}$	$\mu=\frac{3H-2K}{6H+2K}$
$\frac{5}{3}k$	$\frac{E}{3(1-2\mu)}$	$\frac{E}{3(1-2\eta)}$	$\frac{2}{3}K(1+3\Theta)$	H
$3k$	$\frac{E(1-\mu)}{(1+\mu)(1-2\mu)}$	$\frac{E(1-\eta)}{(1+\eta)(1-2\eta)}$	$2K(1+\Theta)$	$H+\frac{4}{3}K$
$\frac{1}{2}$	$\frac{\mu}{1-2\mu}$	$\frac{\eta}{1-2\eta}$	Θ	$\Theta=\frac{H}{2K}-\frac{1}{3}$
$\frac{1}{10k}$	$\frac{\mu}{E}$	$\frac{\eta}{E}$	$\frac{\Theta}{2K(1+3\Theta)}$	$\frac{3H-2K}{18HK}$

Verzerrungs- und

Clebsch	Clebsch-St.-Venant	Kirchhoff, Voigt, Planck	Helmholtz	Thomson u. Tait
$\alpha\,\beta\,\gamma\,\varphi\,\chi\,\psi$	$\partial_x\,\partial_y\,\partial_z\,g_{yz}\,g_{zx}\,g_{xy}$	$x_x\,y_y\,z_z\,y_z\,z_x\,x_y$	$a\,b\,c\,2l\,2m\,2n$	$e\,f\,g\,a\,b\,c$
$t_{11}\,t_{22}\,t_{33}\,t_{23}\,t_{31}\,t_{12}$	$t_{xx}\,t_{yy}\,t_{zz}\,t_{yz}\,t_{zx}\,t_{xy}$	$X_x\,Y_y\,Z_z\,Y_z\,Z_x\,X_y$	$X_x\,Y_y\,Z_z\,Y_z\,Z_x\,X_y$	$P\,Q\,R\,S\,T\,U$

moduln

Thomson u. Tait	Love-Timpe	Voigt	Föppl
$\mathfrak{B} = k - \frac{2}{3} n$	λ	c'	$\frac{E \cdot m}{(1+m)(m-2)}$
n	μ	$\frac{1}{T} = \frac{c - c'}{2}$	$G = \frac{m \cdot E}{2(m+1)}$
$M = \frac{9nk}{3k+n}$	$E = \frac{\mu(3\lambda + 2\mu)}{\lambda + \mu}$	$\frac{1}{\Lambda} = \frac{(c-c')(2c'+c)}{c'+c}$	E
$\sigma = \frac{3k - 2n}{2(3k+n)}$	$\sigma = \frac{\lambda}{2(\lambda+\mu)}$	$\frac{c'}{c'+c}$	$\frac{1}{m}$
k	$k = \lambda + \frac{2}{3}\mu$	$\frac{1}{K} = \frac{2c'+c}{3}$	$\frac{Em}{3(m-2)}$
$\mathfrak{A} = k + \frac{4}{3} n$	$\lambda + 2\mu$	c	$\frac{Em(m-1)}{(m+1)(m-2)}$
$\frac{k}{2n} - \frac{1}{3}$	$\frac{\lambda}{2\mu}$	$\frac{c'}{c-c'}$	$\frac{1}{m-2}$
$\frac{3k-2n}{18kn}$	$\frac{\lambda}{2\mu(3\lambda+2\mu)}$	$\Lambda' = \frac{c'}{(c-c')(c+2c')}$	$\frac{1}{mE}$

Spannungskomponenten.

Love-Timpe	Föppl, Lorentz	Enzyklopädie	Text V, § 13
$e_{xx}\, e_{yy}\, e_{zz}\, e_{yz}\, e_{zx}\, e_{xy}$	$\varepsilon_x\, \varepsilon_y\, \varepsilon_z\, \gamma_{yz}\, \gamma_{zx}\, \gamma_{xy}$	$e_x\, e_y\, e_z\, g_{yz}\, g_{zx}\, g_{xy}$	$e_{11}\, e_{22}\, e_{33}\, 2e_{23}\, 2e_{31}\, 2e_{12}$
$X_x\, Y_y\, Z_z\, Y_z\, Z_x\, X_y$	$\sigma_x\, \sigma_y\, \sigma_z\, \tau_{yz}\, \tau_{zx}\, \tau_{xy}$	$X_x\, Y_y\, Z_z\, Y_z\, Z_x\, X_y$	

III. Die beiden Coulombschen Gesetze sowie die sogenannte 1. Hauptgleichung der Elektrodynamik lauten

$$f = k_1 \frac{Q_1 Q_2}{r^2},$$

$$f = k_2 \frac{m_1 m_2}{r^2},$$

$$\operatorname{curl} \mathfrak{H} = k_3 \mathfrak{i}.$$

Für die 3 Konstanten $k_1 k_2 k_3$ sind nun folgende Bezeichnungsweisen gebräuchlich:

k_1	k_2	k_3	ε_0 und μ_0 sind die Werte von ε und μ für das Vakuum!		
$\frac{1}{4\pi\varepsilon}$	$\frac{1}{4\pi\mu}$	$\frac{1}{V}$	Allgemeines Maßsystem	$V = c\sqrt{\varepsilon_0 \mu_0}$	[1])
$\frac{1}{\varepsilon}$	$\frac{c^2}{\mu}$	4π	Elektrostatisches Maßsystem	$\varepsilon_0 = 1 \quad \mu_0 = \frac{1}{c^2} \quad V = 1$	[2])
$\frac{c^2}{\varepsilon}$	$\frac{1}{\mu}$	4π	Elektromagnetisches Maßsystem	$\varepsilon_0 = \frac{1}{c^2} \quad \mu_0 = 1 \quad V = 1$	[3])
$\frac{1}{\varepsilon}$	$\frac{1}{\mu}$	$\frac{4\pi}{c}$	Absolutes Maßsystem	$\varepsilon_0 = 1 \quad \mu_0 = 1 \quad V = c$ (für beide)	[4])
$\frac{1}{4\pi\varepsilon}$	$\frac{1}{4\pi\mu}$	$\frac{1}{c}$	Rationelles Maßsystem		[5])

[1]) Cohn: Das elektromagnetische Feld. Leipzig: Hirzel.

[2]) Maxwell.

[3]) Maxwell. Eng an das elektromagnetische Maßsystem schließt sich das praktische Maßsystem an. Orlich: Kapazität und Induktivität. Braunschweig: Vieweg & Sohn.

[4]) Gauss; Helmholtz; Hertz; Abraham: Theorie der Elektrizität. Leipzig: Teubner; Planck: Theorie der Elektrizität und des Magnetismus. Leipzig: Hirzel.

[5]) Lorenz. Enzyklopädie. V. Band, II. Teil; Text Tabelle I.

Berichtigungen.

Es muß heißen:

Seite 5 Zeile 9: gewöhnliche statt totale Differentialgleichung.

Seite 33 Gl. (5) $|r| = \frac{C}{\sqrt{c^2 + b^2 \omega^2}}$.

Seite 53 Gl. (6): $\sqrt{(\gamma_I^2 - \gamma_{II}^2)^2 + 4c}$.

Seite 54 Gl. (12): $+ k_I \sin(\varkappa_I + \omega_I t)$ entsprechend ändern sich in (13), (14), (15) die Vorzeichen.

Seite 54 unten: $y_{20} = y_{10} = y_{20}$ statt $y_2 = y_1 = y_2$.

Seite 72 unten und 73 oben: $\varepsilon^2 \frac{\partial^2 f_{12}(n_I)}{\partial n_I^2} + \ldots$

Seite 172 Gl. (2'): $r \cos\vartheta \sin\varphi \, d\vartheta$ statt $r \cos\vartheta \sin\vartheta \, d\vartheta$.

Druck der Spamerschen Buchdruckerei in Leipzig

Lehrbuch der technischen Mechanik für Ingenieure und Studierende. Zum Gebrauche bei Vorlesungen an Technischen Hochschulen und zum Selbststudium Von Professor Dr.-Ing. **Theodor Pöschl** in Prag. Mit 206 Abbildungen 1923.
6 Goldmark, gebunden 7.25 Goldmark / 1.45 Dollar, gebunden 1.75 Dollar

---

Die technische Mechanik des Maschineningenieurs mit besonderer Berücksichtigung der Anwendungen. Von Dipl.-Ing **P. Stephan**, Regierungs-Baumeister, Professor. In 4 Bänden

Erster Band **Allgemeine Statik.** Mit 300 Textfiguren. 1921.
Gebunden 4 Goldmark / Gebunden 1 Dollar

Zweiter Band · **Die Statik der Maschinenteile.** Mit 276 Textfiguren. 1921.
Gebunden 7 Goldmark / Gebunden 1.80 Dollar

Dritter Band **Bewegungslehre und Dynamik fester Körper.** Mit 264 Textfiguren. 1922. Gebunden 7 Goldmark / Gebunden 1.80 Dollar

Vierter Band **Die Elastizität gerader Stäbe.** Mit 255 Textfiguren. 1922.
Gebunden 7 Goldmark / Gebunden 1.80 Dollar

Grundzüge der technischen Mechanik des Maschineningenieurs. Ein Leitfaden für den Unterricht an maschinentechnischen Lehranstalten. Von Professor Dipl.-Ing **P. Stephan**, Regierungs-Baumeister. Mit 283 Textabbildungen. 1923 2.50 Goldmark / 0.60 Dollar

---

Lehrbuch der technischen Mechanik. Von Dr. phil. h c **Martin Grübler**, Professor an der Technischen Hochschule zu Dresden.

Erster Band **Bewegungslehre.** Zweite, verbesserte Auflage. Mit 144 Textfiguren. 1921. 3.80 Goldmark / 1 Dollar

Zweiter Band: **Statik der starren Körper.** Zweite, berichtigte Auflage. (Neudruck) Mit 222 Textfiguren 1922 7.55 Goldmark / 1.80 Dollar

Dritter Band **Dynamik starrer Körper.** Mit 77 Textfiguren 1921.
4.20 Goldmark / 1 Dollar

Aufgaben aus der technischen Mechanik. Von **Ferdinand Wittenbauer**, o. ö. Professor der Technischen Hochschule in Graz

Erster Band **Allgemeiner Teil.** Etwa 840 Aufgaben nebst Lösungen Fünfte, vermehrte und verbesserte Auflage bearbeitet von Dr Theodor Pöschl, Professor an der Deutschen Technischen Hochschule in Prag Mit etwa 600 Textfiguren
In Vorbereitung

Zweiter Band. **Festigkeitslehre.** 611 Aufgaben nebst Lösungen und einer Formelsammlung Dritte, verbesserte Auflage Mit 505 Textfiguren Unveränderter Neudruck 1922 Gebunden 6.40 Goldmark / Gebunden 1.55 Dollar

Dritter Band **Flüssigkeiten und Gase.** 634 Aufgaben nebst Lösungen und einer Formelsammlung Dritte, vermehrte und verbesserte Auflage. Mit 433 Textfiguren. Unveränderter Neudruck 1922
Gebunden 6.40 Goldmark / Gebunden 1.55 Dollar

Graphische Dynamik. Ein Lehrbuch für Studierende und Ingenieure Mit zahlreichen Anwendungen und Aufgaben Von **Ferdinand Wittenbauer** †, Professor an der Technischen Hochschule in Graz. Mit 745 Textfiguren 1923
Gebunden 18 Goldmark / Gebunden 4.30 Dollar

Für das Inland Goldmark zahlbar nach dem amtlichen Berliner Dollarbriefkurs des Vortages Für das Ausland Gegenwert des Dollars in der betreffenden Landeswährung, sofern sie stabil ist, oder in Dollar, englischen Pfunden, Schweizer Franken, holländischen Gulden.